U0166674

《中国工程物理研究院科技丛书》第 077 号

海 水 提 铀

汪小琳 文君 著

科学出版社
北 京

内 容 简 介

本书系统地介绍了国内外海水提铀的研究概况、关键的技术工艺、尚存的问题及前沿研究，主要内容包括：海水提铀的发展历史、意义与挑战，不同类型海水提铀材料的相关研究进展，海水提铀相关的理论研究及海水提铀海试技术的相关研究。内容覆盖了材料科学、放射化学、理论分析与工程技术等多个领域。

本书可供从事海水提铀材料研制、生产和相关工程技术研发的研究人员和工程技术人员参阅，也可作为高等院校相关专业教师、学生学习海水提铀的参考资料。

图书在版编目(CIP)数据

海水提铀 / 汪小琳，文君著. —北京:科学出版社，2020.12
(中国工程物理研究院科技丛书；077)
ISBN 978-7-03-067325-1

Ⅰ. ①海… Ⅱ. ①汪… ②文… Ⅲ. ①海水元素提取-铀 Ⅳ. ①P746.2

中国版本图书馆 CIP 数据核字 (2020) 第 254051 号

责任编辑：张 展 黄 嘉 / 责任校对：彭 映
责任印制：罗 科 / 封面设计：墨创文化

科 学 出 版 社 出版

北京东黄城根北街16号
邮政编码：100717
http://www.sciencep.com

成都锦瑞印刷有限责任公司 印刷

科学出版社发行 各地新华书店经销
*
2020 年 12 月第 一 版 开本：787×1092 1/16
2020 年 12 月第一次印刷 印张：16 1/4
字数：392 000

定价：198.00 元
(如有印装质量问题,我社负责调换)

《中国工程物理研究院科技丛书》
出 版 说 明

中国工程物理研究院建院 50 年来，坚持理论研究、科学实验和工程设计密切结合的科研方向，完成了国家下达的各项国防科技任务。通过完成任务，在许多专业领域里，不论是在基础理论方面，还是在实验测试技术和工程应用技术方面，都有重要发展和创新，积累了丰富的知识经验，造就了一大批优秀科技人才。

为了扩大科技交流与合作，促进我院事业的继承与发展，系统地总结我院 50 年来在各个专业领域里集体积累起来的经验，吸收国内外最新科技成果，形成一套系列科技丛书，无疑是一件十分有意义的事情。

这套丛书将部分地反映中国工程物理研究院科技工作的成果，内容涉及本院过去开设过的 20 几个主要学科。现在和今后开设的新学科，也将编著出书，续入本丛书中。

这套丛书自 1989 年开始出版，在今后一段时期还将继续编辑出版。我院早些年零散编著出版的专业书籍，经编委会审定后，也纳入本丛书系列。

谨以这套丛书献给 50 年来为我国国防现代化而献身的人们！

《中国工程物理研究院科技丛书》

编审委员会

2008 年 5 月 8 日修改

《中国工程物理研究院科技丛书》
公开出版书目

001 高能炸药及相关物性能
    董海山　周芬芬　主编　　　　　　　科学出版社　1989 年 11 月

002 光学高速摄影测试技术
    谭显祥　编著　　　　　　　　　　　科学出版社　1990 年 02 月

003 凝聚炸药起爆动力学
    章冠人　陈大年　编著　　　　　　　国防工业出版社　1991 年 09 月

004 线性代数方程组的迭代解法
    胡家赣　著　　　　　　　　　　　　科学出版社　1991 年 12 月

005 映象与混沌
    陈式刚　编著　　　　　　　　　　　国防工业出版社　1992 年 06 月

006 再入遥测技术（上册）
    谢铭勋　编著　　　　　　　　　　　国防工业出版社　1992 年 06 月

007 再入遥测技术（下册）
    谢铭勋　编著　　　　　　　　　　　国防工业出版社　1992 年 12 月

008 高温辐射物理与量子辐射理论
    李世昌　著　　　　　　　　　　　　国防工业出版社　1992 年 10 月

009 粘性消去法和差分格式的粘性
    郭柏灵　著　　　　　　　　　　　　科学出版社　1993 年 03 月

010 无损检测技术及其应用
    张俊哲　等　著　　　　　　　　　　科学出版社　1993 年 05 月

011 半导体材料的辐射效应
    曹建中　等　著　　　　　　　　　　科学出版社　1993 年 05 月

012 炸药热分析
    楚士晋　著　　　　　　　　　　　　科学出版社　1993 年 12 月

013 脉冲辐射场诊断技术

    刘庆兆　等　著　　　　　　　　　　　　科学出版社　1994 年 12 月

014 放射性核素活度测量的方法和技术

    古当长　著　　　　　　　　　　　　　　科学出版社　1994 年 12 月

015 二维非定常流和激波

    王继海　著　　　　　　　　　　　　　　科学出版社　1994 年 12 月

016 抛物型方程差分方法引论

    李德元　陈光南　著　　　　　　　　　　科学出版社　1995 年 12 月

017 特种结构分析

    刘新民　韦日演　编著　　　　　　　　　国防工业出版社　1995 年 12 月

018 理论爆轰物理

    孙锦山　朱建士　著　　　　　　　　　　国防工业出版社　1995 年 12 月

019 可靠性维修性可用性评估手册

    潘吉安　编著　　　　　　　　　　　　　国防工业出版社　1995 年 12 月

020 脉冲辐射场测量数据处理与误差分析

    陈元金　编著　　　　　　　　　　　　　国防工业出版社　1997 年 01 月

021 近代成象技术与图象处理

    吴世法　编著　　　　　　　　　　　　　国防工业出版社　1997 年 03 月

022 一维流体力学差分方法

    水鸿寿　著　　　　　　　　　　　　　　国防工业出版社　1998 年 02 月

023 抗辐射电子学——辐射效应及加固原理

    赖祖武　等　编著　　　　　　　　　　　国防工业出版社　1998 年 07 月

024 金属的环境氢脆及其试验技术

    周德惠　谭云　编著　　　　　　　　　　国防工业出版社　1998 年 12 月

025 实验核物理测量中的粒子分辨

    段绍节　编著　　　　　　　　　　　　　国防工业出版社　1999 年 06 月

026 实验物态方程导引(第二版)

    经福谦　著　　　　　　　　　　　　　　科学出版社　1999 年 09 月

027 无穷维动力系统

    郭柏灵　著　　　　　　　　　　　　　　国防工业出版社　2000 年 01 月

028　真空吸取器设计及应用技术

　　　单景德　编著　　　　　　　　　　　国防工业出版社　2000 年 01 月

029　再入飞行器天线

　　　金显盛　著　　　　　　　　　　　　国防工业出版社　2000 年 03 月

030　应用爆轰物理

　　　孙承纬　卫玉章　周之奎　著　　　　国防工业出版社　2000 年 12 月

031　混沌的控制、同步与利用

　　　王光瑞　于熙龄　陈式刚　编著　　　国防工业出版社　2000 年 12 月

032　激光干涉测速技术

　　　胡绍楼　著　　　　　　　　　　　　国防工业出版社　2000 年 12 月

033　气体炮原理及技术

　　　王金贵　编著　　　　　　　　　　　国防工业出版社　2000 年 12 月

034　一维不定常流与冲击波

　　　李维新　编著　　　　　　　　　　　国防工业出版社　2001 年 05 月

035　X 射线与真空紫外辐射源及其计量技术

　　　孙景文　编著　　　　　　　　　　　国防工业出版社　2001 年 08 月

036　含能材料热谱集

　　　董海山　胡荣祖　姚　朴　张孝仪　编著　国防工业出版社　2001 年 10 月

037　材料中的氢及氚渗透

　　　王佩璇　宋家树　编著　　　　　　　国防工业出版社　2002 年 04 月

038　高温等离子体 X 射线谱学

　　　孙景文　编著　　　　　　　　　　　国防工业出版社　2003 年 01 月

039　激光核聚变靶物理基础

　　　张　钧　常铁强　著　　　　　　　　国防工业出版社　2004 年 06 月

040　系统可靠性工程

　　　金碧辉　主编　　　　　　　　　　　国防工业出版社　2004 年 06 月

041　核材料γ特征谱的测量和分析技术

　　　田东风　龚　健　伍　钧　胡思得　编著　国防工业出版社　2004 年 06 月

042　高能激光系统

　　　苏　毅　万　敏　编著　　　　　　　国防工业出版社　2004 年 06 月

043 近可积无穷维动力系统

　　郭柏灵　高　平　陈瀚林　著　　　　　　国防工业出版社　2004 年 06 月

044 半导体器件和集成电路的辐射效应

　　陈盘训　著　　　　　　　　　　　　　　国防工业出版社　2004 年 06 月

045 高功率脉冲技术

　　刘锡三　编著　　　　　　　　　　　　　国防工业出版社　2004 年 08 月

046 热电池

　　陆瑞生　刘效疆　编著　　　　　　　　　国防工业出版社　2004 年 08 月

047 原子结构、碰撞与光谱理论

　　方泉玉　颜　君　著　　　　　　　　　　国防工业出版社　2006 年 01 月

048 非牛顿流动力系统

　　郭柏灵　林国广　尚亚东　著　　　　　　国防工业出版社　2006 年 02 月

049 动高压原理与技术

　　经福谦　陈俊祥　主编　　　　　　　　　国防工业出版社　2006 年 03 月

050 直线感应电子加速器

　　邓建军　主编　　　　　　　　　　　　　国防工业出版社　2006 年 10 月

051 中子核反应激发函数

　　田东风　孙伟力　编著　　　　　　　　　国防工业出版社　2006 年 11 月

052 实验冲击波物理导引

　　谭　华　著　　　　　　　　　　　　　　国防工业出版社　2007 年 03 月

053 核军备控制核查技术概论

　　刘成安　伍　钧　编著　　　　　　　　　国防工业出版社　2007 年 03 月

054 强流粒子束及其应用

　　刘锡三　著　　　　　　　　　　　　　　国防工业出版社　2007 年 05 月

055 氕和氚的工程技术

　　蒋国强　罗德礼　陆光达　孙灵霞　编著　国防工业出版社　2007 年 11 月

056 中子学宏观实验

　　段绍节　编著　　　　　　　　　　　　　国防工业出版社　2008 年 05 月

057 高功率微波发生器原理

　　丁　武　著　　　　　　　　　　　　　　国防工业出版社　2008 年 05 月

058 等离子体中辐射输运和辐射流体力学

    彭惠民　编著　　　　　　　　　　　　　国防工业出版社　2008 年 08 月

059 非平衡统计力学

    陈式刚　编著　　　　　　　　　　　　　科学出版社　2010 年 02 月

060 高能硝胺炸药的热分解

    舒远杰　著　　　　　　　　　　　　　　国防工业出版社　2010 年 06 月

061 电磁脉冲导论

    王泰春　贺云汉　王玉芝　著　　　　　国防工业出版社　2011 年 03 月

062 高功率超宽带电磁脉冲技术

    孟凡宝　主编　　　　　　　　　　　　国防工业出版社　2011 年 11 月

063 分数阶偏微分方程及其数值解

    郭柏灵　蒲学科　黄凤辉　著　　　　　科学出版社　2011 年 11 月

064 快中子临界装置和脉冲堆实验物理

    贺仁辅　邓门才　编著　　　　　　　　国防工业出版社　2012 年 02 月

065 激光惯性约束聚变诊断学

    温树槐　丁永坤　等　编著　　　　　　国防工业出版社　2012 年 04 月

066 强激光场中的原子、分子与团簇

    刘　杰　夏勤智　傅立斌　著　　　　　科学出版社　2014 年 02 月

067 螺旋波动力学及其控制

    王光瑞　袁国勇　著　　　　　　　　　科学出版社　2014 年 11 月

068 氚化学与工艺学

    彭述明　王和义　主编　　　　　　　　国防工业出版社　2015 年 04 月

069 微纳米含能材料

    曾贵玉　聂福德　等　著　　　　　　　国防工业出版社　2015 年 05 月

070 迭代方法和预处理技术(上册)

    谷同祥　安恒斌　刘兴平　徐小文　编著　科学出版社　2016 年 01 月

071 迭代方法和预处理技术(下册)

    谷同祥　徐小文　刘兴平　安恒斌　杭旭登　编著　科学出版社　2016 年 01 月

072 放射性测量及其应用

    蒙大桥　杨明太　主编　　　　　　　　国防工业出版社　2018 年 01 月

073 核军备控制核查技术导论

　　　刘恭梁　解　东　朱剑钰　编著　　　　　　　中国原子能出版社　2018 年 01 月

074 实验冲击波物理

　　　谭　华　著　　　　　　　　　　　　　　　　国防工业出版社　2018 年 05 月

075 粒子输运问题的蒙特卡罗模拟方法与应用(上册)

　　　邓力　李刚　著　　　　　　　　　　　　　　科学出版社　2019 年 06 月

076 核能未来与 Z 箍缩驱动聚变裂变混合堆

　　　彭先觉　刘成安　师学明　著　　　　　　　　国防工业出版社　2019 年 12 月

077 海水提铀

　　　汪小琳　文君　著　　　　　　　　　　　　　科学出版社　2020 年 12 月

序　一

放射化学作为一门既有重要科学意义,又有广泛应用价值的交叉性学科,已在我国的国防安全、核能开发和核技术应用等领域做出了巨大贡献。新时代坚持和发展中国特色社会主义的伟大事业,对放射化学这门学科提出了新的要求与挑战。如何让放射化学更好地认识世界、改造世界,更好地服务于人民日益增长的美好生活需要是新时代"放化人"必须思考的问题。

我第一次听到汪小琳研究员介绍海水提铀的工作是 2012 年在兰州大学举行的"环境放射学术战略研讨会"上,他做了关于"海水提铀功能材料研究进展"的报告,结合他们承研的国家国防科技工业局核能研发科研项目的研究进展和他自己对于海水提铀的理解,向全国的放射化学同行们讲述了海水提铀的意义、方法与未来。

海水提铀的相关研究工作在随后的几年里在国内迅速升温。2013 年 3 月在上海举办了"铀资源利用与海水提铀技术"学术研讨会,2015 年 10 月在北京举办了"中国海水提铀科学与技术学术研讨会",会议的规模和质量不断提升。2016 年汪小琳研究员受美国邀请带领团队去马里兰大学参加了 2016 年海水提铀国际研讨会,会后与我进行了深入交流。他认为中国比美国更需要海水提铀,我们应该加速开展海水提铀研究,让世界听到中国海水提铀的声音。2017 年我和他一同组织了第 603 次香山科学会议——"中国海水提铀未来发展"。

经过近十年的不懈努力,我欣喜地看到中国的海水提铀研究不断取得新的突破,提铀材料在真实海水中的吸附容量不断创出新高,海试规模不断扩大,提铀材料不断创新。这是新时代中国"放化人"创新努力的结果,也让我们看到了海水提铀作为一项可能改变世界的重大研究领域的前景与希望。

正值海水提铀蓬勃发展时期,在汪小琳研究员及其团队的辛勤努力下,一部涵盖面广、科学性强、信息新颖的专著《海水提铀》付梓问世,这无疑是我国放射化学和核科学界的一桩喜事。

中国科学院院士

2020 年 4 月 21 日

序　二

随着人们对于能源需求总量的不断提高与传统化石燃料对环境影响这一对矛盾的不断凸显，核能作为一种高效的清洁能源，积极发展势在必行。按照我国核电中长期发展规划，核电在今后 20 年将稳步发展，可以预见的大量新型核电站建成与运行，将对我国铀资源的保障能力提出挑战。

我国的陆地铀矿资源大部分品位较低、埋藏较深，开采成本昂贵，因此需要从海外大量进口，导致我国铀资源对外依存度偏高。核电的发展与已探明铀资源相对短缺的矛盾日益尖锐，铀资源可能会成为涉及国家能源安全的关键问题。

2013 年左右，为了多方面开拓我国铀资源的出路，我负责主持了"从海水和盐湖中提取铀资源的战略研究"的工程院咨询项目，并于 2014 年 5 月带领团队去四川绵阳与汪小琳研究员团队进行了交流。我们一致认为海水提铀很有可能成为有效解决我国铀资源问题的另一技术途径。

美国在 2016 年基于其自身的海水提铀技术水平，估算出海水提铀成本可以降到 300 美元/kg 铀以下。近年来，在我国海水提铀研究者的共同努力下，我国研制的提铀材料在吸附性能上已经优于美国此前的报道，海水提铀成本有望进一步降低。2006～2019 年，国际铀价格在 80～335 美元/kg 铀之间浮动，因此目前海水提铀的技术水平已经表现出了一定的经济性前景。同时，海水提铀的过程对于环境非常友好，可以实现资源开发与环境保护兼顾，符合我国绿色发展的方针。总体来讲，随着我国核能的进一步发展，国际铀资源的日趋紧张，海水提铀将具有良好的市场前景和社会价值。

然而，在现阶段海水提铀的美好前景与巨大挑战是并存的，工程技术问题的突破、产业化的全面推进仍然需要大量的研究者和相关企业共同努力。这本《海水提铀》专著的出版，可以为相关研究人员提供指导和帮助，对于推进我国核能事业的发展有着重要的意义。

中国工程院院士　陈繁昌

2020 年 5 月 11 日

前　言

当今世界，人口不断增加，新兴经济不断发展，能源需求不断攀升，而全球资源日益减少，能源危机已近在眼前。核能作为清洁能源，是应对能源危机的重要手段。预计到2040 年，全球核能发电量将提高一倍，而铀资源的稳定和低成本供应成为核电发展的基础和关键。以目前的铀资源消耗速率，全球开采价格在 100 美元/kg 以下的陆地铀矿资源可维持核电发展一百年左右。为保证铀资源的供应，解决能源安全问题，人们开始对非常规储备形式的工业金属和矿物进行探索和利用，其中海水铀资源成为关注的重点。经估算，海水中铀资源总量可达 45 亿 t，是传统陆地铀矿资源的 1000 倍，足以支撑核能发电持续发展数千年。海水提铀是从海水中提取铀化合物的过程，可以实现对海水中铀资源的开采。为保证铀资源稀缺国家的铀资源供应、防止铀资源供应链急剧波动，发展成熟、低碳的海水提铀技术势在必行。

为此，从 2010 年开始，作者及课题组成员围绕海水提铀的材料制备、铀提取的过程机理及海水提铀海试试验等核心问题，开展了 10 年潜心研究，对海水提铀工作有了比较全面的认识，取得了一些突破性的进展。目前已经建立起较为系统的研究方法、理论体系与实施工艺。本书是在归纳、整理和总结海水提铀研究发展概况及凝练作者多年研究成果的基础上撰写的。

本书共分为 6 章，较全面和系统地介绍了国内外海水提铀研究的概况、相关的技术工艺、尚存的问题与前沿研究。内容覆盖材料科学、放射化学、理论分析与工程技术等多个领域。第 1 章对全球的铀资源情况进行了概述，阐述了海水提铀的意义与挑战，并回顾了海水提铀研究的历史及主要研究国家的发展情况。由于吸附材料是海水提铀的关键，第 2章～第 4 章详细介绍了采用不同类型吸附材料进行提铀的相关研究进展。第 2 章主要针对在海水提铀中研究最多、应用最为广泛的高分子提铀材料，较为详细地介绍了多种高分子提铀材料的制备方法及其结构特点和其在海水提铀过程中的处理方法。第 3 章主要介绍了无机类材料在海水提铀中的应用，其中涵盖了碳材料、硅材料和杂化材料。第 4 章针对近年来在海水提铀研究领域发展出的新材料和新方法进行了阐述，介绍了多种纳米材料、生物材料及电化学分离方法等在海水提铀中的应用。第 5 章主要阐述了海水提铀的机理研究工作，对从研究方法的介绍到提铀过程中的机理研究进行了较为详细的阐述。第 6 章重点阐述了海水提铀的海试试验，对海试试验中所涉及的工程技术进行了介绍，并讲述了海水提铀过程与海洋环境的相互影响，简述了从事海水提铀研究的几个主要国家的海试情况及海水提铀经济性的核算与评估。

本书的相关工作先后得到了国家国防科技工业局核能开发科研项目、国家自然科学基金、中国工程物理研究院专项基金、中国工程物理研究院重点基金等项目的资助，并得到了中国科学院上海应用物理研究所、清华大学、海南大学、浙江大学等单位的支持与合作。在本书编写过程中，作者课题组的多名研究生做出了贡献，特别感谢匙芳廷博士、熊洁博士、李昊博士和程冲博士等付出的辛勤劳动。

特别感谢柴之芳院士、陈念念院士对海水提铀工作一直以来的关心与支持，并在百忙之中为本书作序。

海水提铀的研究涉及科学、技术和工程多方面的问题，其中有很多现象非常复杂。限于作者学识所限，书中存在的缺点和不足恳请读者批评指正。

作　者

2019 年 12 月于四川绵阳

英文简写对照表

英文缩写	中文全称
[S_x]	多硫化物阴离子
4,5-(DAO)Im	4,5-二(酰胺肟基)咪唑
4EGDM	四甘醇二甲基丙烯酸酯
4-HAGE	4-羟基丁基丙烯酸酯缩水甘油醚
AA(AAc)	丙烯酸
AAm(AcA)	丙烯酰胺
AC	活性炭
ACPC	4,4-偶氮基(4-氰基戊酸氯)
AIBN	偶氮二异丁腈
AMPS	2-丙烯酰胺-2-甲基丙磺酸
AN	丙烯腈
AO	偕胺肟基
AOH	氢氧化铵
APS	过硫酸铵
APTES	氨丙基三乙氧基硅烷
Arrhenius	阿伦尼乌斯
ATAs	氨基功能化吸附材料
ATRP	原子转移自由基聚合
B^{2-}	双脱质子的谷氨酰胺肟
BARC	巴巴原子研究中心
BiBB	2-溴代异丁酰溴
BT	苯甲酰硫脲
BT-AC	苯甲酰硫脲接枝活性炭
BuLi	正丁基锂
CEA	法国原子能署
CF	浓度因子
CMC	羧甲基纤维素
CMK-3	有序介孔碳
CMPEI	聚乙烯亚胺
CMPs	共轭微孔聚合物
CNTs	碳纳米管
$CoFe_2O_4$	磁性钴铁氧体

英文缩写	中文全称
COFs	共价有机框架
CPI	消费者物价指数
CR	转化率
CS	壳聚糖
CSD	剑桥结构数据库
CTAB	十六烷基三甲基溴化铵
DAOx	草酸烯丙酯
DAP	丙二胺
DC	氰基胍
DCM	二氯甲烷
DDATC	S-十二烷基-S-(2-羧基-异丙基)三硫酯
DEA	二乙胺
DETA	二乙烯三胺
DMA	二甲基胺
DMF	N,N-二甲基甲酰胺
DMPA	2,2-二甲氧基-2-苯基苯乙酮
DMSO	二甲基亚砜
DPAAm	二丙腈丙烯酰胺
DPTS	二乙基磷酰乙基三乙氧基硅烷
DVB	二乙烯基苯
EC	乙酸乙烯酯
ECP	有效芯势
EDA	乙二胺
EDCI	1-乙基-3-(3-二甲基丙胺)碳二亚胺
EDMA	二甲基丙烯酸乙二醇
EGMP	甲基丙烯酸乙二醇膦酸酯
EXAFS	扩展 X 射线吸收精细结构
FJSM-SnS	多层状有机-无机杂化酸盐材料
FTIR	傅里叶变换红外光谱
GMA	甲基丙烯酸缩水甘油酯
GO	氧化石墨烯
H_2A	戊二酰亚胺二肟
H_2B	戊二肟
H_2C	戊二醛肟
HA	乙酸
HB^-	单脱质子的谷氨酰胺肟
HBI	2-(2,4-二羟基苯)-苯并咪唑

英文缩写	中文全称
HCPs	超交联聚合物
HDPE	高密度聚乙烯
HEU	高浓缩铀
HOBt	1-羟基苯并三唑
HOMO	最高占据分子轨道
HPEI	超支化聚乙烯亚胺
HW-ACE	半波整流交流电吸附方法
ICP	电感耦合等离子体
IPNs	穿插聚合物网络结构
ITA	衣康酸
JAEA	日本原子能研究所
K_d	选择性系数
KMS-1	金属硫化物
LDH	层状双氢氧化物
LEU	低浓缩铀
LUMO	最低未占分子轨道
Lys	赖氨酸
MA	丙烯酸甲酯
MAA	甲基丙烯酸
MAN	甲基丙烯腈
MBAAm（MBA/BAAm/DMAAm）	N,N'-亚甲基双丙烯酰胺
MCM-41	介孔分子筛
MeOH	甲醇
MgSNT	层状硅酸盐纳米管材料
MIPs	分子印迹聚合物
MMS	磁性介孔二氧化硅
MOF（s）	金属有机框架(材料)
MS	2-巯基乙磺酸
MSU-H	纳米多孔硅
MWCNT	多壁碳纳米管
NAO	自然原子轨道
NBO	自然键轨道
NMR	核磁共振
NPs	纳米颗粒(纳米管)
NR	中子反射
NTSP	N-(3-三乙氧基硅丙基)-二氢咪唑
OECD-NEA	经济合作与发展组织-核能机构

英文缩写	中文全称
ORNL	橡树岭国家实验室
P123	聚氧丙烯聚氧乙烯共聚物溶液
PAF	多孔芳香框架
PAMNs	聚胺肟基功能化磁性纳米颗粒
PAO	聚偕胺肟
PCAST	总统科学与技术顾问委员会
PDA	聚多巴胺
PE	聚乙烯
PEG-MAL$_4$	四臂聚乙二醇-马来酰亚胺
PFMNs	聚甲醛功能化磁性纳米颗粒
PGMNs	聚甘油功能化磁性纳米颗粒
PHGC	聚六亚甲基盐酸胍
Phon	膦酸
PIDO	聚戊二酰亚胺二肟
PIMs	自具微孔聚合物
PIP	哌嗪
PLA	聚乳酸
PNNL	西北太平洋国家实验室
POMNs	多肟功能化磁性纳米颗粒
POPs	多孔有机聚合物
PP	聚丙烯
PS	聚苯乙烯
psu	实际盐度单位
PVA	聚乙烯醇
PVDF	聚偏氟乙烯
PVIAO	偕胺肟聚乙烯基咪唑
PVP	聚乙烯基吡咯烷酮
RAFT	可逆加成断裂链转移聚合
RIGP	辐照引发接枝聚合
SBA-15	有序介孔二氧化硅
SCF	超临界流体
SEM	扫描电子显微镜
SI ARGET ATRP	表面引发电子转移活化再生-原子转移自由基聚合
SP	散射势
SST	海水表面温度
SUP	超铀蛋白
TAEA	N-三(2-乙基胺)胺

英文缩写	中文全称
tBA	丙烯酸叔丁酯
TBAOH	氢氧化四丁胺
TBP	三丁基磷酸酯
TEAOH	氢氧化四乙胺
TEMAOH	氢氧化三乙基甲基胺
TEMED	四甲基乙二胺
TEOS	正硅酸四乙酯
TEPA	四乙烯五胺
TETA	三乙烯四胺
TMAOH	氢氧化四甲胺
TMPTA	三羟甲基丙烷三丙烯酸酯
TPAOH	氢氧化四丙胺
TRLFS	时间分辨激光荧光结构
TST	过渡态理论
UHMWPE	超高分子量聚乙烯
UN	硝酸铀酰
UV	紫外光
VBC	氯甲基苯乙烯
Vim	N-乙烯基咪唑
VP	N-乙烯基-2-吡咯烷酮
VPA	乙烯基膦酸
VSA	乙烯基磺酸
XAFS	X 射线吸收精细结构
XANES	X 射线吸收近边结构
XPS	X 射线光电子能谱
ZVI	零价铁

目　　录

第1章　海水提铀概述 ·· 1

1.1　铀资源概述 ··· 1

　1.1.1　铀的基本性质 ·· 1

　1.1.2　铀资源的分布 ·· 2

　1.1.3　铀的生产 ·· 4

　1.1.4　铀的供需 ·· 5

1.2　海水提铀简介 ·· 6

　1.2.1　海水提铀的意义 ·· 6

　1.2.2　海水提铀的研究方法 ··· 6

　1.2.3　海水提铀的研究挑战 ··· 7

1.3　海水提铀材料简介 ··· 10

1.4　海水提铀主要研究国家的发展概况 ·· 12

　1.4.1　日本 ·· 12

　1.4.2　美国 ·· 13

　1.4.3　中国 ·· 14

　1.4.4　印度 ·· 14

　1.4.5　欧洲国家 ·· 15

参考文献 ··· 15

第2章　高分子材料提铀 ·· 19

2.1　RIGP法制备高分子提铀材料 ·· 19

　2.1.1　预辐照接枝法 ··· 19

　2.1.2　乳液接枝聚合法 ·· 36

　2.1.3　共辐照接枝法 ··· 38

2.2　ATRP法制备高分子提铀材料 ··· 42

2.3　其他方法制备高分子提铀材料 ··· 46

　2.3.1　悬浮聚合 ·· 46

　2.3.2　乳液聚合 ·· 50

　2.3.3　化学引发聚合 ··· 52

　2.3.4　静电纺丝 ·· 53

　2.3.5　气喷纺丝 ·· 55

2.3.6　其他方法 ……………………………………………………… 57

2.4　高分子提铀材料的预处理 ………………………………………… 63

　2.4.1　碱处理 ………………………………………………………… 63

　2.4.2　热处理 ………………………………………………………… 67

2.5　抗海洋生物污损提铀材料 ………………………………………… 71

　2.5.1　抗菌/抗藻型提铀材料 ………………………………………… 71

　2.5.2　抗附着型提铀材料 ……………………………………………… 75

2.6　高分子提铀材料的洗脱 …………………………………………… 77

　2.6.1　酸洗脱体系 ……………………………………………………… 78

　2.6.2　碱洗脱体系 ……………………………………………………… 79

　参考文献 ……………………………………………………………… 81

第3章　无机类材料提铀 ………………………………………………… 87

3.1　碳质材料 …………………………………………………………… 87

　3.1.1　活性炭 …………………………………………………………… 87

　3.1.2　介孔碳 …………………………………………………………… 91

　3.1.3　碳纳米管 ………………………………………………………… 94

　3.1.4　石墨烯材料 ……………………………………………………… 96

3.2　硅质材料 …………………………………………………………… 98

　3.2.1　介孔硅材料 ……………………………………………………… 98

　3.2.2　非介孔硅材料 ………………………………………………… 106

　3.2.3　纳米硅材料 …………………………………………………… 111

　3.2.4　磁性硅材料 …………………………………………………… 113

3.3　无机杂化材料 …………………………………………………… 114

　3.3.1　金属氧化物材料 ……………………………………………… 114

　3.3.2　层状无机材料 ………………………………………………… 117

　3.3.3　偕胺肟修饰的无机材料 ……………………………………… 125

　3.3.4　其他无机杂化材料 …………………………………………… 128

　参考文献 …………………………………………………………… 131

第4章　新型材料海水提铀与方法 …………………………………… 135

4.1　金属有机框架材料 ……………………………………………… 135

　4.1.1　功能化金属有机框架材料 …………………………………… 135

　4.1.2　未功能化金属有机框架材料 ………………………………… 140

4.2　共价有机框架材料 ……………………………………………… 144

4.3　多孔有机聚合物材料 …………………………………………… 149

4.4　离子印迹聚合物材料 …………………………………………… 152

4.5　生物蛋白材料 ·· 155
4.6　电吸附分离方法 ··· 157
　参考文献 ·· 160

第5章　海水提铀的机理 ··· 163
5.1　理论模拟方法 ··· 165
　5.1.1　密度泛函理论模拟 ··· 165
　5.1.2　分子动力学理论模拟 ·· 177
5.2　实验研究方法 ··· 179
　5.2.1　电位滴定法 ··· 179
　5.2.2　结晶法 ·· 184
　5.2.3　EXAFS法 ··· 189
　5.2.4　微量热法 ··· 193
　5.2.5　其他方法 ··· 196
　参考文献 ·· 199

第6章　海水提铀的海试试验 ··· 202
6.1　海试试验的模式简介 ·· 202
　6.1.1　实验室平台提铀试验 ·· 202
　6.1.2　海域海水提铀试验 ··· 203
　6.1.3　海水提铀与海水淡化技术联用 ······································ 204
6.2　海水提铀与海洋环境的关系 ··· 205
　6.2.1　复杂的海洋环境 ··· 205
　6.2.2　提铀材料对海洋环境的影响 ··· 211
6.3　主要研究国家真实海水海试试验发展状况 ································· 212
　6.3.1　美国 ··· 212
　6.3.2　日本 ··· 214
　6.3.3　中国 ··· 219
6.4　海水提铀经济性分析 ·· 221
　6.4.1　海水提铀成本组成 ··· 221
　6.4.2　海水提铀经济性测算 ·· 224
　参考文献 ·· 226

第603次香山科学会议：中国海水提铀未来发展 ······························· 229

第1章　海水提铀概述

1.1　铀资源概述

1.1.1　铀的基本性质

铀(uranium)是原子序数为 92 的元素,是自然界中能够找到的最重的元素[1]。1789 年,由德国化学家克拉普罗特(M. H. Klaproth)从沥青铀矿中分离出,并用 1781 年新发现的一个行星——天王星命名它为 uranium,元素符号定为 U。铀共有 24 种人工同位素(U-217~U-242)(表 1-1),但在自然界中只存在三种同位素(U-234,U-235,U-238),均有放射性,拥有非常长的半衰期。其中 U-235 是唯一可裂变的天然核素,受热中子轰击时吸收一个中子后发生裂变,放出的总能量为 195 MeV,同时释放 2~3 个中子,引发链式核裂变;U-238 是制取核燃料钚的原料。在 1939 年哈恩(O. Hahn)和斯特拉斯曼(F. Strassmann)发现了铀的核裂变现象之后,铀成为重要的核燃料。

表 1-1　铀同位素的性质[2]

同位素	半衰期	衰变模式	生产方法
U-217	16 ms	α	^{182}W$(^{46}$Ar, 5n$)$
U-218	1.5 ms	α	^{197}Au$(^{27}$Al, 6n$)$
U-219	42 μs	α	^{197}Au$(^{27}$Al, x$)$
U-222	1.0 μs	α	W$(^{40}$Ar, xn$)$
U-223	18 μs	α	^{208}Pb$(^{20}$Ne, 5n$)$
U-224	0.9 ms	α	^{208}Pb$(^{20}$Ne, 4n$)$
U-225	59 ms	α	^{208}Pb$(^{22}$Ne, 5n$)$
U-226	0.35 s	α	^{232}Th$(\alpha$, 10n$)$
U-227	1.1 min	α	^{232}Th$(\alpha$, 9n$)$ ^{208}Pb$(^{22}$Ne, 3n$)$
U-228	9.1 min	α EC	^{232}Th$(\alpha$, 8n$)$
U-229	58 min	EC α	^{230}Th$(^{3}$He, 4n$)$ ^{232}Th$(\alpha$, 7n$)$
U-230	20.8 d	α	^{230}Pa 子体 ^{231}Pa$($d, 3n$)$
U-231	4.2 d	EC α	^{230}Th$(\alpha$, 3n$)$ ^{231}Pa$($d, 2n$)$

同位素	半衰期	衰变模式	生产方法
U-232	68.9 年 $8×10^{13}$ 年	α SF	$^{232}Th(α, 4n)$
U-233	$1.592×10^5$ 年 $1.2×10^{17}$ 年	α SF	^{233}Pa 子体
U-234	$2.455×10^5$ 年 $2×10^{16}$ 年	α SF	天然
U-235	$7.038×10^8$ 年 $3.5×10^{17}$ 年	α SF	天然
U-235m	25 min	IT	^{239}Pu 子体
U-236	$2.3415×10^7$ 年 $2.43×10^{16}$ 年	α SF	$^{235}U(n, γ)$
U-237	6.75 d	$β^-$	$^{236}U(n, γ)$
U-238	$4.468×10^9$ 年 $8.30×10^{15}$ 年	α SF	天然
U-239	23.45 min	$β^-$	$^{238}U(n, γ)$
U-240	14.1 h	$β^-$	^{244}Pu 子体
U-242	16.8 min	$β^-$	$^{244}Pu(n, 2pn)$

地壳中铀的平均含量约为 2.5 ppm，即平均每吨地壳物质中约含 2.5 g 铀，比钨、汞、金、银等元素的含量高。但铀在各种岩石中的含量很不均匀，在花岗岩中的含量较高，平均每吨花岗岩含 3.5 g 铀。海水中铀的浓度相当低，平均每吨海水只含 3.3 mg 铀，但由于海水总量极大，海水中铀总含量可达 45 亿 t[3]。

由于铀的化学性质很活泼，自然界不存在游离态的金属铀，而以化合态存在。铀在地壳中分布广泛，已知的铀矿物有 170 多种，但具有工业开采价值的铀矿只有二三十种，其中最重要的有沥青铀矿(主要成分为八氧化三铀)、品质铀矿(主要成分为二氧化铀)、铀石和铀黑等[4]。

块状铀在空气中易氧化，生成一层发暗的氧化膜。其在空气中加热即燃烧，高度粉碎的铀在空气中极易自燃。铀能和几乎所有的非金属作用(惰性气体除外)，铀易与卤素反应生成卤化物；在加热条件下，铀可以分别和氢、硫、氮、碳形成相应的化合物。铀能与多种金属形成合金，能与汞、锡、铜、铅、铝、铋、铁、镍、锰、钴、锌、铍作用生成金属间化合物。

1.1.2 铀资源的分布

全世界铀资源大致可分为两大类：一次供给源和二次供给源。一次供给源是指从自然界存在的天然铀中获取的铀资源，包括陆地铀资源和海洋铀资源，其中陆地一次供给源分布广阔且极不均匀。一次供给源又可以分为传统资源和非传统资源。传统资源是指从铀矿石中开采出来的铀资源,非传统资源是指天然存在的品位比较低或者作为其他资源中的副产物,有一定回收价值的铀资源,其中最重要的非传统一次供给源就是海水中的铀。二次供给源是指作为军用或民用被加工之后的铀,或者乏燃料后处理回收的铀等[5, 6]。

铀资源还可以按照回收铀的价格区间来划分。截至 2015 年 1 月,世界铀资源中,130~260 美元/kg 的高回收成本的铀资源为 438.64 万 t,回收成本 80~130 美元/kg 的资源量总计 345.84 万 t,40~80 美元/kg 的资源量为 122.36 万 t,小于 40 美元/kg 的低回收成本的资源量只有 47.85 万 t,见表 1-2。整体来看,世界整体铀矿资源量达 954.69 万 t,多数以回收成本高的铀为主,低回收成本的铀矿资源整体不足,仅占总储量的 5%。高回收成本铀资源国主要为澳大利亚、加拿大、哈萨克斯坦、尼日尔、纳米比亚、俄罗斯、南非和巴西,铀矿资源量均超过 15 万 t,占世界高回收成本铀矿资源量的 75.31%,其中澳大利亚高回收成本的铀矿资源量占比为 26.22%。低回收成本铀资源国主要为加拿大、巴西、哈萨克斯坦、中国和乌兹别克斯坦等,其中加拿大和巴西两国资源量占比已超过世界低回收成本铀矿资源量的 75%。我国高回收成本的铀矿资源量在世界排名第 11 位,占总铀矿资源量的 2.92%,回收成本小于 130 美元/kg 的占 3.71%,排名第 9 位,回收成本小于 80 美元/kg 的占 7.76%,回收成本小于 40 美元/kg 的占 7.71%。总体来看,我国的铀资源量占世界总资源量的比例较低。

表 1-2　世界已查明铀矿资源量(截至 2015 年 1 月)[5]

国家	130~260 美元/kg		80~130 美元/kg		40~80 美元/kg		小于 40 美元/kg	
	资源量 /万 t	占比/%	资源量 /万 t	占比/%	资源量 /万 t	占比/%	资源量 /万 t	/占比%
澳大利亚	115.00	26.22	113.52	32.82	—	—	—	—
加拿大	48.64	11.09	37.42	10.82	24.01	19.62	22.61	47.25
哈萨克斯坦	36.32	8.28	27.58	7.97	22.93	18.74	3.85	8.05
尼日尔	31.60	7.20	23.53	6.80	1.77	1.45	0	0
纳米比亚	29.84	6.80	18.96	5.48	—	—	0	0
俄罗斯	27.38	6.24	22.84	6.60	2.73	2.23	0	0
南非	25.96	5.92	23.76	6.87	—	—	0	0
巴西	15.59	3.55	15.59	4.51	15.59	12.74	13.81	28.86
乌克兰	13.94	3.18	8.29	2.40	4.20	3.43	0	0
美国	13.82	3.15	6.29	1.82	1.74	1.42	0	0
中国	12.83	2.92	12.83	3.71	9.5	7.76	3.89	7.71
印度	12.10	2.76	—	—	—	—	—	—
世界总计	438.64	100	345.84	100	122.36	100	47.85	100

铀在海水中以 $Ca_2[UO_2(CO_3)_3]$ 的形式稳定态存在，浓度为 3.3 μg/L。尽管浓度很低，但由于全球海水体积庞大，海水中总共蕴藏着约 45 亿 t 铀[3]，相当于陆地矿石中铀储量的 1000 倍以上，而且河水每年可以汇集补充约 2.7 万 t 铀。如果能够将海水中的铀资源有效利用起来，其几乎可以看作是一种"取之不尽"的资源。

1.1.3　铀的生产

世界铀产量正在逐渐增加，从 2014 年的 5.598 万 t 增加到 2016 年的 6.201 万 t。铀生产大国前八位分别是：哈萨克斯坦、加拿大、澳大利亚、尼日尔、纳米比亚、俄罗斯、乌兹别克斯坦和美国(表 1-3)，这八个产铀大国的铀产量占世界铀总产量的 90% 以上。最大的铀生产国是哈萨克斯坦，其铀产量约占世界铀产量的 40%，比排在世界第二位的加拿大和第三位的澳大利亚的总和还多[7]。

表 1-3　2014～2016 年八大铀生产国的铀产量及其份额[7]

国家	2014 年		2015 年		2016 年	
	产量/kt	份额/%	产量/kt	份额/%	产量/kt	份额/%
哈萨克斯坦	22.78	40.69	23.8	39.34	24.57	39.62
加拿大	9.14	16.33	13.32	22.02	14.04	22.64
澳大利亚	4.98	8.90	5.65	9.34	6.32	10.19
尼日尔	4.06	7.25	4.12	6.81	3.48	5.61
纳米比亚	3.25	5.81	2.99	4.94	3.31	5.34
俄罗斯	2.99	5.34	3.05	5.04	3.00	4.84
乌兹别克斯坦	2.70	4.82	2.38	3.93	2.40	3.87
美国	1.88	3.36	1.26	2.08	1.13	1.82
八国产量合计	51.78	92.50	56.57	93.50	58.25	93.93
世界总产量	55.98		60.50		62.01	

从铀的生产方式来看，地浸开采是最主要的生产方式，占全球铀生产份额的 51%，这主要是哈萨克斯坦地浸开采的产量增加及其他一些位于澳大利亚、中国、俄罗斯、美国和乌兹别克斯坦的地浸项目的产量增加所致。其他开采方式主要包括：地下开采约占 27%，露天开采占 14%，从铜和金中以共产品和副产品方式回收铀约占 7%，其他方式小于 2%。随着世界铀生产活动的不断扩张，各国政府越来越重视铀生产过程的安全与环境问题，发展安全环保的铀开采生产技术显得尤为重要。

铀生产是一个复杂的过程，其成本主要受铀矿资源禀赋特征、开采技术水平和外界环境等多种因素影响。铀资源禀赋特征决定了其开采利用的方式方法，也是决定天然铀开采成本和经济性的内在因素，主要包括矿石品位、资源规模及矿体形态、矿体的埋深、空间密度、矿体厚度和矿石成分等。铀矿开采的技术水平是铀开采成本的直接决定因素，主要包括技术实施成本、排水、项目的周期、能耗成本、人工成本和运输成本。外部环境是影响铀矿资源开采成本的重要因素，主要包括环境和法规、政治因素、税收和矿山资源使用费。

1.1.4　铀的供需

随着日益增长的电力需要和日益强化的环保要求，清洁能源发电需求不断增长。核能不仅满足降低温室气体排放的要求，还可以加强能源供应的安全性，其在电力市场中的占比也会不断增长，但对铀资源的稳定供应提出了挑战。

2015 年，全世界共有 437 座商用核反应堆并网运行，净发电装机容量为 377 GW_e，铀需求量约为 5.66 万 t。考虑到一些国家涉核政策的调整和核能发展计划的修订，2035 年预计核电装机容量将增加到 418.07 GW_e（低需求方案）至 682.75 GW_e（高需求方案），分别增加 11% 和 81%。相应地，预计 2035 年的反应堆铀需求量将分别增加到 6.6995 万 t 和 10.4740 万 t（表 1-4）[8]。

表 1-4　2035 年世界核电装机容量和铀需求量预测[8]

年份	需求方案	装机容量/GW_e	铀需求量/t
2020	高	452.14	76965
	低	396.58	65975
2025	高	508.17	82195
	低	382.49	61035
2030	高	611.71	95630
	低	417.94	66580
2035	高	682.75	104740
	低	418.07	66995

目前，全世界不同地区的核电装机容量不同，未来预测值的差别也很大。发展中国家和地区由于加快发展的需要，对能源需求不断提高，预计核电增速会非常明显，主要代表是东亚地区和欧洲的非欧盟国家。到 2035 年，东亚地区装机容量预计增加 54%~188%，欧洲的非欧盟国家预计增加 49%~105%；中东、中南亚和东南亚地区将有明显增长；非洲、中南美地区也将有适度的增长。北美地区预计 2035 年核电装机容量低方案将与 2014 年基本持平或低幅增长；而欧盟地区预计核电装机容量将有所降低[9]。但这些预期目标的实现程度，还要取决于未来的电力需求、现有反应堆的寿命延期及政府的温室气体排放政策。

市场对铀资源的需求主要来源于核电站运行的反应堆，这一部分的需求量占总需求量的 90% 以上。除反应堆需求外，还有一些天然铀作为国家战略资源储备和商业储备。2014 年，全世界一次供给源铀产量为 55975 t，满足反应堆需求的 99%，不足部分由二次供给源补充。二次供给源包括政府和商业库存、乏燃料的后处理铀、贫铀尾料再浓缩的余料及产出的铀和高浓缩铀(high enriched uranium，HEU)稀释转化来的低浓缩铀(low enriched uranium，LEU)。30个有商业核电站消费铀的国家中，只有加拿大和南非的铀产量可满足国内需求，所有其他有核电发展的国家都必须使用进口铀或二次供给源，这体现了铀生产国和消费国的不均衡分布。

尽管一些发达国家近期的电力需求下降，但今后几十年，特别是在发展中国家，电力的需求仍会不断增长。核电站发电具有价格竞争力，同时是一种基荷电力，不排放温室气体，发展核电能够增强能源供应的安全性和环保性，因此核能将是未来能源供应中的重要组成部分。

1.2   海水提铀简介

1.2.1   海水提铀的意义

海水提铀研究已有将近60年的历史，最早始于1964年Davies等的工作[10]，该研究起源于英国20世纪50年代的"Project Oyster"。第二次世界大战后，全球开始核能及核武器的研究，而陆地铀矿资源的稀缺导致了国际市场的不稳定，从而影响国防及能源产品的制造，这使人们产生了紧迫感。

随着全球资源日益减少，人口不断增加，为了防止社会、政治及环境因素影响能源供应安全，造成全球经济问题[3, 10]，人们开始对工业金属和矿物的非常规储备形式进行探索和利用。以目前的铀资源消耗速率，全球铀矿资源储量可维持核电发展80~120年[11]。但到2050年，全球人口总数将超130亿，新兴经济不断发展，能源需求不断攀升。过去20年，尽管美国等发达国家人均能源消耗逐渐降低，但全球层面的能源消耗依然提高了30%，预计到2040年，核能发电量比现在多1倍，保证铀资源的稳定供应成为解决能源安全问题的关键[12]。

海水中铀资源总量经估算可达45亿t，是传统陆地铀矿资源的1000倍[13]，足以满足人类核能发电可持续发展数千年。海水提铀是从海水中提取铀化合物的过程，可以实现对海水中铀资源的开采。为了保证铀资源稀缺国家的铀资源供应，防止铀资源供应链发生急剧波动，发展成熟、低碳的海水提铀研究工作势在必行[14, 15]。同时海水提铀的过程对于环境非常友好，完全区别于陆地铀矿的破坏性开采形式，可以实现资源开采与环境保护兼顾，是一种环保绿色的铀资源开采技术。

1.2.2   海水提铀的研究方法

海水提铀是从海水中提取铀化合物的过程，相关研究始于20世纪中期，到目前为止已经开发了很多种方法，包括液膜法、萃取法、共沉淀法、吸附法、生物法、离子交换法、电化学沉积法和光催化还原法等。吸附法是目前被证明最行之有效的方法。

采用吸附法进行海水提铀，相关研究主要包含提铀材料的制备、材料的铀吸附性能研究、铀的洗脱和分离，以及铀产品的制备。其中提铀材料的品质是最关键的问题，海水提铀的相关研究工作主要集中在对提铀材料的研制和性能研究。

由于海水的环境非常复杂、海水中铀的浓度低及处理海水量非常大等特点，海水提铀材料需要具有以下特性。

(1) 吸附容量尽可能大。

(2) 吸附速率尽可能快。

(3) 吸附剂对铀酰离子的选择性尽可能高。

(4) 容易、快速地脱附——一般而言，吸附剂的吸附能力越强，其脱附越困难。

(5) 对化学、机械作用力及微生物要稳定——吸附剂不仅需要与海水长期接触，还需要经过吸附/脱附的反复使用，必须经久耐用。

上述特性中最重要的性能是对铀的吸附容量。吸附容量指在一定温度和一定吸附质浓度下，单位吸附材料对吸附质的最大吸附容量。通过式(1-1)计算样品对铀离子的饱和吸附容量 q_m(mg U/g ads[①])。其中，C_0、C_v 分别为吸附前后溶液中铀离子的浓度(ppm/ppb[②])；V、M 分别为吸附实验中使用的铀溶液的体积(L)、吸附剂用量(g)。

$$q_m = \frac{C_0 - C_v}{M} \times V \tag{1-1}$$

提铀材料的吸附性能测试还包括：pH 的影响、离子强度的影响、吸附选择性、吸附动力学、吸附热力学、材料洗脱循环能力测试等，通过这些测试结果可对材料的铀吸附性能进行初步评估。

提铀材料最终需要在真实海洋环境下进行提铀试验，其中材料的设计、吸附剂的内部结构(细孔、亲水性等)都需要满足与海水充分交换的需求。同时还需要考虑海水处理装置的设计，除满足大量海水通过之外，还需降低微生物环境对提铀过程的影响。在完成了真实海洋环境下的提铀试验之后，需要对材料吸附的铀进行洗脱，分离纯化并制成铀产品(黄饼)。

1.2.3　海水提铀的研究挑战

海水提铀研究的关键问题是获得性能优异的提铀材料。提铀材料除了必须具有很高的提铀效率外，还面临着来自海水组成与生物污损等多方面的挑战。海水组成复杂，同时海水的组成和酸碱度还受到很多环境和生物因素的影响，因此在研究过程中要调试、监控和标准化这些因素，以保证相关数据的可重现性。

目前，多数实验室研究工作均是以模拟海水作为真实海水的替代品，在海水提铀的研究中高质量的模拟海水需要具有与海水接近的 pH、总的溶解固体量、有机物含量及竞争离子等。模拟海水盐溶液至少应满足碳酸盐浓度、离子强度和 pH 与环境海水值接近。低

① 表示单位质量吸附剂可吸附的铀质量。
② ppm 和 ppb 均为溶液中铀浓度的单位，ppm 表示 mg/L，ppb 表示 μg/L。

pH 和低离子强度有利于铀吸附，且溶液的 pH 和浓度会影响铀的组成与形态。因此，认识并调控这些参数，获取有效吸附数据，对于提铀材料的性能评估非常重要。

此外，铀的吸附过程是平衡态过程，吸附情况随浓度变化而发生变化，要保持模拟海水组成的一致性比较困难，因此吸附剂在添加铀的模拟海水中和真实海水中的性能有很大的差别。

可以说，真实海水和海洋环境的复杂性，为海水提铀研究工作带来了很多艰巨的挑战。

1. 复杂的金属离子组成

铀在海水中的浓度仅约为 3.3 μg/L，且分布较为均匀，而元素周期表中许多其他元素以更高的浓度存在于海水中[16]，如表 1-5 所示。不同吸附材料对金属离子的吸附能力不同，例如，常用的偕胺肟功能化聚合物吸附材料会吸附大量钒、铁、铜、碱金属及碱土金属等[17]，因此海水中竞争离子的浓度对材料吸附铀的容量有很大影响[18]。面对具有如此复杂组成的海水，高品质的提铀材料必须对铀酰离子具有优异的选择性。

表 1-5　海水中部分元素的浓度[3]

元素	浓度	
	mg/kg	mol/L
Cl	19400	0.546
Na	10800	0.468
Mg	1290	53×10^{-3}
Ca	413	10.3×10^{-3}
K	400	10.2×10^{-3}
Li	0.18	26×10^{-6}
Ni	0.005	8×10^{-9}
Fe	0.0034	0.5×10^{-9}
U	0.0033	14×10^{-9}
V	0.00183	36×10^{-9}
Cu	0.001	3×10^{-9}
S	0.0009	28×10^{-3}
Pb	0.00003	0.01×10^{-9}
TIC	0.0029	24.2×10^{-3}
DIP	0.00071	2.3×10^{-6}

注：TIC 表示无机碳；DIP 表示溶解态无机磷。

在海水中的众多金属元素中，铀最重要的竞争离子是钒。由于海水中钒与铀酰离子的配位方式接近，因此能够在海水中高效提取铀的材料通常对于钒也具有很好的吸附能力。钒离子的存在会大幅降低提铀材料的提铀效率[19]。其他竞争离子对材料提铀的吸附效率也有不同程度的影响，影响程度取决于吸附剂自身的选择性和海水的具体组成[20-26]。

2. pH 和盐度影响

碱金属及碱土金属的离子强度和 pH 等都对铀的存在形态有影响，甚至会形成多核络合物[27]。在不同浓度、pH、离子强度和碳酸根含量下，对铀的存在形态研究后发现：pH<4 时，铀以 UO_2^{2+} 的形式存在；pH>8.5 时，则以 $[UO_2(CO_3)_3]^{4-}$ 为主[28]；当 pH 为 6～8 时，随着铀浓度提高，溶液中形成许多多核络合物 $[(UO)_2CO_3(OH)_3]$。

盐度是指一定体积水中溶解盐的量，是影响铀的化学性质的又一重要因素。实验室研究结果表明，氯化钠、钙离子、镁离子和碳酸氢根的存在会严重降低吸附剂的提铀量和提铀速率[17, 29, 30]。

3. 生物污损

生物污损指微生物、藻类、植物及动物等在材料表面的富集。由于海水提铀材料需要部署在海水环境中，因此生物污损也是海水提铀要面临的一个重要挑战[31]。通常将生物污损分为四个阶段[32, 33]：第一阶段，材料浸入水数秒后，表面将覆盖一层薄的生物膜；第二阶段，细菌和硅藻附着在材料表面；第三阶段，微生物膜进一步发展形成粗糙的表面，吸引更多的颗粒和有机物附着；第四阶段，更大的有机物(如藤壶和贝壳等)生长在材料表面。生物污损问题对海水提铀材料提出了特殊的要求，例如，多孔性和纳米结构本来是吸附剂的优点，然而这种结构会促进生物污损，最终导致材料不能使用[34]。借助显微技术，人们发现有机螯合树脂与海水接触后，材料表面的孔内会充满生物污损形成的碎片。因此在提铀材料结构设计过程中，必须提前考虑生物污损造成的影响。

通过调整材料在海水中的深度，使材料在有光和无光的条件下进行吸附，研究生物污损对用于海水提铀的偕胺肟功能化聚合物吸附剂的影响[31]，结果表明，在有光条件下的材料吸附能力下降 30%，且表面有藻类细胞附着，置于海水无光区以下的材料则可有效降低生物污损的影响。此外，海水温度、材料投放时间和材料投放位置等对材料的生物污损有不同程度的影响[35]。

4. 温度

温度对提铀材料性能的影响是多方面的，而不同地点、不同季节的海洋温度大不相同，因此温度造成的影响就更不可忽视。理论计算和热化学滴定都表明偕胺肟与铀酰离子的配位是吸热过程，提高溶液温度有利于提高提铀材料的吸附性能[36]，但这仅是小分子的研究结果，真正用于海水提铀的材料是否如此还需进一步研究。但提高温度的同时也会增加生物污损，影响提铀材料的提铀性能。印度特罗贝港湾的塔拉普尔核电站(Tarapur Atomic Power Station)通过演示实验，对比了材料在入水渠和出水渠中海水的吸附性能差异，发现出水渠水温较高、生物污损程度较高，但是吸附容量也提高了 30%[37]。因此促进吸热反应和抑制生物污损之间的平衡关系，还需要深入研究。

综上所述，对提铀材料的性能研究会受到很多因素的影响。最理想的研究方式就是将吸附材料部署于海洋上或流动的海水中实施提铀并测试获得准确的数据,但要达到这样的研究目标非常困难且成本高。另外,用海水浸泡实验来进行相关研究,为了获得准确的实验数据和实验重复性,需要用大量的海水进行实验,有时候这也具有相当大的难度。因此,在目前的海水提铀研究中大多研究团队使用模拟海水——配置模拟海水的 pH、离子强度、铀浓度和竞争离子浓度的溶液来进行实验。模拟海水可以很容易地满足 pH 和离子强度的问题,但是低浓度带来的分析测试问题依然不能解决[38-42]。此外,温度变化在实验室条件下容易控制,但模拟海水实验中生物污损的影响却不易控制,这都是使用模拟海水进行研究不能忽视的问题和挑战。

此外,海水提铀的最终目的是从大海中将铀提取出来,那么始终都要直面海洋。理解海洋环境对于提铀材料的影响,设计搭建合理可靠的提铀装置,保障海水提铀长期稳定地实施又包含了大量工程技术问题。

由此可见,海水提铀研究是一项复杂的、多学科、综合性的研究项目,并同时包含了科学、技术和工程全方位的问题。

1.3　海水提铀材料简介

海水提铀研究已有 60 多年的历史[10],并伴随着对提铀材料的不断探索。英国国家档案馆的解密文件总结了早期无机吸附剂相关研究工作,包括液-液提取、确定吸附床的部署位点及提铀设施等[43, 44]。对于海水提铀而言,成功可行的提铀方式必须在吸附过程中具有高的选择性、高吸附容量、快速的吸附和洗脱速率、低的萃取剂损伤和低成本。因此,由于需要大量的萃取剂和昂贵的工程实施成本,液-液萃取的方法并不适用于海水提铀。固相萃取剂更适合海水提铀,在海水环境下较好的稳定性使其可以长期稳定地进行铀吸附,同时也便于回收。因此,海水提铀材料的早期研究主要集中在固体材料方面。

最初数十年的研究焦点是将无机吸附剂部署在固定床或流动床上。1964 年,英国研究者评估了多种无机材料在海水中的提铀性能,其中包括硅酸镁、二氧化钛、氢氧化镁、纳米氧化铝、氧化铁等。到1979 年,学者们已将 81 种无机吸附材料应用于实验室条件下的铀吸附实验,吸附容量均可超过 1 mg U/g ads。水合二氧化钛是当时最好的提铀材料[45, 46]。1981~1988 年,日本启动了第一次从海水中提取铀的试验计划,采用水合二氧化钛吸附剂进行了工厂级别的试验。但是当时的试验结果发现二氧化钛在真实海水中的吸附容量只有 0.1 mg U/g ads,且二氧化钛没有机械性能,需要通过泵送海水的方法进行吸附,大大提高了整个吸附过程的成本。最终研究者们判定这个提铀方法是无效的,吸附容量必须提高十倍以上,海水提铀才有可能具有一定的经济性[47]。

大规模使用聚合物海水提铀材料应具有以下优点[20]:廉价、海水条件下稳定性好、物理弹性好、部署方便、吸附速率快、吸附容量高和洗脱容易等。20 世纪 80 年代之前就有过聚合物类吸附剂(材料)用于海水提铀的研究,但存在吸附容量不高、受生物污损影响严重和在海水中稳定性差等缺点，因此当时仅仅被看作是一种新颖的材料，而不是研究重点。1979 年，偕胺肟功能化聚合物吸附剂首次应用于海水提铀工作，羟胺处理丙烯腈（acrylonitrile，AN）和二乙烯基苯的共聚物，得到偕胺肟基（amidoxime，AO）树脂型吸附材料，该材料可在海水量比吸附剂量多四个数量级的柱系统中吸附 80%的铀[48]，在海水中连续吸附 130d 后，吸附容量可达 0.45mg U/g ads，且在 10 次循环使用后吸附性能保持良好[49]。这样出色的研究结果迅速点燃了科学家们的研究热情。

比较水合氧化钛和四种离子交换树脂的性能，发现偕胺肟功能化树脂的吸附性能与水合氧化钛相当，且物理性能更优越，经过优化的材料性能会得到更进一步的提升。通过对 200 余种不同有机官能化的树脂吸附剂（材料）进行实验室条件下和真实海水条件下的吸附实验研究发现，偕胺肟仍然是最有前途的海水提铀有机官能团，之后偕胺肟和酰亚胺肟功能化树脂得到了进一步的研究[20]。

日本在 20 世纪 80 年代将偕胺肟型材料用于海水提铀，并在太平洋开展了真实海域试验。最初他们制备了含有氰基的聚合物颗粒，再和羟胺反应制备成偕胺肟型材料。由于颗粒状的聚合物需要进行包装才能投放到海水中进行铀吸附，故而在 1980～1990 年，开始了系列偕胺肟功能化纤维的研究。考虑到聚偕胺肟（PAO）的机械强度较差[50]，研究者采用辐照引发接枝聚合（radiation-induced graft polymerization，RIGP），将聚丙烯腈接枝到物理性能良好的聚合物纤维上[如聚乙烯（polyethylene，PE）等]，再将氰基转化为偕胺肟。聚烯烃主链提供吸附剂必要的物理性能，聚偕胺肟侧链提供与铀酰离子的配位位点。该实验过程通常先将主链纤维置于惰性气体下经电子束辐照后产生自由基结合位点，再将纤维置于丙烯腈溶液中，成功将丙烯腈接枝到纤维表面[51]。另外，通常还加一些共聚单体[如丙烯酸（acrylic acid，AAC）等]以提高材料的亲水性能，再用 KOH 将羧酸去质子化，同时使聚合物纤维发生溶胀，从而更利于接触到海水。材料经过阳离子后处理可有效提高亲水性，并且在库仑力的作用下有效增加侧链的溶胀度，促进质量传输和$[UO_2(CO_3)_3]^{4-}$的静电聚集[52]。

20 世纪 80 年代以后，对海水提铀材料的研究已经主要集中在高分子聚合物领域，发展出了不同基材、不同接枝配体的多种聚合物提铀材料。近年来，随着材料科学的不断发展，很多新材料（如纳米材料、生物材料等）也被用于发展为提铀材料，新型提铀材料的功能性和吸附性能都在不断提高。

总体来讲，经过 60 年的研究历程，海水提铀材料从最初的水合二氧化钛固定床吸附剂，到 20 世纪 80 年代的有机螯合树脂，再到 20 世纪 90 年代海洋中可部署的聚合物，最后到现在的新型功能化材料，已经进行了数次的更新换代（代表性材料的铀吸附容量如图 1-1 所示）[3]。

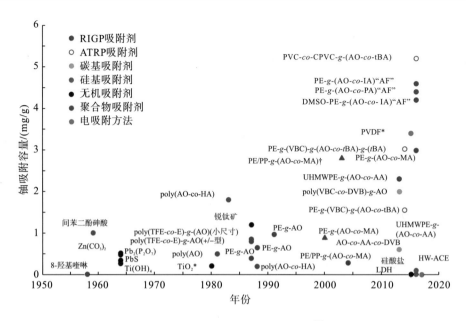

图 1-1   海水提铀吸附剂发展历史[3]

仅展示应用于真实海水中的吸附剂，其中多数吸附时间为 20~60 d

*表示吸附剂的吸附时间少于 1 d，†表示吸附剂吸附时间为 240 d，三角形代表曾部署于公海中的吸附剂

1.4   海水提铀主要研究国家的发展概况

1.4.1   日本

日本的海水提铀研究始于 1960 年左右，日本国家先进工业科学与技术研究所、东京大学和京都大学均开展了有关海水提铀的研究工作。1974 年，日本政府开始介入海水提铀项目，由国际贸易及工业部组织的海水稀有资源研究委员会组织领导。

早期的研究主要集中在不同的提铀方法，包括溶液萃取、离子交换、过滤、生物吸附、吸附法，并对不同吸附剂的性能进行了研究。早期研究发现普通的离子交换树脂，如间苯二酚砷酸甲醛树脂、8-羟基喹啉树脂都对铀酰离子表现出了较好的吸附能力，但是由于其易老化，并不能适用于海水提铀。一些大环类多齿配体也被用于海水提铀，以提高对于铀酰离子的选择性吸附能力，但是由于其较慢的吸附动力学，也没有获得进一步的发展。同时期，一些天然高分子也被用于海水提铀的研究，包括酸化多糖和磷酸化多糖化合物，如甲壳素、壳聚糖、纤维素等，然而这类化合物的铀吸附能力并不高，而且易与海水中的微生物发生作用。

日本最早选用进行规模化真实海域提铀试验的材料是水合二氧化钛。由日本天然资源与能源部、国际贸易与工业部和金属开采部等多部门联合组织的海水提铀项目，在 1981~1988 年对水合二氧化钛的真实海域提铀性能进行了研究。研究发现，水合二氧化钛的吸附容量低，提铀方式不经济，过程中易流失等，因此其并不适合工业化的海水提铀。在综合考虑了提铀材料的铀吸附能力、吸附动力学和材料的机械性能以后，偕胺肟型的吸附材料被选作最佳的海水提铀材料。主要发展、研究了以下三种类型的偕胺肟材料[58]。

(1) 偕胺肟型粉状聚合物。首先制备含有氰基的粉状聚合物，再通过与羟胺的反应制备偕胺肟型粉状聚合物。这种粉状聚合物需要经过包装处理后才可投放到海水中进行铀吸附。

(2) 化学法制备偕胺肟型纤维材料。日本国家先进工业科学与技术研究所发展了利用聚丙烯腈纤维偕胺肟化制备偕胺肟型纤维材料的方法。这种纤维可以投放到海水中，并利用海洋的洋流自然漂浮在海水中进行提铀。但是由于偕胺肟化反应会导致纤维的机械强度下降，不能长期应用于海水提铀。

(3) 辐照接枝聚合制备偕胺肟型无纺布材料。利用电子束对聚乙烯无纺布进行辐照产生自由基，再与丙烯腈发生聚合反应，然后进行偕胺肟化制备含有偕胺肟基的无纺布材料。这种吸附材料具有足够的机械性能和吸附容量，可用于海水提铀。

20 世纪 90 年代，日本选择聚乙烯无纺布替代 90 年代初的纤维材料，并进行了放大工艺的优化。1999～2001 年，日本采用堆积系统将用于铀吸附的吸附塔放入距离海岸 7km 的太平洋中，海水深度约为 40m。吸附 30 d 后，铀的平均提取量为 0.5 mg U/g ads。采用该方法，240 d 的海水实验总的提铀量约为 1 kg。随后，日本着力建立更大范围的铀收集场地，在更大范围内开展海水提铀试验，促进工业化进程。该场地覆盖约 400 平方英里(约为 1000 km^2)，理论上能够满足日本对铀年需求量的 1/6，不过到现在为止，还没有进一步的实质性进展报道。

1.4.2　美国

美国海水提铀研究起始于 20 世纪 60 年代，但研究工作时断时续。1999 年，根据总统科学与技术顾问委员会(President's Committee of Advisors on Science and Technology, PCAST)的提议，研究工作再次启动，并与日本建立了"核能联合行动计划燃料循环技术工作组"。研究项目参加单位实行国家实验室、大学和非营利研究所"三结合"，从而实现设计、研发、实验室研究、生产、海洋试验和评估的全面推进。

2011 年，美国能源部(United States Department of Energy)组建了一个多单位合作的团队，并进行海水提铀研究。项目由橡树岭国家实验室进行技术牵头、总体策划和项目分解，旨在利用先进的计算能力、表征仪器和纳米科技等，制备出吸附容量 2 倍于日本的提铀材料。这个多层面的研究包括七个方面：①研究铀的配位机制并将其应用于配位基团的计算和设计；②热力学、动力学及结构的表征；③通过 RIGP 制备先进的聚合物吸附剂；④制备新颖的纳米级吸附剂；⑤建立海水中的提铀性能评估系统；⑥提高材料耐受度和再利用率；⑦成本分析和部署模型。现阶段比较突出的贡献有：制备出了高比表面积的基体材料[53]；用 RIGP 制备了两种最优化的聚合物配方[54,55]；将原子转移自由基聚合(atom-transfer radical polymerization,

ATRP）应用于吸附剂的制备且吸附剂性能非常好[56]；首次制得用于海水提铀的金属有机框架（MOF）吸附材料[57]等。

美国海水提铀研究团队因 Hicap 和 U Grabber 两项提铀材料制备技术成果，两次获得了美国"R & D100"大奖。他们通过原子转移自由基聚合的方法制备了以聚氯乙烯纤维为基材共聚丙烯腈和丙烯酸叔丁酯的提铀纤维，该材料在真实海水实验室平台中 49 d 吸附容量达到 5.22 mg U/g ads，是当时世界提铀材料在真实海水中吸附容量的最高值。但是在 2016 年之后，由于项目缺乏进一步的经费支持，美国海水提铀研究团队再次被迫暂停了相关研究。

1.4.3 中国

中国的海水提铀研究始于 20 世纪 60 年代，在上海成立了海水提铀办公室。从 20 世纪 70 年代开始，中国科学院海洋研究所、山东海洋学院等单位在核工业部、国家海洋局的资助和支持下，对海水中的铀提取进行了一系列的研究工作。国家海洋局第三研究所研制的钛型吸附剂，最佳吸附容量达到 0.65 mg U/g ads。1970 年，华东师范大学"671"科研组利用水合氧化钛作为吸附剂，通过在海边搭建槽型吸附床的形式，利用潮汐作用来进行海水提铀，从海水中提取出了 30 g 铀。但是由于当时进行海水提铀场地选址和搭建困难，以及水合氧化钛在吸附过程中损失严重等问题，相关研究没有继续。

从 2011 年开始，在国家相关部门的资助下，中国工程物理研究院、中国科学院上海应用物理研究所、中核集团和部分高校等多家科研单位陆续投入到海水提铀的研究工作中。主要发展了多种不同类型的提铀材料，包括有机-无机复合材料[58]、氧化石墨烯/偕胺肟水凝胶[59]、偕胺肟功能化的超高分子量聚（UHMWPE）[60]、静电纺丝法制备聚偏氟乙烯[poly（vinylidene fluoride），PVDF]聚偕胺肟等[61]。并针对海水提铀的机理及海水提铀工程化技术等领域开展了相关研究工作[62, 63]。

1.4.4 印度

印度的海水提铀研究主要是在巴巴原子研究中心（Bhabha Atomic Research Centre，BARC）进行，主要是基于偕胺肟发展了多种提铀材料，包括膜材料、水凝胶、树脂及用偕胺肟或者杯芳烃接枝的磁性纳米粒子材料[64-66]。

印度 BARC 与法国原子能署（CEA）一起发起了一个从海水淡化后的浓盐水中提取铀的项目，称为海水提铀引领项目（recovery of uranium from seawater pilot programme，RUSWapp）。从海水淡化的排出液中回收有价值的元素可以使淡化工厂的排放更加环保，同时可以降低海水淡化的成本，对于海水提铀是一种很好的联用技术。他们在项目中发展了三种提铀材料：①接枝杯芳烃化合物的树脂材料，这种材料表现出很高的铀吸附选择性，但是缺少规模化的研究和优化；②接枝杯芳烃或偕胺肟的磁性吸附材料，这种材料具有高选择性、易分离回收等优点，但是同样没有进行实用性研究；③在管道系统中使用辫型偕胺肟吸附材料，该材料和日本发展的吸附材料类似。

1.4.5　欧洲国家

20 世纪 80 年代，欧洲多个国家开展了海水提铀的相关研究工作，包括英国、法国、德国、芬兰、希腊、意大利、波兰、瑞士等国家。早期欧洲的海水提铀研究主要集中在水合氧化钛吸附剂上。但 1990 年以后，欧洲国家就没有再进行系统的海水提铀研究工作。

其中，德国在 1975～1984 年进行的研究工作比较有特色。德国系统地筛选研究了 200 多种吸附剂对海水中铀的吸附性能，这些吸附剂主要是接枝不同官能基团的树脂材料，填装在吸附柱中，选择在德国北部的黑尔戈兰岛(Heligoland)附近海域的海水，以 0.3～1.5cm/s 的流速流经吸附柱。通过筛选发现接枝了偕胺肟的吸附材料最有可能成为海水提铀的材料，接枝偕胺肟的吸附材料在海水中吸附铀以后，铀含量可以达到几百至 3000 mg/L，与陆地铀矿的铀含量相当，而接枝其他官能团的吸附材料对铀的吸附能力远远小于偕胺肟。同时，接枝偕胺肟的吸附材料在海水中具有较好的物理化学性能，并对于铀酰离子有一定的选择性吸附能力。

参 考 文 献

[1] Morss L R, Edelstein N, Fuger J, et al. The Chemistry of the Actinide and Transactinide Elements. Berlin: Springer, 2006.

[2] Gindlwe J E. 铀的物理和化学性质. 向家忠, 译. 北京: 原子能出版社, 1982.

[3] Abney C W, Mayes R T, Saito T, et al. Materials for the recovery of uranium from seawater. Chemical Reviews, 2017, 117: 13935-14013.

[4] 沈朝纯. 铀及其化合物的化学与工艺学. 北京: 原子能出版社, 1991.

[5] OECD/NEA-IAEA. Uranium 2016: Resources, production and demand. Vienna: IAEA, 2017.

[6] 刘悦, 丛卫克. 世界铀资源、生产及需求概况. 世界核地质科学, 2017, 34(4): 200-206.

[7] 刘廷, 刘巧峰. 全球铀矿资源现状及核能发展趋势. 现代矿业, 2017, 576: 98-103.

[8] 闫强, 王安建, 王高尚, 等. 铀矿资源概况与 2030 年需求预测. 中国矿业, 2011, 20(2): 1-5.

[9] Steve K. Uranium for Nuclear Power Resources, Mining and Transformation to Fuel. London: Woodhead Publishing, 2016.

[10] Davies R V, Kennedy J, Mcilroy R W, et al. Extraction of uranium from sea water. Nature, 1964, 203: 1110-1115.

[11] Lindner H, Schneider E. Review of cost estimates for uranium recovery from seawater. Energy Economics, 2015, 49: 9-22.

[12] Aono. World Energy Outlook 2011. Paris: International Energy Agency, 2011.

[13] Kim J, Tsouris C, Dai S, et al. Recovery of uranium from seawater: A review of current status and future research needs. Separation Science and Technology, 2013, 48: 367-387.

[14] Flicker B M, Schneider E. Optimization of the passive recovery of uranium from seawater. Industrial & Engineering Chemistry Research, 2016, 55: 4351-4361.

[15] Schneider E, Sachde D. The cost of recovering uranium from seawater by a braided polymer adsorbent system. Science & Global Security, 2013, 21: 134-163.

[16] Bruland K W, Lohan M C. In Treatise on Geochemistry. Amsterdam: Elsevier Science, 2003.

[17] Kim J, Tsouris C, Dai S, et al. Uptake of uranium from seawater by amidoxime-based polymeric adsorbent: Field experiments, modeling, and updated economic assessment. Industrial & Engineering Chemistry Research, 2014, 53: 6076-6083.

[18] Sekiguchi K, Serizawa K, Sugo T. Uranium uptake during permeation of seawater through amidoxime-group-immobilized micropores. Reactive Polymers, 1994, 23: 141-145.

[19] Gill G A, Kuo L J, Bianucci L, et al. The uranium from seawater program at pnnl: Overview of marine testing, adsorbent characterization, adsorbent durability, adsorbent toxicity, and deployment studies. Industrial & Engineering Chemistry Research, 2016, 55: 4264-4277.

[20] Schenk H J, Astheimer L, Witte E G, et al. Development of sorbers for the recovery of uranium from seawater. 1. Assessment of key parameters and screening studies of sorber materials. Separation Science and Technology, 1982, 17: 1293-1308.

[21] Tian G, Teat S, Zhang Z, et al. Sequestering uranium from seawater: Binding strength and modes of uranyl complexes with glutarimidedioxime. Dalton Transactions, 2012, 41: 11579-11586.

[22] Lee J Y, Yun J I. Formation of ternary $CaUO_2(CO_3)_3^{2-}$ and Ca₂UO₂(CO₃)3(aq) complexes under neutral to weakly alkaline conditions. Dalton Transactions, 2013, 42: 9862-9869.

[23] Bernhard G, Geipel G, Brendler V, et al. Speciation of uranium in seepage waters of a mine tailing pile studied by time resolved laser-induced fluorescence spectroscopy（TRLFS）. Radocihimica Acta, 1996, 74: 87-91.

[24] Kalmykov S N, Choppin G R. Mixed Ca^{2+}/ UO_2^{2+} / CO_3^{2-} complex formation at different ionic strengths. Radiochimica Acta, 2000, 88: 603-606.

[25] Bernhard G, Geeipel G, Nitsche H, et al. Uranyl（VI）carbonate complex formation: Validation of the $Ca_2UO_2(CO_3)_3$ (aq) species. Radiochimica Acta, 2001, 89: 511-518.

[26] Kelly S D, Kemner K M, Brooks S C. X-ray absorption spectroscopy identifies calcium-uranyl-carbonate complexes at environmental concentrations. Geochimica et Cosmochimica Acta, 2007, 71: 821-834.

[27] Baes C F, Mesmer R E. The Hydrolysis of Cations. New York: John Wiley & Sons, 1976.

[28] Krestou A, Panias D. Uranium（VI）speciation diagrams in the UO_2^{2+} / CO_3^{2-} /H₂O system at 25℃. The European Journal of Mineral Processing and Environmental Protection, 2004, 4: 113-129.

[29] Ladshaw A P, Das S, Dai S, et al. Experiments and modeling of uranium uptake by amidoxime-based adsorbent in the presence of other ions in simulated seawater. Industrial & Engineering Chemistry Research, 2016, 55: 4241-4248.

[30] Kim J, Oyola Y, Dai S, et al. Characterization of uranium uptake kinetics from seawater in batch and flow-through experiments. Industrial & Engineering Chemistry Research, 2013, 52: 9433-9440.

[31] Park J, Gill G A, Srrivens J E, et al. Effect of biofouling on the performance of amidoxime-based polymeric uranium adsorbents. Industrial & Engineering Chemistry Research, 2016, 55: 4328-4338.

[32] Howell D, Behrends B A. Methodology for evaluating biocide release rate, surface roughness and leach layer formation in a tbt-free, self-polishing antifouling coating. Biofouling, 2006, 22: 303-315.

[33] Lejars M, Margaillan A, Bressy C. Fouling release coatings: A nontoxic alternative to biocidal antifouling coatings. Chemical Reviews, 2012, 112: 4347-4390.

[34] Hills J M, Thomason J C. The effect of scales of surface roughness on the settlement of barnacle (semibalanus balanoides) cyprids. Biofouling, 1998, 12: 57-69.

[35] Das S, Pandey A K, Athawale A A, et al. Silver nanoparticles embedded polymer sorbent for preconcentration of uranium from bio-aggressive aqueous media. Journal of Hazardous Materials, 2011, 186: 2051-2059.

[36] Sun X, Xu C, Tian G, et al. Complexation of glutarimidedioxime with Fe(III), Cu(II), Pb(II), and Ni(II), the competing ions for the sequestration of U(VI) from seawater. Dalton Transactions, 2013, 42: 14621-14627.

[37] Prasad T L, Saxena A K, Tewari P K, et al. An engineering scale study on radiation grafting of polymeric adsorbents for recovery of heavy metal ions from seawater. Nuclear Engineering and Technology, 2009, 41: 1101-1108.

[38] De Sousa Á S F, Ferreira E M M, Cassella R J. Development of an integrated flow injection system for the electro-oxidative leaching of uranium from geological samples and its spectrophotometric determination with arsenazo III. Analytica Chimica Acta, 2008, 620: 89-96.

[39] Sella S, Sturgeon R E, Wille S N, et al. Flow injection on-line reductive precipitation preconcentration with magnetic collection for electrothermal atomic absorption spectrometry. Journal of Analytical Atomic Spectrometrry, 1997, 12: 1281-1285.

[40] Nakashima S, Sturgeon R E, Wille S N, et al. Determination of trace elements in sea water by graphite-furnace atomic absorption spectrometry after preconcentration by tetrahy-droborate reductive precipitation. Analytica Chimica Acta, 1988, 207: 291-299.

[41] Skogerboe R K, Hanagan W A, Taylor H E. Concentration of trace elements in water samples by reductive precipitation. Analytical Chemistrry, 1985, 57: 2815-2818.

[42] Wood J R, Gill G A, Choe K Y. Comparison of analytical methods for the determination of uranium in seawater using inductively coupled plasma mass spectrometry. Industrial & Engineering Chemistry Research, 2016, 55: 4344-4350.

[43] Anon. The extraction of uranium from the sea (Oyster Project). UK National Archives: Atomic Energy Research Establishment, Harwell, 1956-1961, AB 6/1264.

[44] Streeton R J W. Continuous extraction of uranium from sea water. UK National Archives: Atomic Energy Research Establishment, Harwell, AB 15/2806, 1953.

[45] Campbell M H, Frame J M, Dudey N D, et al. Extraction of uranium from seawater: Chemical process and plant design feasibility study. GJBX-36(79), 1979.

[46] Rodman M R, Gordon L I, Binney S E, et al. Extraction of uranium from seawater: Evaluation of uranium resources and plant siting. GJBX-35(79), 1979.

[47] Anon. Fuel resources uranium from seawater program, program review document. DOE Office of Nuclear Energy: Oak Ridge, TN,ORNL/TM-2013/295, 2013.

[48] Egawa H, Harada H. Recovery of uranium from sea water by using chelating resins containing amidoxime groups. Nippon Kagaku Kaishi, 1979, (7): 958-959.

[49] Egawa H, Harada H, Shuto T. Recovery of uranium from sea water by the use of chelating resins containing amidoxime groups. Nippon Kagaku Kaishi, 1980, (11): 1773-1776.

[50] Tamada M. Current Status of Technology for Collection of Uranium From Seawater. Singapore: World Scientific Publishing Co. Pte. Ltd, 2010.

[51] Seko N, Katakai A, Tamada M, et al. Fine fibrous amidoxime adsorbent synthesized by grafting and uranium adsorption−elution cyclic test with seawater. Separation Science and Technology, 2004, 39: 3753-3767.

[52] Jang B B, Lee K, Kwon W J, et al. Binding of uranyl ion by 2,2′-dihydroxyazobenzene attached to a partially chloromethylated polystyrene. Journal of Polymer Science, Part A: Polymer Chemistry, 1999, 37: 3169-3177.

[53] Oyola Y, Janke C J, Dai S. Synthesis, development, and testing of high-surface-area polymer-based adsorbents for the selective recovery of uranium from seawater. Industrial & Engineering Chemistry Research, 2016, 55: 4149-4160.

[54] Das S, Oyola Y, Dai S, et al. Extracting uranium from seawater: Promising AF series adsorbents. Industrial & Engineering Chemistry Research, 2016, 55: 4110-4117.

[55] Das S, Oyola Y, Dai S, et al. Extracting uranium from seawater: Promising AI series adsorbents. Industrial & Engineering Chemistry Research, 2016, 55: 4103-4109.

[56] Brown S, Chatterjee S, Dai S, et al. Uranium adsorbent fibers prepared by atom-transfer radical polymerization from chlorinated polypropylene and polyethylene trunk fibers. Industrial & Engineering Chemistry Research, 2016, 55：4130-4138.

[57] Carboni M, Abney C W, Liu S, et al. Highly porous and stable metal-organic frameworks for uranium extraction. Chemical Science, 2013, 4: 2396-2402.

[58] Zhou S M, Chen B H, Na P, et al. Synthesis, characterization, thermodynamic and kinetic investigations on uranium（Ⅵ） adsorption using organic-inorganic composites: Zirconyl-molybdopyrophosphate-tributyl phosphate. Science China: Chemistry, 2013, 56: 1516-1524.

[59] Wang F H, Li H P, Wang J. A graphene oxide/amidoxime hydrogel for enhanced uranium capture. Scientific Reports, 2016, 6: 19367.

[60] Gao Q H, Hu J T, Wu G Z, et al. Radiation synthesis of a new amidoximated uhmwpe fibrous adsorbent with high adsorption selectivity for uranium over vanadium in simulated seawater. Radiation Physics and Chemistry, 2016, 122: 1-8.

[61] Xie S Y, Liu X Y, Li J Y, et al. Electrospun nanofibrous adsorbents for uranium extraction from seawater. Journal of Materials Chemistry A, 2015, 3: 2552-2558.

[62] Rao L. Recent international R&D activities in the extraction of uranium from seawater. Berkeley: Lawrence Berkeley National Laboratory, LBNL-4034E, 2011.

[63] 李昊，文君，汪小琳. 中国海水提铀研究进展. 科学通报, 2018, 63(5-6)：481-494.

[64] Das S, Pandeylc A K, Manchandab V K. Chemical aspects of uranium recovery from seawater by amidoximated electron-beam-grafted polypropylene membranes. Desalination, 2008, 232: 243-253.

[65] Das S, Pandeylc A K, Manchandab V K, et al. Adsorptive preconcentration of uranium in hydrogels from seawater and aqueous solutions. Industrial & Engineering Chemistry Research, 2009, 48: 6789-6796.

[66] Sodaye H, Nisan S, Tewari P K. Extraction of uranium from the concentrated brine rejected by integrated nuclear desalination plants. Desalination, 2009, 235: 9-32.

第 2 章　高分子材料提铀

高分子提铀材料起源于 20 世纪 80 年代，日本学者[1]通过引入偕胺肟基，制备得到高吸附容量、高吸附选择性的提铀材料，迄今，偕胺肟基依然是海水提铀研究中最为重要的官能团。随着高分子提铀材料不断发展，不同国家的研究团队已证实了高分子提铀材料用于海水提铀的可行性[2]，高分子提铀材料是最有可能在海水中大规模部署的一类材料[3]。高分子提铀材料的优点在于物化稳定性好、容易规模化生产、成本低、可接枝多种功能基团及可制备成多种形状等，还可以根据提铀材料的需求设计制备过程。传统的高分子提铀材料以聚烯烃材料为基体，再接枝具有提铀性能的官能团制备而成。根据材料制备的主要方式进行分类，分为辐照引发接枝聚合法（RIGP）、原子转移自由基聚合法（ATRP）及其他制备方法三大类。

2.1　RIGP 法制备高分子提铀材料

RIGP 的基本原理是利用高能辐射使聚合物骨架上产生若干个活性位点，然后将另一种含有提铀官能团的乙烯基单体或均聚物成功接枝到活性位点上，产生支链，完成接枝。这种接枝方法相比一般化学接枝法操作更为简单，对反应条件的要求更低，在室温甚至低温下即可完成接枝。而且这种接枝方法更容易得到接枝过程中所需的活性位点，无需引入引发剂等添加物，得到的产物纯度更高，不会对材料产生严重的影响和破坏。此外，实验过程中还可以通过控制辐照的剂量和剂量率，实现对材料接枝率（graft degree，GD）的控制。

由于早期采用化学法制得的高分子提铀材料力学性能不佳，科学家们提出采用 RIGP 法制备提铀材料的解决方案。迄今，RIGP 法是制备高分子提铀材料的最主要的修饰方法。根据辐照过程中体系中是否含有共聚单体，常将 RIGP 法分为预辐照接枝法、乳液接枝聚合法和共辐照接枝法。

2.1.1　预辐照接枝法

预辐照接枝法是将基体材料在有氧或真空条件下进行辐照，然后将辐照后的基体材料浸入单体中，在无氧条件下进行接枝反应。这种接枝方法的主要特点是辐照过程和接枝反应分步进行，避免了单体直接受辐照后发生均聚而降低接枝率[4]。这种接枝方法的优点是：①单体不直接受辐照，最大限度地减少了均聚反应，控制了均聚物的生成；②由于辐照和接枝是两个相互独立的过程，更方便研究实验过程中的影响因素；③接枝反应的速度不受剂量率的影响等。但是预辐照接枝法相对共辐照法，自由基位点利用率较低，且基体材料受辐射产生的损伤更严重。

预辐照接枝法制备高分子提铀材料通常包括 3 个步骤：①^{60}Co 源或电子束辐照处理：采用 ^{60}Co 源或电子束对纤维基体材料进行辐照处理，在纤维基体表面形成活性位点；②接枝共聚过程：在惰性气氛保护下，将共聚单体[如丙烯腈或丙烯酸甲酯(methyl acrylate，MA)等]接枝到纤维基体表面；③功能基团引入：侧链上的基团进一步反应，生成对铀具有特殊选择性的功能基团(偕胺肟基等)，最终制得"基体+配体"组合形式的高分子提铀材料。

1985 年，日本学者们首次采用预辐照接枝法制备了提铀材料，解决了传统化学法制得的偕胺肟基功能化丙烯酸纤维材料的力学性能差等问题[5]。首先，对聚四氟乙烯-聚乙烯纤维基体材料进行电子束辐照处理，基体材料表面产生活性位点；然后，在惰性气氛保护下，将丙烯腈单体和丙烯酸单体成功接枝到基体表面；最后，利用羟胺将氰基胺肟化，制得偕胺肟基和羧基双功能化纤维提铀材料，制备过程示意图如图 2-1 所示。通过对材料进行结构表征和性能测试，发现：①辐照后，1 g 纤维产生约 10^{19} 个活性位点可供接枝反应，但单体的接枝反应仅发生在链端，因此功能基团总体含量较低，可以保证基体材料物化稳定性不受破坏；②通过真实海水中的吸附实验证明基体上接枝的偕胺肟基越多，材料

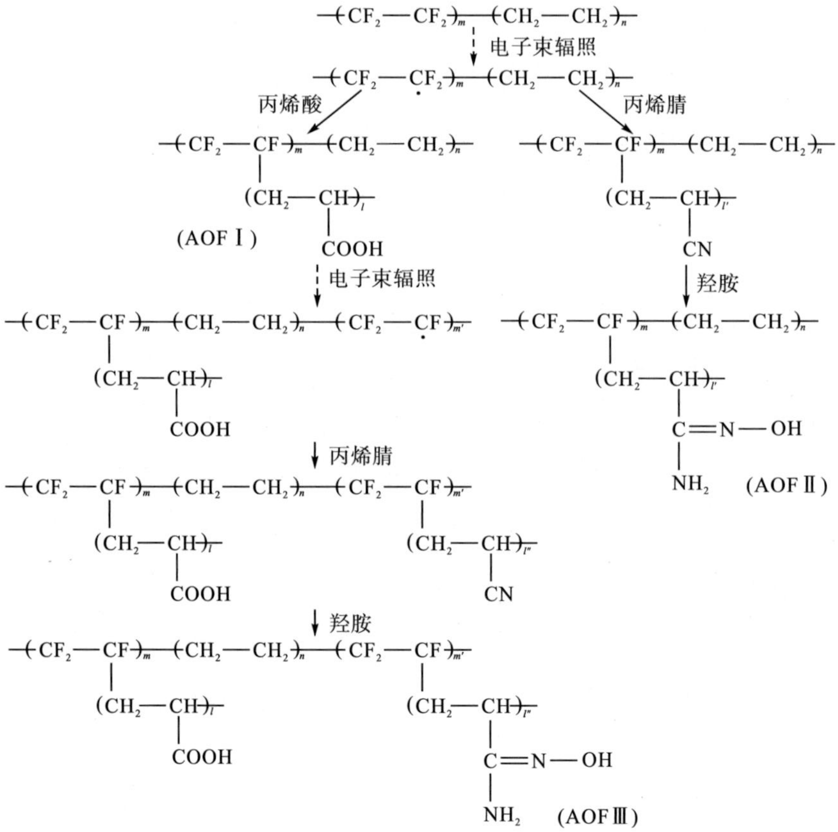

图 2-1　RIGP 法制备偕胺肟基功能化纤维提铀材料过程示意图[5]

吸附容量越高[图 2-2(a)]，但铀酰离子与偕胺肟官能团摩尔比约为 1∶10^4，证明偕胺肟基利用率低；③在海水体系下，接枝丙烯酸的纤维材料(AOF I)本身没有提铀的性能，但是纤维上同时接枝丙烯酸和偕胺肟基(AOF III)后，相对仅有偕胺肟基的纤维材料(AOF II)，在 7 d 的真实海水吸附实验后，提铀性能提高约 20%，证明提高吸附材料的亲水性可提高其提铀性能[图 2-2(b)]；④材料吸附速率受温度影响明显，温度越高吸附速率越快，但温度对饱和吸附容量影响不大；⑤将 AOF III 吸附材料置于 2 L 真实海水进行吸附实验，每 2 d 换水，吸附 50 d 后最大吸附容量为 0.5 mg U/g ads；⑥尽管材料对碱金属的吸附容量达到 mg/g 级，但相对碱金属在海水中极高的含量，浓度因子(concentration factor，CF，等于吸附容量/海水中元素浓度)较低，证明材料对铀和过渡金属相对于碱金属有较好的选择性(表 2-1)。1985 年的这一工作首次将 RIGP 法应用于海水提铀领域，对之后的研究有重要的指导意义。

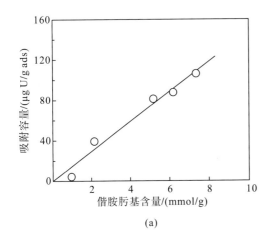
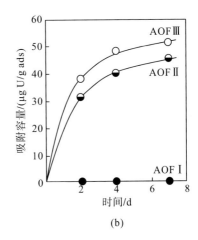

图 2-2　(a)偕胺肟基含量对铀吸附容量的影响；(b)AOF I、AOF II 和 AOF III 的吸附性能对比[5]

表 2-1　AOF III 材料吸附选择性[5]

金属元素	海水中浓度/(g/L)	浓度因子
U	3×10^{-6}	1.3×10^{4}
Zn	5×10^{-6}	7.0×10^{5}
Ni	7×10^{-6}	2.0×10^{3}
Ca	0.41	29
Mg	1.3	6.3
Na	10.8	0.34
K	0.39	0.13

不同制备条件对材料性能同样会产生影响，包括吸收剂量、溶剂、辐照后在空气中停留时间和接枝温度等[6,7]。采用 RIGP 将丙烯腈接枝到聚丙烯(polypropylene，PP)膜上[8]：先将

聚丙烯膜在空气中以 1.8 MeV 电子束辐照 200 kGy 剂量，再将辐照后的聚丙烯膜浸入 50℃的 *N,N*-二甲基甲酰胺(*N,N*-dimethylformamide，DMF)/AN 溶液中，接枝率为 125 wt%(质量分数，后同)，最后将氰基胺肟化并用 KOH 水溶液进行预处理制备得到吸附材料。通过调整制备过程中的各个参数，并对比材料的接枝率和吸附性能，发现提高吸收剂量可有效提高接枝率，在 200 kGy 以下范围内随着剂量提高，接枝率提高更为显著；在 200~250 kGy 内仍可观察到接枝率还在升高，但升高趋势较为平缓[图 2-3(a)]。选择合适的溶剂同样重要，在聚合过程中加入 DMF 溶剂可阻止相分离并促进聚合，DMF 是较理想的溶剂，丙烯腈单体溶液中含 30% DMF 是最理想状态，溶液过稀则会形成不利的浓度效应，导致接枝率降低[图 2-3(b)]。辐照后在空气中最佳停留时间为 15 min，最佳接枝温度为 55~60℃。此外，极性质子溶剂在羟胺处理聚丙烯腈胺肟化过程中有一定的影响，反应体系中甲/乙醇：水的比例为 1：1 时，所制备的吸附材料比仅用甲/乙醇时含有的偕胺肟基团多 2 倍。对实验条件进行优化后，所制得的材料在印度特朗贝江口进行初步吸附实验研究，材料吸附容量为 0.61 mg U/g ads，且最佳部署时间为 12 d。

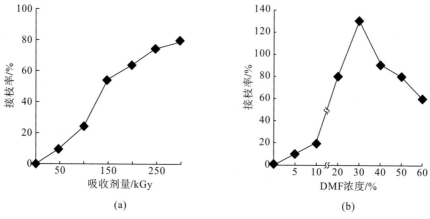

图 2-3　吸收剂量(a)和 DMF 浓度(b)对接枝率的影响[6]

　　在掌握了预辐照接枝法制备材料的方法后，学者们开始探索共聚单体、比表面积等因素对材料吸附性能的影响。提铀材料通常需要投放到水体系中进行吸附，因此，有效提高材料的亲水性，可提高材料与水和水中的铀酰离子接触的概率，进而提高材料的吸附性能。而偕胺肟基团的亲水性有限，通常需要引入其他亲水单体，以提高材料的亲水性和吸附性能。为了探索亲水性基团对提铀材料性能的影响，对比了接枝有 *N,N*-二甲基丙烯酰胺(*N,N*-dimethyl acrylamide，DMAAm)或 AAc 等亲水基团的偕胺肟基提铀材料的吸水性能和吸铀性能[9]。研究结果表明，吸附材料吸水能力为：AOF-DMAAm>AOF-AAc>AOF；吸铀能力为：AOF-AAc>AOF-DMAAm>AOF[图 2-4(a)和(b)]，证明引入亲水共聚单体可有效提高吸附材料的吸铀性能。但是聚丙烯酸和聚 *N,N*-二甲基丙烯酰胺仅为辅助基团，其自身对铀没有吸附作用，而且吸铀能力和吸水能力不成正比，这些现象说明决定材料吸铀性能的关键不仅有亲水性，还有官能团对铀酰离子的特征选择性。此外，还证明引入亲水基团促进了 Ca^{2+}、Mg^{2+} 等竞争离子的吸附。

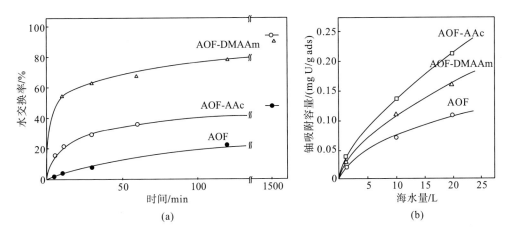

图 2-4　不同官能团吸附材料水交换率(a)和吸铀量(b)[9]

虽然人们早已了解到 AAc 和 MA 等亲水共聚单体对吸附材料的吸附性能有一定影响(图 2-5)，但当时并未筛选出最佳亲水基团，因此学者们将多种新型共聚单体应用于海水提铀材料的制备。采用 RIGP 法分别将丙烯腈和甲基丙烯酸(methacrylic acid，MAA)、AAc、衣康酸(itaconic acid，ITA)、乙烯基磺酸(vinyl sulfonic acid，VSA)和乙烯基膦酸(vinyl phosphonic acid，VPA)五种共聚单体接枝到中空齿轮形聚乙烯纤维上(图 2-6)，并在接枝过程中尝试加入硫酸亚铁铵(一种摩尔盐)，系统地研究了五种共聚单体对材料吸附性能的影响[10]。通过测试吸附性能得到以下结论：①在含 6 mg/L 铀的模拟海水中测试 24 h 后，吸附性能强弱顺序为：ITA>VPA> MAA>VSA>AAc[图 2-7(a)]，VPA 单体参与制备的吸附材料的吸附容量为 156 mg U/g ads；②11 周真实海水测试后，吸附性能强弱顺序为：VPA>ITA>ITA(加摩尔盐)>VSA>AAc(加摩尔盐)>MAA[图 2-7(b)]，与模拟海水测试中结果较为吻合，VPA 单体参与制备的吸附材料的吸附容量为 5.0 mg U /g ads；③加入摩尔盐可大幅度提高 AAc 的接枝率和吸附容量，这可能是因为加入摩尔盐减少了 AAc 单体的

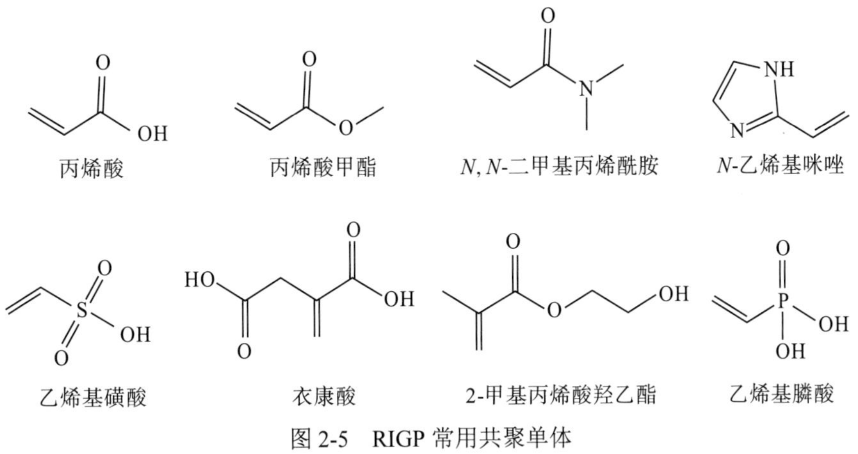

丙烯酸　　丙烯酸甲酯　　N,N-二甲基丙烯酰胺　　N-乙烯基咪唑

乙烯基磺酸　　衣康酸　　2-甲基丙烯酸羟乙酯　　乙烯基膦酸

图 2-5　RIGP 常用共聚单体

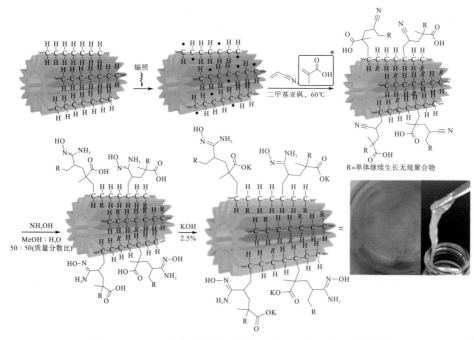

图 2-6　RIGP 制备吸附材料过程示意图及终产物实物图[10]

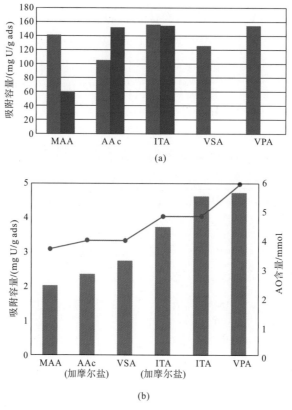

图 2-7　(a)模拟海水中各单体所制备材料的吸附容量(红色表示加摩尔盐);

(b)真实海水中各单体所制备材料的 AO 含量(柱)和吸附容量(点)[10]

共聚；但同时会降低 MAA 和 ITA 的接枝率和吸附容量，这可能是因为聚合物链端与金属离子结合，导致链终止；因此，加入摩尔盐可同时降低接枝速度和共聚速度；④通过元素分析，发现亲水单体接枝量很少，ITA 为 9.7 wt%，VPA 为 3.2 wt%，但酸性共聚单体有利于提高 AN 的接枝率，材料的吸附容量随 AN 接枝率的提高而提高。

　　根据以上结论，选择性能最好的两种基团分别制备了两个系列的吸附材料：PE-g-(PAO-co-ITA)[11]和 PE-g-(PAO-co-VPA)[12]，分别记为 AF 和 AI 系列[图 2-8(a)和(b)]。通过改变 AN 与共聚单体的投料比和 KOH 碱处理的时间(1 h 和 3 h)，探究实验条件对吸附材料吸附性能的影响。AF 系列吸附材料制备过程中，AN：ITA 投料摩尔比从 3.76：1提高到 23.36：1，所对应的接枝率为 154 wt%～354 wt%；AI 系列吸附材料制备过程中，AN：VPA 投料摩尔比从 1.91：1 提高到 7.39：1，所对应的接枝率为 110wt%～300 wt%。这两种系列材料在添加 8 mg/L U，且盐度、pH 和碳酸盐浓度与海水接近的模拟海水中进行 24 h 铀吸附实验后，AF 系列吸附容量为 170～200 mg U/g ads，且与接枝率无关；其中，投料比为 7.57：1 且 KOH 处理 3 h 所制得吸附材料的吸附容量为 200 mg U/g ads[图 2-9(a)]。相反，AI 系列吸附材料吸附容量与共聚单体投料比相关，PE-g-PAO 吸附材料的吸附容量为165 mg U/g ads，随着 VPA 的引入，吸附容量不断增高，在 AN：VPA 投料比为(3.2～3.5)：1 且 KOH 处理时长为 3 h 条件下，吸附容量逐渐达到最大值，约 187 mg U/g ads[图 2-9(b)]。接着，AF 和 AI 系列吸附材料在西北太平洋国家实验室(Pacific Northwest National Laboratory，PNNL)的真实海水玻璃微球悬浮柱实验中吸附 56 d 后[13]，发现在真实海水中和在模拟海水中的吸附性能都有一定的相似度[图 2-10(a)和(b)]。AF 系列吸附材料在真实海水条件下，最优吸附材料的制备条件为 AN：ITA 投料摩尔比为 10.14：1 且 KOH 处理时间为 1 h，吸附容量为 3.9 mg U/g ads；相对模拟海水中吸附实验，在真实海水中投料比更高。AI 系列吸附材料在真实海水条件下，最优吸附材料的制备条件为 AN：VPA 投料摩尔比与模拟海水中大致相同，投料比 3.52：1 的吸附材料性能略优于投料比 3.21：1 的吸附材料；相比 AI 系列吸附材料在模拟海水中的吸附数据，不同吸附材料在真实海水中吸附容量之间的差距更小，包括PE-g-PAO 的大多数吸附材料在真实海水中的吸附容量可达 2.8～3.2 mg U/g ads，其中 AN：VPA 投料比为 3.52：1 且 KOH 处理时长为 3 h 的吸附材料吸附容量最高，达 3.4 mg U/g ads。此外，通过对真实海水中投放的材料进行多元素分析，发现 AF 和 AI 系列吸附材料都对 V具有很强的吸附能力，对 V 的吸附容量随着吸附天数的增加不断提高；而且延长碱处理的时间，导致 AF 系列材料对 Ca、Mg 的吸附容量增加[图 2-11(a)和(b)]。因此，竞争离子对吸附的影响需要做进一步的研究和优化。同时也确定了亲水共聚单体对提高吸附材料性能有影响，尽管造成这一现象的原因还有待考证，但已基本排除亲水共聚单体直接与铀进行配位的观点，有可能是因为高分子材料的空间位阻和接枝链形态对吸附材料性能产生影响。

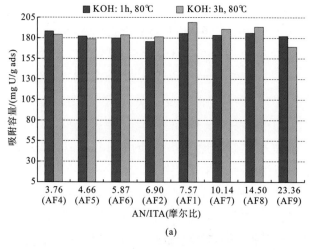

图 2-8　AF 系列吸附材料(a)和 AI 系列吸附材料(b)结构示意图[11, 12]

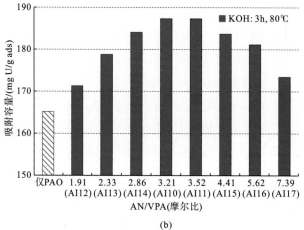

图 2-9　AF 系列吸附材料(a)和 AI 系列吸附材料(b)在模拟海水中的吸附性能[11, 12]

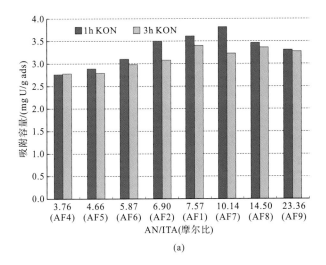

(a)

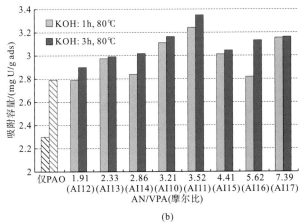

(b)

图 2-10　AF 系列吸附材料(a)和 AI 系列吸附材料(b)在真实海水中的吸附性能[11, 12]

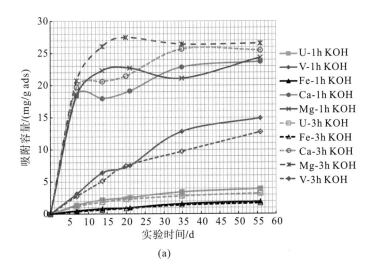

(a)

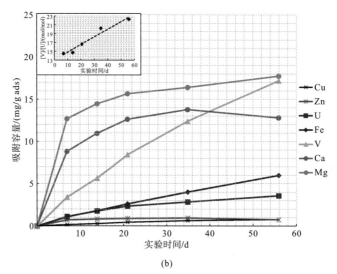

(b)

图 2-11　AF 系列吸附材料(a)和 AI 系列吸附材料(b)在真实海水中的竞争吸附[11, 12]

　　比表面积是指单位质量材料所具有的总面积，比表面积越大，相同质量的材料表面的官能团越多，越有利于材料吸附铀酰离子。为了研究聚烯烃基体材料的形状和比表面积对吸附材料吸附性能的影响，采用 RIGP 将丙烯腈分别接枝到圆形(直径约 200 μm)和十字形聚丙烯纤维基体上[14]，经过胺肟化等处理后，分别制得 AOF-O-1 和 AOF-X-1 吸附材料，测试其吸附性能，发现十字形基体吸附材料的吸附速率和吸附容量都较高，这是因为材料的比表面积较高。随后，采用直径更小、比表面积更大的圆形纤维(直径约 40 μm)，功能化制得吸附材料 AOF-O-3；将材料 AOF-O-1 和 AOF-O-3 投放到真实海水中测试其吸附性能，AOF-O-3 在真实海水中 140 d 后吸附容量为 5 mg U/g ads，而 AOF-O-1 在真实海水中 100 d 后吸附容量仅为 0.5 mg U/g ads。这一结果再次验证了材料比表面积对其吸附性能的影响。图 2-12(a)为多次实验测试得到的吸附材料的吸附容量和比表面积之间的对数关系。此外，吸附铀后的材料在 1 mol/L 盐酸体系下，30 min 内可完成解吸[图 2-12(b)]。

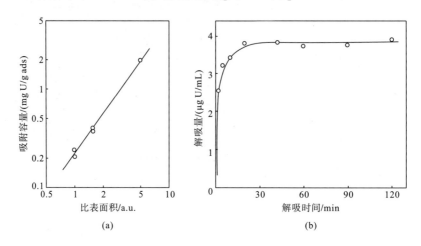

图 2-12　(a)材料比表面积与铀吸附容量的关系；(b)1 mol/L 盐酸体系下解吸过程动力学[14]

　　为了更深入、更完善地了解材料的比表面积和形状对其吸附性能的影响，采用 RIGP 法将偕胺肟基和丙烯酸甲酯接枝到双组分熔融纺织技术制得的 PE 基体表面[15]，制得了一系列的 PE-*g*-(PAO-*co*-MA)吸附材料。由于纤维基体的直径或截面形状不同，其比表面积比传统的圆形纤维大[16]。直径小至 0.25 μm 的纤维材料由"海岛"形式制备而成，先将纳米纤维插入可分解的聚合物基体中[如聚乳酸(polylactic acid，PLA)]，生成同轴状纤维，接着聚乳酸分解形成含有纳米纤维的"海岛"型纤维，制得的高比表面积 PE 纤维具有圆形结构且有多种直径分布。最后通过 RIGP 将 AN 和 MA 按 70∶30 的比例接枝到纤维上并胺肟化，在 8 mg/L 铀溶液中测试其吸附性能。实验结果显示：一般情况下，直径较小的吸附材料吸附性能优于直径较大的吸附材料，例如，直径 20 μm 圆形纤维基体吸附材料的吸附容量为 30 mg U/g ads，而直径 0.24 μm 吸附材料的吸附容量为 140 mg U/g ads，但材料的力学性能严重下降。而非圆形的 PE 纤维基体，如花形、中空、齿轮形和准三叶形等(表 2-2)，所制得的吸附材料的吸附性能也随着比表面积的增大而增强，但吸附材料的机械性能不会下降。与圆形纤维不同的是，有形状的纤维吸附性能随纤维直径变化小，且多数吸附材料吸附容量可达 120～140 mg U/g ads，其中中空齿轮形吸附材料吸附容量可达 160 mg U/g ads；唯一例外的是准三叶形吸附材料吸附性能较差，吸附容量仅 20 mg U/g ads。各种形状吸附材料的吸附性能如图 2-13 所示。

表 2-2　PE-*g*-(PAO-*co*-MA)系列纤维的尺寸、形状汇总[15]

纤维编号	形状	图片	直径/μm
1	圆形	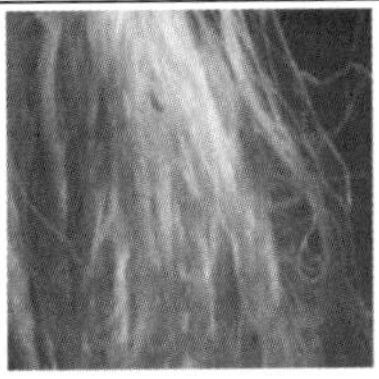	20
2	圆形	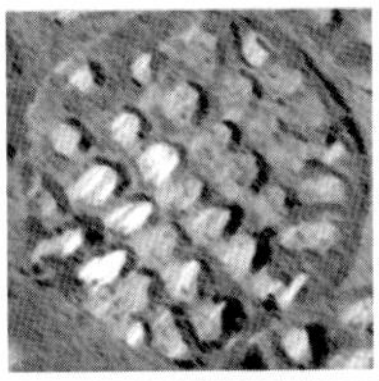	5
3	圆形	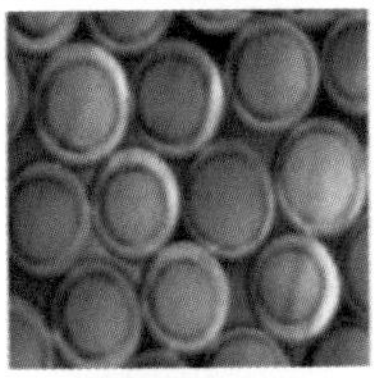	12
4	圆形	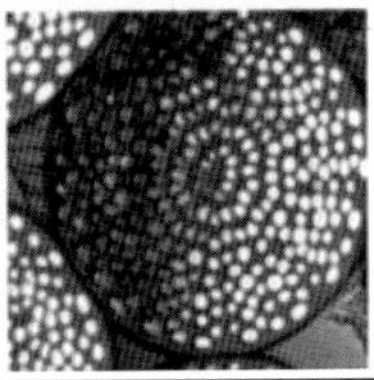	1

纤维编号	形状	图片	直径/μm
5	圆形		0.24
6	圆形		16
7	圆形		18
8	花形		14
9	中空齿轮形		30(齿) 12～17(中空)
10	准三叶形		18(齿)
11	实心齿轮形		17(齿)
12	中空雪花形		2～5

续表

纤维编号	形状	图片	直径/μm
13	毛毛虫形		17～20
14	中空齿轮形		30
15	中空齿轮形		30
16	实心齿轮形		30

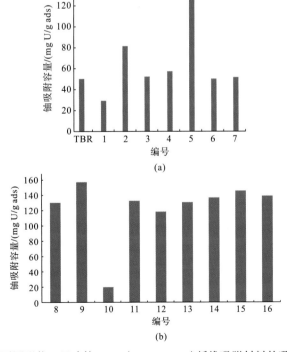

图 2-13　不同形状、尺寸的 PE-*g*-(PAO-*co*-MA) 纤维吸附材料的吸附容量[15]

在对偕胺肟基纤维吸附材料做了初步探索，并对海水提铀项目有了一定经验和认识后，采用 RIGP 法在惰性气体环境下对涂覆了 PE 的 PP 无纺布进行辐照[17]，随后将丙烯腈和甲基丙烯酸接枝到基体材料上（其中丙烯腈与甲基丙烯酸的比例从 60∶40 到 80∶20），再与羟胺反应后形成偕胺肟基无纺布吸附材料。接着在实验室中进行真实海水柱吸附实验，流速为 3 L/min，在 2 d 的柱吸附实验后，丙烯腈质量分数为 60%、70% 和 80% 的吸附材料的吸附容量分别为 0.141 mg U/g ads、0.145 mg U/g ads 和 0.135 mg U/g ads。值得注意的是，质量分数为 70% 的吸附材料的吸附性能最佳，优于相同实验条件下质量分数为 60% 的纯 PE 纤维基体吸附材料（图 2-14）[18]。该吸附材料在海水中吸附 7 d 后吸附容量为 0.3 mg U/g ads。该无纺布吸附材料后被用于大规模真实海域试验，将 52000 块总重约 350 kg 的吸附材料置于多个 16m² 的吸附笼中[19]，再将其部署在离日本海岸 7 km 远 20 m 深的海水中，240 d 后吸附容量为 2.8 mg U/g ads，并制成 1 kg 铀黄饼[20]。1999～2001 年的这一工作验证了海水提铀项目的可行性，为海水提铀的发展提供了宝贵的经验。

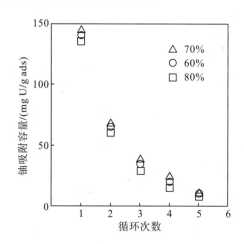

图 2-14   不同 AN 比例在多次循环后的铀吸附容量[18]

在对 RIGP 法制备高分子提铀材料有一定经验，并开展了真实海域试验后，学者们开始着手于解决材料在真实海域中遇到的问题和挑战。例如，通过提高接枝率和比表面积来提高材料的吸附容量；采用稳定性和机械性能更好的基体材料提高材料在海水中的稳定性；或者采用引入抗菌基团的方法，提高材料在海水中的耐生物污损性能，提高材料在海水环境下的耐受度等。

为了改善传统聚合物材料经辐照后机械性能较差的缺点，有效提高辐照后自由基的稳定性，达到提高接枝率的目的，采用超高分子量聚乙烯（ultra high molecular weight polyethylene，UHMWPE）纤维作为基体材料[21]，该基体材料经辐照后，电子顺磁共振研究显示其自由基寿命是高密度聚乙烯（high density polyethylene，HDPE）的 100 倍[22]。经 ⁶⁰Co 源 γ 射线辐照 50 kGy 剂量后，将基体材料浸入 N₂ 净化过的丙烯腈和丙烯酸混合溶液中，接枝率超过 300%；接着加入硫酸亚铁铵抑制单体均聚，从而达到促进接枝链增长的目的；最后进行胺肟化完成吸附材料 UHMWPE-*g*-(PAO-*co*-PAA)的制备。基体材料经辐照后，拉伸强度由 3.0 GPa 降低至 1.3 GPa，接枝和胺肟化完成后，拉伸强度为 1.2 GPa(图 2-15)。采用如表 2-3 所示的配方，配制几种模拟海水用于分批实验和流动柱实验，并分别加海盐调制 35 psu[实际盐度单位(practical salinity unit)，1 psu=1 g/L]。材料 UHMWPE-*g*-(PAO-*co*-PAA)在分批实验中吸附 24 h，吸附容量为 4.54 mg U/g ads；在流动柱实验中，吸附容量为 2.97 mg U/g ads。此外，材料在已过滤的史奎恩湾(华盛顿，美国)环境海水中进行 42 d 柱吸附实验后，吸附容量为 2.3 mg U/g ads；但在史奎恩湾进行真实海域条件下的吸附实验后，材料吸附容量为 0.48 mg U/g ads；在中国厦门附近的东海中吸附 60 d，吸附容量为 0.25 mg U/g ads[东海元素成分如表 2-3 所示，实验结果如图 2-16(a)所示]。证明材料在未经过滤的真实环境海水中的吸附容量较少，有可能是海洋有机生物对材料造成腐蚀和污染所致[22,23][图 2-16(b)]。

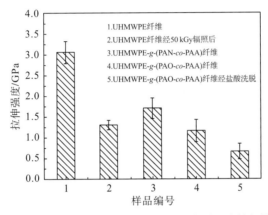

图 2-15　UHMWPE-*g*-(PAO-*co*-PAA)纤维制备过程中的拉伸强度[22]

表 2-3　UHMWPE-*g*-(PAO-*co*-PAA)实验溶液成分表[22]

金属元素	公海海水浓度/(μg/L)	分批实验中模拟海水浓度/(μg/L)	流动柱实验中模拟海水浓度/(μg/L)	厦门东海海域海水浓度/(μg/L)
U	3.3	331	3.6	4.4
V	1.5~2.5	150	1.9	8.5
Fe	1.0~2.0	141	40.6	173.9
Co	0.05	5.3	0.3	
Ni	1.0	101	1.1	4.9
Cu	0.6	65.4	5.4	1.4
Zn	4.0	408	8.2	2.0
Pb	0.03	34.6	31.6	
Mg	1.3×10^6	1.2×10^6	1.2×10^5	
Ca	0.4×10^6	0.6×10^5	0.6×10^5	
Na	1.08×10^7	1.53×10^7	1.53×10^7	

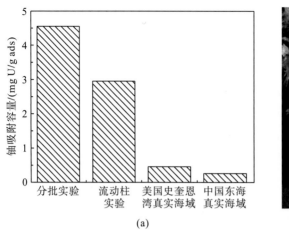

(a)　　　　　　　　　　　　　　(b)

图2-16　(a)UHMWPE-g-(PAO-co-PAA)纤维在不同吸附条件下的吸附容量；
(b)材料在真实海水中投放后的实物图[22]

　　除了采用 RIGP 法接枝常见的偕胺肟基和亲水基团的制备方法外，还可以先用 RIGP 法将甲基丙烯酸缩水甘油酯(glycidyl methacrylate，GMA)接枝到 PE 涂覆的 PP 无纺布基体上[24]，再利用 GMA 上的环氧基团作为"桥梁"，发生开环反应，与3,3′-亚胺二丙腈上的亚胺基发生反应，最后经过与羟胺发生胺肟化反应，成功制备成双偕胺肟功能化吸附材料 PE@PP-GMA-AO(图2-17)。该吸附材料在 pH 为5、浓度为 100 μg/L 的铀溶液中有较快的吸附速率，30 min 内可完成80%的吸附，证明该法可用于制备铀吸附剂。但是该吸附材料在真实海水体系下的吸附性能有待考究。此外，该吸附材料在含有 1 mg/L 铀酰离子的竞争离子溶液中，对铀的吸附容量为 1610 μg U/g ads，而对 V、Cu、Co 和 Pb 的吸附容量分别为 1510 μg V/g ads、940 μg Cu/g ads、490 μg Co/g ads 和 170 μg Pb/g ads(图2-18)。尽管 GMA 接枝吸附材料吸附性能有限，但这种方法采用中间配体引进铀配位基团，是一种新的思路。

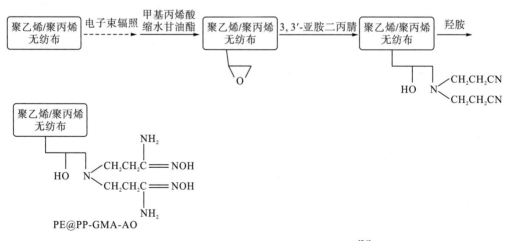

图2-17　PE@PP-GMA-AO 制备过程示意图[24]

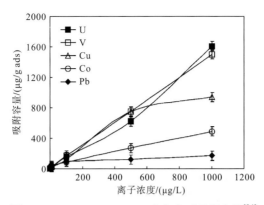

图 2-18　PE@PP-GMA-AO 竞争离子吸附容量[24]

采用与上述方法相似的过程，在空气中预辐照 UHMWPE 纤维基体后[25]，将 GMA 和 MA 接枝到基体纤维上，接着利用乙二胺(ethylenediamine，EDA)中的氨基与 GMA 发生开环反应，氨基再与丙烯腈进行迈克尔加成反应完成丙烯腈的接枝，最后进行胺肟化反应制得纤维吸附材料 UHMWPE-g-P(GMA-co-MA)-EDA-AO(图 2-19)。通过对比单体浓度和吸收剂量对接枝率的影响，发现材料接枝率最高可达 553 wt%，但剂量超过 20 kGy 后接枝率增长缓慢，证明高剂量和高单体浓度下，体系中发生大量的均聚反应；实验结果表明，10 kGy 和 10%单体浓度是最理想的接枝条件，最佳接枝率为 223 wt%；且制备过程中可以保持材料的机械强度。将材料置于上述流动柱实验中进行其在模拟海水中的吸附，42 d 后吸附容量为 1.97 mg U/g ads；且 U 的吸附容量远大于 V，U 对 V 的选择性为 24.6∶1，吸附离子选择性顺序为 U>Cu>Fe>Ca>Mg>Ni>Zn>Pb>V>Co[图 2-20(a)和(b)]。尽管该吸附材料依然采用传统的偕胺肟功能基团，但侧链上是可提高吸水性的氨基，这种方法可以将侧基改性应用到吸附材料的制备过程中。

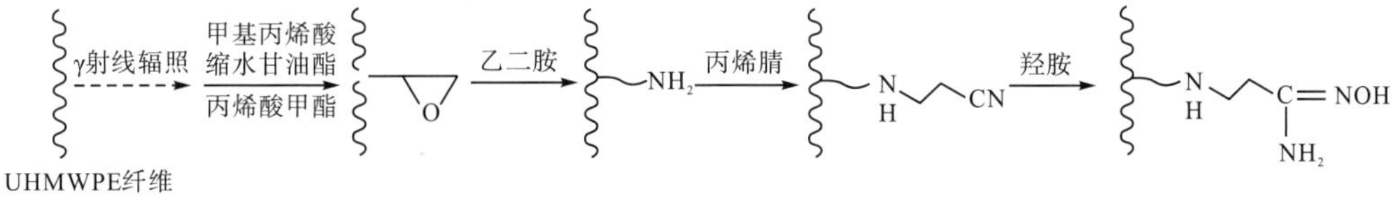

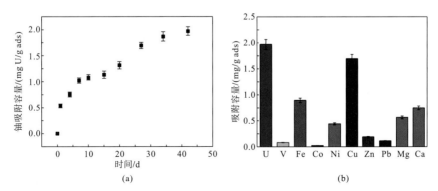

图 2-19　UHMWPE-g-P(GMA-co-MA)-EDA-AO 吸附材料制备过程示意图[25]

图 2-20　UHMWPE-g-P(GMA-co-MA)-EDA-AO 吸附材料在模拟海水中吸附铀动力学(a)和竞争吸附(b)[25]

2.1.2 乳液接枝聚合法

乳液接枝聚合法是预辐照接枝法的变体。预辐照接枝法是直接将辐照后的聚合物浸入均相单体溶液;而乳液接枝聚合法是先加入一种表面活性剂形成高浓度单体微乳液,辐照引发后迅速开始聚合过程,形成均相微乳液,在每个引发位点上相近数量的单体发生聚合,理论上减少了接枝链产物的多分散性。

利用乳液接枝聚合法制备提铀高分子材料,是采用吐温-20 作为表面活性剂,将 GMA 在水溶液中乳化 48 h,随后通过 RIGP 将 GMA 接枝到 PE 纤维上,最后再通过 GMA 与含氨基的三种单体:二乙烯三胺(diethylenetriamine,DETA)、三乙烯四胺(triethylenetetramine,TETA)和 EDA 进行反应,制得吸附材料[26]。通过对比不同吸收剂量、反应温度和表面活化剂含量对接枝率的影响,最后选择了吸收剂量 40 kGy、温度 50℃和溶液含 0.5% 吐温-20 为最优条件,达到最高接枝率 551 wt%[图 2-21 (a) 和 (b)]。接枝 EDA 的吸附材料在 pH 为 5、浓度为 100 μg/L 的铀溶液中吸附 1d 后,K_d 值为 2.0×10^6,证明吸收剂量过高会降低材料的接枝率,这可能是因为高剂量导致单体发生交联;而表面活性剂含量提高,会导致 GMA 胶束半径增大,胶束分散常数降低,造成接枝率降低。

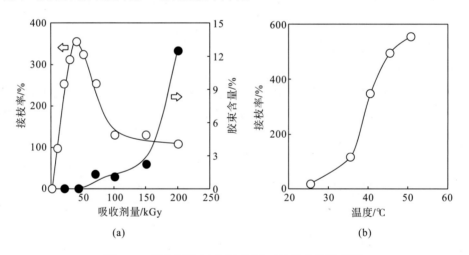

图 2-21 吸收剂量(a)和温度(b)对接枝率的影响[26]

采用乳液接枝聚合法还可以将 4-羟基丁基丙烯酸酯缩水甘油醚(4-hydroxybutyl acrylate glycidyl ether,4-HAGE)接枝到涂敷有聚乙烯的聚丙烯无纺布上[27],其中,4-HAGE 与 GMA 相似(结构如图 2-22 所示),同时具有环氧基团和烯键结构,不同的是 4-HAGE 中的烯键和环氧基团之间的烷基链比 GMA 长 6 个原子,可有效提高吸附材料的吸附速率和吸附性能。接枝完成后,采用与之前相同的方法将乙二胺、二乙烯三胺、三乙烯四胺和二乙胺接枝到基体材料上,制得一系列氨基功能化吸附材料(ATAs),氨基配体密度为 1.6~3 mmol/g。铀吸附实验表明:①接枝 DETA 的吸附材料在 1 mg/L 铀溶液中吸附速率最快，接下来分别是 DEA、TETA 和 EDA[图 2-23(a)]；②接枝 DETA 的吸附材料在 7mg/L 铀溶液中 120 min 内最大吸附容量为 64.26 mg U/g ads，且将铀溶液盐度提高到 3.5%后，吸附材料吸附容量降低 55%；③材料在含多种不同金属离子浓度均为 1 mg/L 的溶液中吸附后，吸附容量排序为：$UO_2^{2+} \approx Fe^{3+} > Zn^{2+} > VO_3^- > Co^{2+} > Ni^{2+}$[图 2-23(b)]。

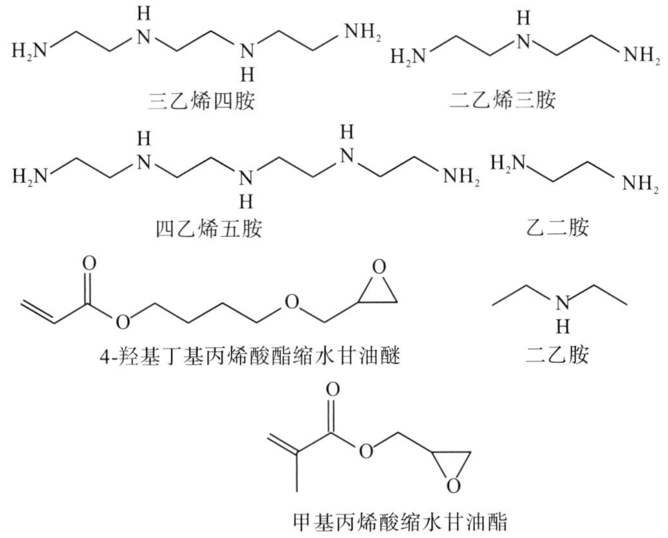

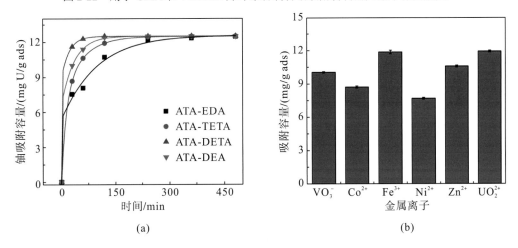

图 2-22　用于 GMA 和 4-HAGE 开环聚合制备铀吸附材料的共聚单体及胺类[27]

图 2-23　(a)不同单体制得的 ATAs 的吸附性能；(b)ATA-DETA 材料对不同竞争离子的吸附[27]

　　乳液接枝聚合法还可应用于丙烯腈在聚乙烯无纺布基体上的接枝[28]，通过对接枝实验条件进行筛选，采用吸收剂量为 100 kGy、接枝温度为 75℃、反应时间 1 h 和单体溶液浓度 30% 为最优实验条件，丙烯腈接枝率为 26.9%，最后经胺肟化完成材料的制备[29]。在不同浓度和温度的 3.5 L 铀溶液中测试材料的吸附性能，材料在铀浓度为 3 μg/L、吸附实验温度为 10～30℃、pH 为 7.5 的溶液中吸附 10 d，吸附材料的吸附容量为 0.024～0.036 mg U/g ads；在铀浓度为 50 μg/L、吸附实验温度为 10～30℃、pH 为 7.5 的溶液中吸附 10 d，吸附材料的吸附容量都随温度提升而增加[图 2-24(a)和(b)]。经阿伦尼乌斯方程计算其活化能为 65.8 kJ/mol，且实验结果证明温度升高有利于吸附，证明该材料与铀配位为吸热过程。

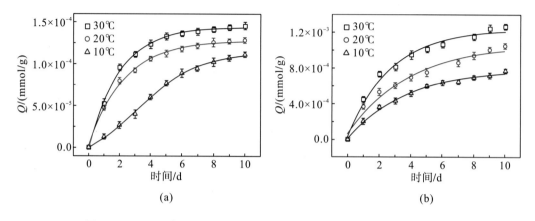

图 2-24　吸附温度对材料在 3 μg/L(a)和 50 μg/L(b)中吸附性能的影响[28]

2.1.3　共辐照接枝法

共辐照接枝法是将基体材料和乙烯基单体置于同一体系，在保持直接接触情况下进行辐照，辐照过程中发生接枝共聚反应。该法的优点有：①操作简单易行，辐照与接枝同步进行，一步完成；②自由基利用效率高(约 100%)，基体材料辐照生成的自由基一经生成立即引发接枝反应；③单体或溶液可作为基体材料的辐射保护剂，减少了基体材料的降解，损伤更小。但是，该法在基体材料-单体混合体系同时受辐照时，必然发生单体的均聚反应，降低了接枝效率，增加了去除均聚物的步骤。

共辐照接枝法可以用于传统纤维提铀材料、无纺布提铀材料的接枝，也可用于块体颗粒材料和水凝胶等提铀材料的制备。

采用共辐照接枝法制备材料，可以将 1-乙烯基咪唑(1-vinyl imidazole，VIm)和聚丙烯无纺布在溶剂中混合，共同辐照后，将单体接枝到基体材料上制成 PP-g-PVIm，接着用 4-溴丁腈完成季胺化，最后再将氰基偕胺肟化，获得带正电荷的 PP-g-PVIm⁺Br⁻AO 无纺布吸附材料(制备过程如图 2-25 所示)[30, 31]。对材料进行了一系列吸附测试，发现：①在模拟海水吸附动力学研究中，材料在铀浓度为 0.03 mmol/L、pH 为 8、温度为 25℃、材料投放比(m/V)为 40 mg/L、NaCl 浓度为 0.438 mol/L 和 NaHCO₃ 浓度为 2.297 mmol/L 的吸附体系下，接枝率为 147.0% 的材料仅需 50 h 即可达到吸附平衡，吸附速率和吸附容量都明显高于接枝率较低的 PP-g-PVIm⁺Br⁻AO 材料和 PP-g-PAO 材料，而且材料的吸附同时符合准一级和准二级动力学模型[图 2-26(a)]；②在吸附等温线研究中，材料在 pH 为 8、温度为 25℃、材料投放比为 40 mg/L、NaCl 浓度为 0.438 mol/L 和 NaHCO₃ 浓度为 2.297 mmol/L 的吸附体系下，饱和吸附容量为 119.76 mg U/g ads(PP-g-AO 为 28.93 mg U/g ads)，平衡时间为 50 h，且材料的吸附符合 Langmuir 模型[图 2-26（b）]；③在低浓度吸附性能研究中，材料在铀浓度为 1.7 μg/L、pH 为 8、温度为 25℃、材料投放比为 40 mg/L、NaCl 浓度为 0.438 mol/L 和 NaHCO$_3$ 浓度为 2.297 mmol/L 的吸附体系下，7 d 可达到吸附平衡，吸附效率达到 80%；④分别在模拟海水体系中加入与海水浓度相当的 MgCl$_2$、CaCl$_2$、KCl、Na$_2$SO$_4$、KBr、H$_3$BO$_3$ 等多种盐后，材料的吸附性能远高于 PP-g-AO；⑤PP-g-PVIm$^+$Br$^-$AO 材料和 PP-g-PAO 材料表面电位分别为 14.5 mV 和-9.51 mV；⑥上述现象证明带正电的功能材料有利于提高材料的吸附容量和吸附选择性，这有可能是因为带正电的官能团更倾向于与带负电的[UO$_2$(CO$_3$)$_3$]$^{4-}$结合，同时排斥其他带正电的金属离子。

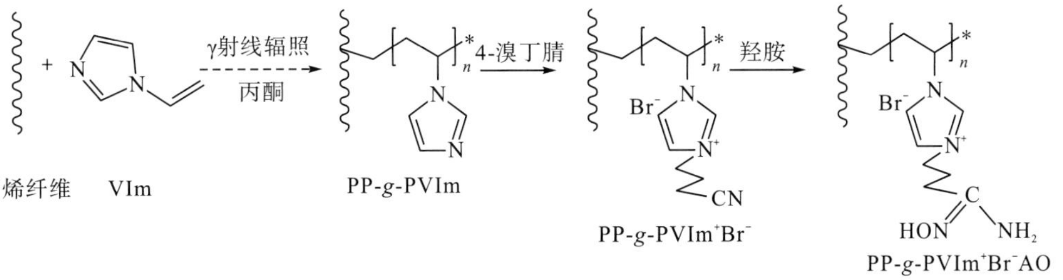

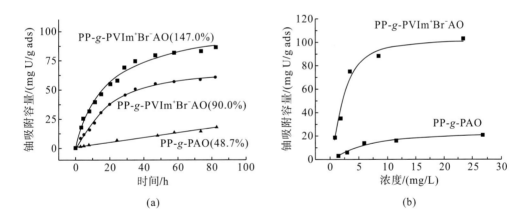

图 2-25　PP-g-PVIm$^+$Br$^-$AO 吸附材料制备过程示意图[30]

图 2-26　PP-g-PVIm$^+$Br$^-$AO 和 PP-g-PAO 吸附材料在高浓度模拟海水中的吸附性能(a)和吸附等温线(b)[30]

共辐照法也常用于制备水凝胶吸附材料。将 N-乙烯基-2-吡咯烷酮（N-vinyl-2-pyrrolidone，VP）和丙烯腈在 ^{60}Co 源下经 γ 射线共辐照，制备出 poly（AN/VP）水凝胶，接着在羟胺溶液中进行胺肟化，制备得到可用于铀吸附的 poly（AO/VP）水凝胶吸附材料[32]。其中，AN∶VP 投料摩尔比为 0.67∶1、1∶1、1.5∶1 和 2∶1。通过实验测试材料胺肟化后的溶胀率最高可达 2000%[33]；且在 pH 为 4、浓度较高的铀溶液中测试水凝胶的吸附性能，性能最好的吸附材料的吸附容量可达 540 mg U/g ads[图 2-27（a）和（b）]。通过对比实验结果，发现该实验结果与传统的接枝到聚烯烃纤维基体上的方法较为相似：当 AN 与亲水共聚单体 VP 混合聚合，且投料比为1:1和1.5:1时，所得吸附的材料吸附性能最好，这是因为材料同时具有亲水性和铀配位点；而且，VP含量越高，吸附材料吸水性和溶胀能力越强。偕胺肟与铀酰离子配比的化学计量学数据结果表明，偕胺肟与铀酰形成4:1的配位模型。采用相似的方法，可制备 poly(AN-co-VP)互穿网络结构聚合物(interpenetration polymer network structure，IPNs)[34]，接着将氰基胺肟化制得吸附材料聚合物。通过傅里叶变换红外光谱(Fourier transform infrared spectrum，FTIR)对其胺肟化过程进行表征，同时进行铀吸附性能测试，发现随着胺肟化过程的进行，材料的吸附性能不断提高；在1400 mg/L铀溶液中测试材料的吸附性能，发现poly(AN-co-VP) IPN的铀吸附容量为540 mg U/g ads，胺肟化后提高到750 mg U/g ads，因此在偕胺肟化之前，材料就具有了良好的吸附性能，可能是因为材料具有互穿网络结构；而且材料经碱处理后吸附容量没有提高，可能是因为氰基反应完全，无法转变为羧基。但是该吸附材料的吸附数据是在1400 mg/L铀溶液条件下测得的，且吸附体系中没有碳酸盐或离子强度影响，因此该吸附材料在海水中的吸附能力有待进一步研究。

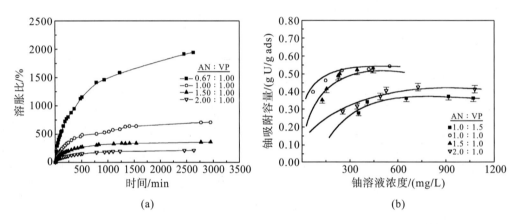

图 2-27　不同配比 poly(AO/VP)材料的吸水溶胀比(a)和吸附性能(b)[33]

RIGP法虽然具有清洁、简单、易于产生自由基等优点，在制备偕胺肟基吸附材料中使用较为广泛，但它同时具有分子量和接枝率不可控，可能发生单体均聚或基体交联，造成接枝率降低，进而影响吸附效率的缺点。通过在无溶剂、无氧的情况下利用共辐照的方法将草酸烯丙酯(diallyl oxalate，DAOx)接枝到聚酰胺纤维PA6上[4]，该法简单易行、无需后续处理且避免使用有机溶剂，但在加1 mg/L铀的海水吸附实验中，材料对铀酰离子的吸附效率仅达到50%。因此，在材料制备过程中产生大量自由基副产物(图 2-28)，不确定性高，会导致均聚物或交联产物的生成，大大降低了材料的吸附效率。

RIGP法制备所得材料的吸附性能汇总如表2-4所示。

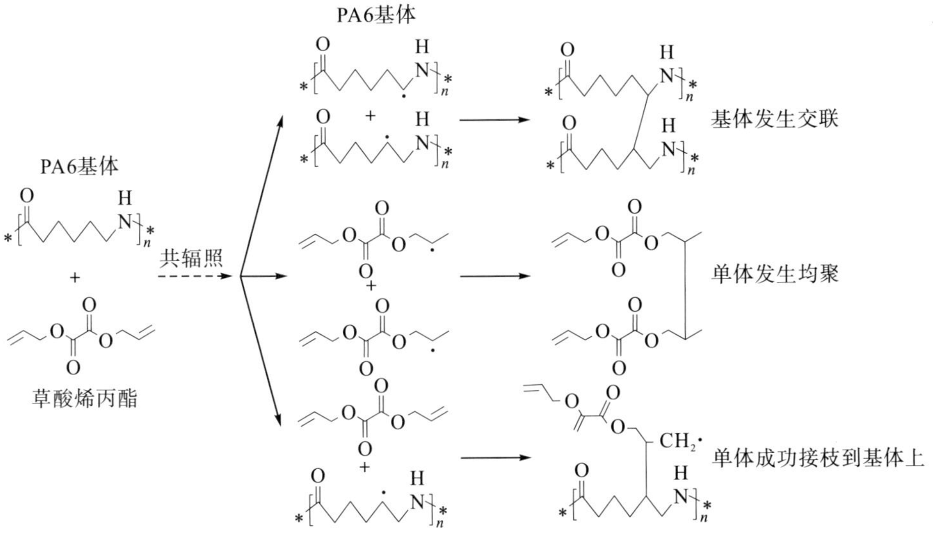

图 2-28　辐照接枝过程可能发生的反应和副反应[4]

表 2-4　RIGP 法制备高分子提铀材料性能汇总

材料	官能团	吸附容量 /(mg U/g ads)	吸附体系	参考文献
AOF Ⅲ	偕胺肟基、丙烯酸	0.5	真实海水，50 d	[5]
聚丙烯膜	偕胺肟基	0.61	真实海水，12 d	[6]和[7]
PE-g-(PAO-co-ITA)	偕胺肟基、衣康酸	3.9	真实海水，56 d	[11]
PE-g-(PAO-co-VPA)	偕胺肟基、乙烯基膦酸	3.4	真实海水，56 d	[12]
AOF-O-3	偕胺肟基	5	真实海水，140 d	[14]
PP 无纺布	偕胺肟基、甲基丙烯酸	0.3	真实海水，2 d	[17]
PE-AO/MAA	偕胺肟基、甲基丙烯酸	0.9	真实海水，20 d	[18]
PP 无纺布	偕胺肟基、甲基丙烯酸	2.8	真实海水，240 d	[20]
UHMWPE-g-(PAO-co-PAA)	偕胺肟基、丙烯酸	2.3	真实海水，42 d	[21]
Wool-AO@TiO$_2$	偕胺肟基、甲基丙烯酸	104.1	50 mg/L 铀溶液	[23]
PE@PP-GMA-AO	偕胺肟基	1.61	1 mg/L 多种竞争离子	[24]
UHMWPE-g-P(GMA-co-MA)-EDA-AO	偕胺肟基、丙烯酸甲酯、乙二胺	1.97	3.6 μg/L 模拟海水，42 d	[25]
聚丙烯无纺布	二乙烯三胺	64.26	1 mg/L 铀溶液	[27]
聚乙烯无纺布	偕胺肟基	0.024～0.036	pH=7.5，3 μg/L 铀溶液，10 d	[28]
PP-g-PVIm⁺Br⁻ AO	1-乙烯基咪唑、偕胺肟基	119.76	pH=8，0.438 mol/L NaCl，2.297 mmol/L NaHCO₃ 吸附等温线	[30]
PP-g-AO	偕胺肟基、胍基	0.1	加 30 μg/L 铀海水	[31]
poly（AO/VP）	偕胺肟基、N-乙烯基	540	pH=4，1000～1850 mg/L 铀溶液	[32]

材料	官能团	吸附容量 /(mg U/g ads)	吸附体系	参考文献
	-2-吡咯烷酮			
poly(AO-co-VP)	偕胺肟基、N-乙烯基-2-吡咯烷酮	750	1400 mg/L 铀溶液	[34]
AO-H	偕胺肟基	0.66	真实海水，25 d	[35]
胺肟化聚乙烯膜	偕胺肟基	0.85	真实海水，50 d	[36]
PP-g-AO-MAA	偕胺肟基、甲基丙烯酸	0.2	真实海水，1 d	[37]
FPAO	偕胺肟基、甲基丙烯酸	45	pH=8，95 mg/L 铀溶液，0.1mol/L 离子强度	[38]
PVA-g-AO	偕胺肟基	40	pH=4，0.4 mmol/L 多竞争离子	[39]
PVA-g-VPA	乙烯基膦酸	32.1	pH=4.5，50 mg/L 铀溶液	[40]
UHMWPE-g-(PAO-co-PAA)	偕胺肟基、丙烯酸	0.77	真实海水，60 d	[41]
PE film-g-(PAO-co-AA)	偕胺肟基、丙烯酸	25	100 mg/L 铀溶液	[42]
聚乙烯无纺布	乙二胺	1.3	1 mg/L U，加碳酸盐	[43]

2.2　ATRP 法制备高分子提铀材料

自 20 世纪 50 年代以来，可控/"活性"聚合推动了高分子科学的发展。与传统的自由基聚合（如 RIGP）不同，活性聚合可精确控制接枝链的合成过程及许多重要的聚合物参数，如接枝链分子量、构成和形态等，可实现多种嵌段共聚物结构的接枝。此外，还能实现聚合物链长的准确控制，调整接枝率实现材料的性能最佳化。近年来可控自由基聚合已发展至可用于多种单体的聚合，可以引入许多由于自由基猝灭而不能采用 RIGP 接枝的单体，使可控自由基聚合成为制备海水提铀吸附材料的有效途径。

ATRP 是一种典型的可控自由基聚合方式，ATRP 法以简单的有机卤化物为引发剂、过渡金属配合物为卤原子载体，通过氧化还原反应，在活性种与休眠种之间建立可逆的动态平衡，从而实现对聚合反应的控制。与阴离子聚合等方法相比，可有效控制单体的接枝程度，更适合丙烯腈的接枝。

首次将 ATRP 的方法用于海水提铀材料的制备，是通过采用传统自由基聚合，在偶氮二异丁腈（azodiisobutyronitrile，AIBN）存在的条件下将氯甲基苯乙烯（vinylbenzyl chloride，VBC）和二乙烯基苯（divinyl benzene，DVB）交联成具有多孔结构的基体材料 P(xDVB-VBC)，其中 x 表示 DVB/VBC 的摩尔比，通过控制 x 可调节基体材料的组成和孔隙率；随后利用基体表面的氯原子，采用 ATRP 的方法将丙烯腈接枝到基体材料上，ATRP 过程中采用三[2-(二甲氨基)乙基]胺作为配体，可有效控制介孔结构中位点的浓度，达到控制丙烯腈接枝率的目的；通过对比丙烯腈在基体上的接枝率，发现 P(1DVB-VBC)、P(2DVB-VBC) 和 P(3DVB-VBC) 上的接枝率分别为 280%、509% 和 310%，因而采用

P(2DVB-VBC)作为基体材料；控制丙烯腈在基体上的接枝量，分别记作 P(2DVB-VBC)-γPAN(γ=1～4)，最后进行胺肟化制得材料。对比不同接枝率下制备的吸附材料和四种商业化吸附材料在 8 mg/L、pH 为 7.97 且含 25600 mg/L NaCl 和 193 mg/L NaHCO$_3$ 的模拟海水中的吸附情况，结果表明，吸附容量最高的为 P(2DVB-VBC)-2PAO，达 80 mg U/g ads，性能优于其他几种商业化吸附材料[图 2-29(a)]；将 10 mg 材料置于 18.927 L 真实海水中吸附 27 d 后，材料吸附容量达 1.99 mg U/g ads[图 2-29(b)][44]。

ATRP 还可用于制备多孔芳香框架(porous aromatic framework，PAF)材料。首先将材料进行氯化，然后采用 ATRP 法将丙烯腈接枝到一种含有联苯结构的 PAF 材料——PPN-6 上[45]，最后经过胺肟化制备得到吸附材料 PPN-6-PAO。该材料在含 6 mg/L 铀的模拟海水中，经 KOH 碱处理前后吸附容量分别为 64.1 mg U/g ads 和 65.2 mg U/g ads，说明该材料不需要碱处理的过程；该材料在加 80 µg/L 铀的真实海水中进行了 42 d 的吸附实验，吸附容量为 4.81 mg U/g ads，吸附动力学显示 2 周内吸附材料可完成 80%的吸附(图 2-30)。

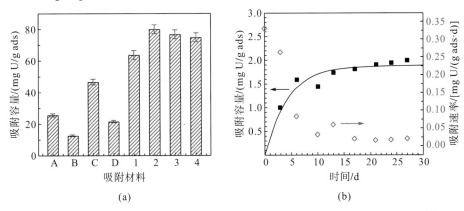

(a)　　　　　　　　　　　　　(b)

图 2-29　p(2DVB-VBC)-2PAO 吸附材料在模拟海水和真实海水中的吸附性能[44]

A. Metsorb 16/16；B. Metsorb STP；C. Metsorb HMRP 50；D. Dyna Aqua；1. p(2DVB-VBC)-1PAN; 2. p(2DVB-VBC)-2PAN; 3. p(2DVB-VBC)-3PAN; 4. p(2DVB-VBC)-4PAN

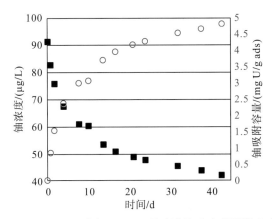

图 2-30　PPN-6-PAO 在加 80 µg/L 铀真实海水中的吸附动力学[45]

在基体表面没有卤代物作引发位点时，还可采用紫外光(ultraviolet，UV)或太阳光照射，在基体上引入氯原子。通过这种氯化方法，可制得氯化圆形聚丙烯纤维(CPP)、氯化中空齿轮形聚丙烯纤维(CHGPP)和氯化中空齿轮形聚乙烯纤维(CHGPE)作基体材料[46]；接着采用 ATRP 法将丙烯腈和丙烯酸叔丁酯接枝到氯化基体材料上，接枝率高达 2570 wt%，最后采用羟胺肟化的方法制得吸附材料(图 2-31)。通过对光照类型、光照时间、基体类型和单体配比等参数进行探索，发现最佳制备方案为：对圆形聚丙烯纤维在太阳光照下进行 3 h 氯化，之后采用 tBA/AN 单体配比为 0.362 进行接枝，产物吸附材料在上述含 6 mg/L 铀的模拟海水溶液中最大吸附容量为 146.6 mg U/g ads。该方法相对同时采用自由基聚合法或 RIGP 法引入氯引发位点，再用 ATRP 法制备材料的制备过程，操作更加简单，成本更低。

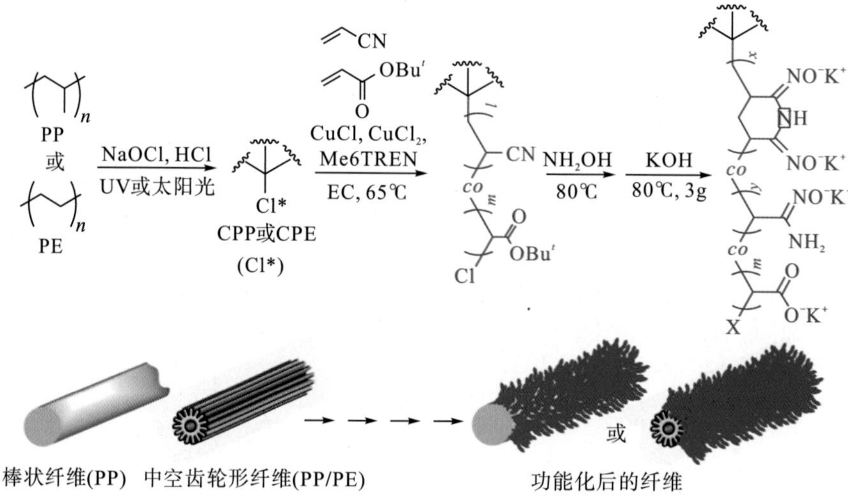

图 2-31   光照氯化和 ATRP 制备偕胺肟基纤维吸附材料过程示意图[46]

在基体表面含有卤代引发位点的情况下，可直接采用 ATRP 法向基体中引入功能单体。采用商用的聚氯乙烯和氯化聚氯乙烯共聚纤维(PVC-co-CPVC)，通过 ATRP 法可制备同时接枝偕胺肟基和丙烯酸叔丁酯的吸附材料(图 2-32)[47]，可省去主干纤维的卤化过程，操作更简单，更经济。通过改变丙烯腈和丙烯酸叔丁酯的配比，研究亲水基团和偕胺肟基对吸附材料吸附性能的影响，发现单体 tBA/AN 投放比为 0.356 条件下，制得的吸附材料吸附性能最佳，接枝率为 1390 wt%。该材料在与上述工作相同的模拟海水体系中，吸附容量为 174.7 mg U/g ads；在真实海水流动柱吸附实验中，42 d 后吸附容量为 2.42~3.24 mg U/g ads，49 d 后吸附容量为 5.22 mg U/g ads。尽管该材料在真实海水中吸附性能很出色，但 PVC-co-CPVC-g-(PAO-co-PtBA)材料的再现性不足。三批不同的吸附材料在已过滤真实海水中的吸附速率和饱和吸附容量均有所不同，表现最好的吸附材料 14 d 即可完成半饱和吸附，而最差的吸附材料则需两倍的时间才能达到半饱和(图 2-33)，通过计算发现饱和吸附容量分布在 3.94～6.91 mg U/g ads。此外，材料吸附选择性有待提高，其在真实海水中对竞争离子的吸附强弱顺序为 Ni>Zn>Fe>V>>U。导致吸附性能不同的原因可能是吸附材料的组成有所区别，因此通过调节接枝过程中的实验条件，进一步稳定控制聚合物的组成，使吸附性能稳定是下一步的研究重点。这一结果同时也表明材料在合成过程中，微小的变化会导致吸附材料发生灵敏的变化，能否解决这一问题决定着该接枝技术是否适宜大规模工业化。

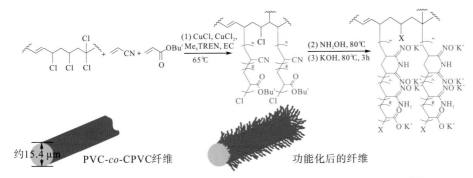

图 2-32　PVC-co-CPVC-g-(PAO-co-PtBA)吸附材料的制备过程示意图[47]

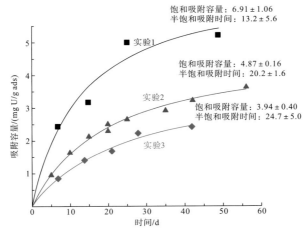

图 2-33　PVC-co-CPVC-g-(PAO-co-PtBA)吸附材料不同批次的真实海水流动柱吸附实验[47]

由于传统 ATRP 法在制备过程中要求无氧条件，且过渡金属络合物在聚合过程中不消耗，难以提纯，残留在聚合物中容易导致聚合物老化和其他副作用。学者们提出采用表面引发电子转移再生活化剂-原子转移自由基聚合(surface-initiated activators regenerated by electron transfer atom transfer radical polymerization，SI ARGET ATRP)方法，该法采用较少量的 Cu 催化剂，且体系的耐氧程度有效提高，降低了实验室乃至将来工厂化实验的实验要求。将 SI ARGET ATRP 和聚多巴胺自组装相结合[48]，先将聚多巴胺(polydopamine，PDA)和 2-溴代异丁酰溴(2-bromoisobutyryl bromide，BiBB)通过自组装接枝到碳纳米管(carbon nanotubes，CNTs)基体材料上，之后利用材料表面的溴作为引发位点，采用 SI

ARGET ATRP 将甲基丙烯酸缩水甘油酯(GMA)接枝到材料上，最后通过胺基与环氧基团反应发生开环聚合，将 EDA 接枝到材料上完成材料的制备，得到吸附材料 CNTs-PDA-PGMA-EDA(制备过程如图 2-34 所示)。该吸附材料在 pH 为 5、浓度为 50 mg/L 的铀溶液中，吸附容量为 192.9 mg U/g ads。

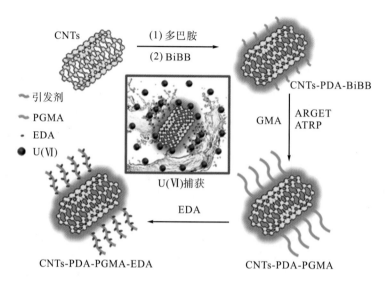

图 2-34　SI ARGET ATRP 法制备 CNTs-PDA-PGMA-EDA 吸附材料过程示意图[48]

ATRP 法制备所得材料的吸附性能汇总如表 2-5 所示。

表 2-5　ATRP 法制备高分子提铀材料性能汇总

材料	官能团	吸附容量 /(mg U/g ads)	吸附体系	参考 文献
P(2DVB-VBC)-2PAO	偕胺肟基	1.99	真实海水，27 d	[44]
PPN-6-PAO	偕胺肟基	4.81	加 80 μg/L 铀海水，42 d	[45]
圆形 PP 纤维	偕胺肟基、丙烯酸叔丁酯	146.6	含 6 mg/L 铀 的模拟海水	[46]
PVC-*co*-CPVC-*g*-(PAO-*co*-PtBA)	偕胺肟基、丙烯酸叔丁酯	3.94~6.91	真实海水，49 d	[47]
CNTs-PDA-PGMA-EDA	多巴胺、乙二胺	192.9	pH=5，50 mg/L 铀溶液	[48]
co-DVB-VBC-*g*-AO	偕胺肟基	1.90	10 μg/L 铀溶液	[49]
PE-*g*-PVBC-*g*-(PAO-*co*-PtBA)	偕胺肟基、丙烯酸叔丁酯	1.56~3.02	真实海水，42 d	[50]

2.3　其他方法制备高分子提铀材料

2.3.1　悬浮聚合

悬浮聚合是指单体以小液滴状悬浮于水中进行的自由基聚合，通常采用"单体+引发剂+双亲性分散剂+去离子水"的组成形式，该制备方法制得的产品分子量及其分布比较稳定，聚合速率、分子量相比溶液聚合高，杂质含量相对乳液聚合低，且后处理比溶液聚合和乳液聚合简单，生产成本低。

首次用于铀吸附的偕胺肟功能化聚合物基吸附材料就是采用悬浮聚合的方法制备而成的[1, 51, 52]。将丙烯腈和二乙烯基苯溶解在甲苯中，再分散在水中后，经热引发悬浮聚合制备成聚丙烯腈和聚二乙烯苯的共聚物 poly(AN-co-DVB)，最后在羟胺的甲醇溶液中，将氰基功能化为偕胺肟基，成功制备得到 poly(AO-co-DVB)吸附材料(图 2-35)。通过研究制备过程中不同参数对材料吸附性能的影响，发现：①poly(AN-co-DVB)合成过程中溶剂的类型、溶剂的用量、二乙烯基苯的含量和交联时间等因素都对材料的孔结构有影响，进而影响材料的吸附性能(表 2-6 和表 2-7)，反应体系为 0.1 g 材料投放到 1 L 真实海水中，在室温下吸附 96 h，通过对比材料吸附性能，发现悬浮聚合最佳溶剂为甲苯，溶剂体积含量 80%～100%，二乙烯基苯含量 10%～16.2%，交联时间 3～5 h；②胺肟化过程中溶剂、羟胺浓度、酸碱性和反应温度、时间对胺肟化过程有影响，导致吸附性能发生变化[表 2-8 及图 2-36(a)和(b)]，通过对比吸附效率，甲醇是最理想的溶剂，羟胺浓度及其与丙烯腈的比例参数影响不大，常采用羟胺浓度为 3%的甲醇溶液，$NH_2OH/CN=1.5$，反应体系为中性或者弱碱性，反应温度为 60℃或 80℃，60℃下反应 3～5 h，80℃下反应 1～2 h。尽管该吸附材料的吸附性能有待提高，但对海水提铀研究方向意义重大，这种胺肟化的方法一直沿用至今。之后，将此多孔材料用于真实海水柱实验[53-55]，发现减小材料颗粒尺寸有助于提高材料的吸附容量，在真实海水柱实验中吸附 715 h 后，其吸附容量为 845 μg U/g ads；将此材料投放到真实海域中吸附容量为 44 μg U/g ads。

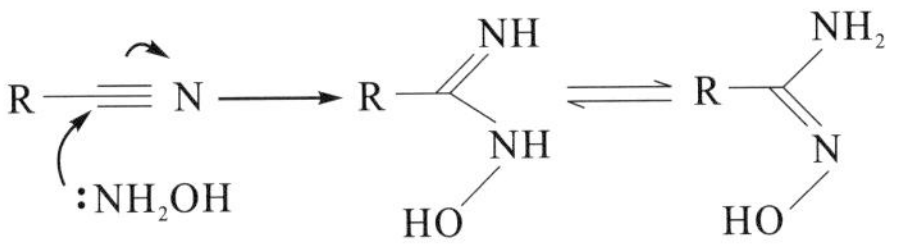

图 2-35　氰基转化为偕胺肟基过程

表 2-6　悬浮聚合过程中溶剂对材料孔结构和吸附性能的影响[1]

溶剂	密度/(g/cm³)	孔体积/(mL/g)	比表面积/(m²/g)	平均孔半径/Å	提铀量/μg
苯	0.50	0.378	92.2	153	1.6
甲苯	0.47	0.491	121.0	168	2.1
对二甲苯	0.42	0.673	125.0	195	2.0
氯苯	0.59	0.370	80.3	181	1.4
环己烷	0.38	0.963	23.7	410	1.0
异辛烷[a]	0.44	0.722	17.1	535	0.8
氯仿	0.67	0.048	0.85	138	0.7
四氯化碳	0.45	0.566	108.0	158	1.9
二氯乙烷	0.67	0.074	8.03	123	0.9

注：DVB 16.2 mol%(摩尔分数，后同)；溶剂 80 vol%(体积分数，后同)；a：50 vol%。

表 2-7　二乙烯基苯和甲苯含量对材料孔结构的影响[1]

二乙烯基苯/(mol%)	丙烯腈/(mol%)	甲苯/(vol%)	密度/(g/cm³)	孔体积/(mL/g)	比表面积/(m²/g)	平均孔半径/Å
5.3	91.0	80	0.37	1.165	43.4	268
10.7	81.7	80	0.43	0.726	126.0	188
16.2	72.3	80	0.47	0.491	121.0	168
21.9	62.6	80	0.53	0.353	120.0	142
27.6	52.8	80	0.55	0.190	93.4	131
16.2	72.3	20	0.69	0.038	5.0	122
16.2	72.3	40	0.66	0.119	22.7	148
16.2	72.3	60	0.52	0.260	68.1	150
16.2	72.3	80	0.47	0.491	121.0	168
16.2	72.3	100	0.41	0.729	128.0	197
16.2	72.3	120	0.38	1.034	105.0	247

表 2-8　胺肟化过程中溶剂对材料吸附性能的影响[1]

溶剂	羟胺浓度/%	pH	铀吸附效率/%
水	10.0	7.0	84.0
甲醇	3.0	7.1	87.7
乙醇	2.9	7.1	81.6
N,N-二甲基甲酰胺	3.0	7.1	86.9
二甲基亚砜	3.1	7.1	86.8

注：反应体系为 10 mL 羟胺溶液/g 丙烯腈材料，80℃，2 h；吸附体系为 0.1 g 材料，25 mL 加 1 mg/L 铀海水，30℃，1 h；pH 测试为 1 mL 反应溶液加入 50 mL 水。

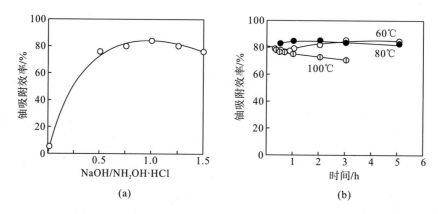

图 2-36　胺肟化过程中酸碱性(a)和不同温度下的反应时间(b)对吸附性能的影响[1]

悬浮聚合法还可用于制备凝胶颗粒基体，并在基体表面接枝胺基官能团。采用悬浮聚合法可制备氯化苯乙烯和二乙烯苯共聚物凝胶颗粒 poly(VBC-co-DVB)基体[56]，其粒径为 250～500 μm；随后通过 Gabriel 合成将聚氯化苯乙烯转化为聚乙烯苯胺，制得吸附材料 pA；通过亲核取代反应，在基体表面分别接枝甲基胺(methyl amine，MA)、二甲基胺

（dimethyl amine，DMA）、丙二胺（diaminopropane，DAP）、丁二胺（diaminobutane，DAB）、乙二胺（EDA）、二乙烯三胺（DETA）、四乙烯五胺（TEPA）、哌嗪（piperazine，PIP）和 *N*-三（2-乙基胺）胺[tris（2-aminoethyl）amine，TAEA]（图 2-37）。将材料分别投放到含 50 mg/L 铀的模拟海水中进行吸附实验。对比不同吸附材料的吸附性能，发现吸附容量最高的是包含短链伯胺的吸附材料 PA，吸附容量为 14.8 mg U/g ads；但对比吸附材料中每摩尔官能团可结合铀的量是更为科学的计量方法，根据这种衡量标准，PTEPA 吸附材料吸附能力最强，为 17.7 mmol U/mol 官能团，PTAEA、PDETA 和 PEDA 吸附容量分别为 16.0 mmol U/mol 官能团、13.2 mmol U/mol 官能团和 13.2 mmol U/mol 官能团，与单位质量吸附材料对应胺基官能团的数量一致。此外，将丙二肟基功能化到 poly（VBC-*co*-DVB）基体上作为对照（图 2-38），吸附容量为 2.34 mg U/g ads，每克偕胺肟功能化吸附材料对应 10.4 mmol 偕胺肟基，对应吸附容量为 3.79 mmol U/mol 偕胺肟基；因此，伯胺吸附性能是偕胺肟基的 3 倍。而且伯胺通过与海水中碳酸铀酰钙中的钙离子发生离子交换，实现铀酰离子的吸附；但是仲胺和叔胺可能有空间效应，导致其与海水中金属结合的能力太强，无法实现阳离子交换，导致吸附性能下降。

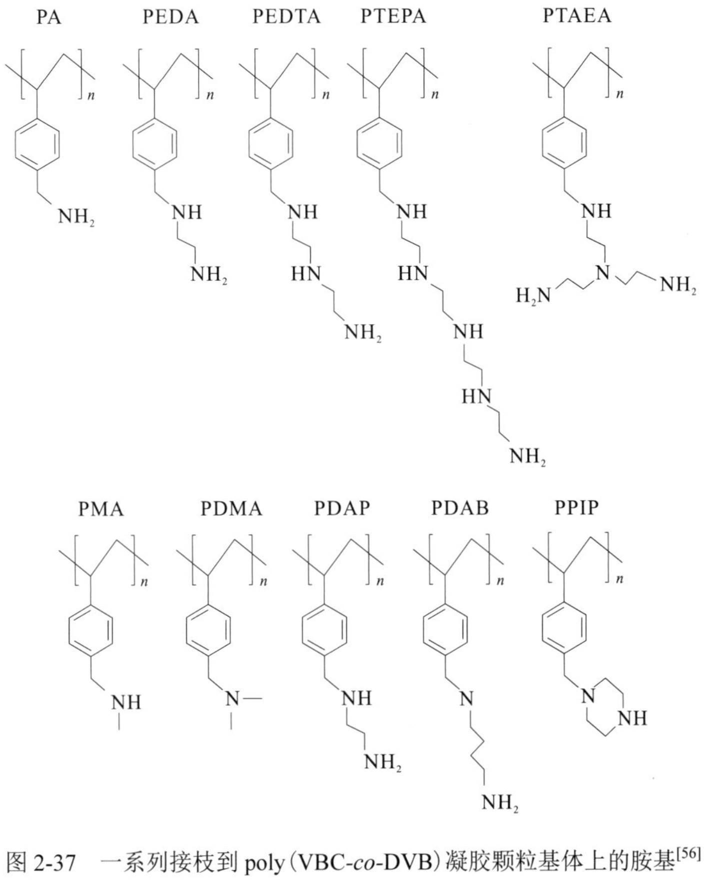

图 2-37　一系列接枝到 poly（VBC-*co*-DVB）凝胶颗粒基体上的胺基[56]

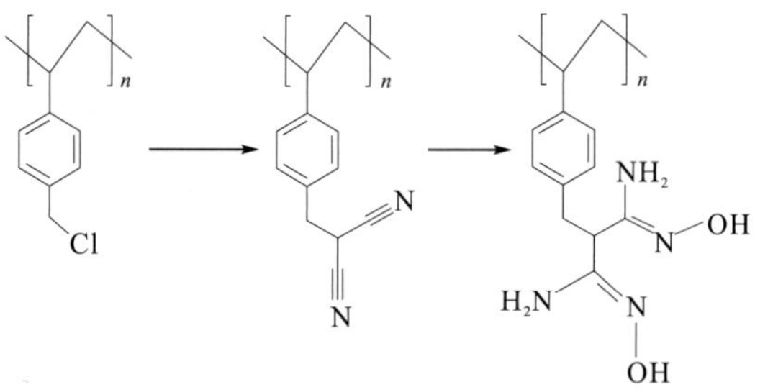

图 2-38　poly（VBC-*co*-DVB）凝胶颗粒基体接枝丙二肟基的过程示意图[56]

悬浮聚合法制备所得材料的吸附性能汇总如表 2-9 所示。

表 2-9　悬浮聚合法制备高分子提铀材料性能汇总

材料	官能团	吸附容量 /(mg U/g ads)	吸附体系	参考文献
poly（AO-*co*-DVB）	偕胺肟基	0.845	真实海水，725 h	[1]、[51]、[52]
poly（VBC-*co*-DVB）-pA	胺基	14.8	含 50 mg/L 铀的模拟海水	[56]
poly（AO-*co*-4EGDM）	偕胺肟基、四甘醇二甲基丙烯酸酯	4.5	真实海水，180 d	[57]、[58]
含乙烯胺的多孔聚合物	胺基	50	0.01 mol/L 铀溶液	[59]

2.3.2　乳液聚合

乳液聚合是借助乳化剂和机械搅拌，使单体分散在水中形成乳液，再加入引发剂引发单体聚合的方法，该法具有反应速度快、分子量高等特点。

首先采用可逆加成断裂链转移聚合（reversible addition fragmentation chain transfer polymerization，RAFT，如图 2-39 所示），在引发剂 AIBN 和链转移剂 *S*-十二烷基-*S*-（2-羧基-异丙基）三硫酯[*S*-1-dodecyl-*S*'-(a, a-dimethyl-a'-acetic acid) trithiocarbonate，DDATC]存在的条件下，制备了聚丙烯腈和聚苯乙烯（polystyrene，PS）的嵌段共聚物 PAN-*b*-PS，接着将聚丙烯腈链段用羟胺处理转变为聚偕胺肟，得到 PAO-*b*-PS；随后采用 PAO-*b*-PS 作为表面活性剂，过硫酸铵（ammonium persulfate，APS）为引发剂，在惰性气体氛围中进行乳液聚合，在 PAO-*b*-PS 上接枝苯乙烯和二乙烯基苯后制备成偕胺肟功能化聚苯乙烯纳米微球（图 2-40）[60]。通过控制 PAO-*b*-PS 中 PAO 链段的长度，采用三种不同的链段组成：PAO$_{99}$-*b*-PS$_{10}$、PAO$_{76}$-*b*-PS$_{10}$ 和 PAO$_{50}$-*b*-PS$_{10}$，可以控制纳米微球中偕胺肟基的密度，研究了链段长度对材料吸附性能的影响；通过控制 PAO-*b*-PS 的浓度（采用三种不同的浓度：4.0×10^{-4}mol/L、2.0×10^{-4}mol/L 和 1.0×10^{-4}mol/L），可以控制纳米微球的尺寸（分别为 57.5 nm、76.4 nm 和 92.3 nm）；研究了表面活性剂浓度对材料吸附性能的影响。采用链段长度为 PAO$_{99}$-*b*-PS$_{10}$、浓度为 4.0×10^{-4}mol/L 条件下制得的纳米颗粒材料，在 25℃条件下，用 10 mg 材料在 200 mL 不同 pH 下、浓度为 5.95 mg/L U 的溶液中，测试了不同 pH 条件下材料的吸附性能，发现材料在 pH 为 6.5 时达到最佳吸附，吸附容量为 84.85 mg U/g ads；

再采用不同剂量的该材料，在 200 mL、pH 为 6.5、温度为 25℃、浓度为 5.95 mg/L U 的溶液中进行 9 h 的吸附，测得最高吸附效率的材料投放量为 75 mg/L；接着，分别用 15 mg 该材料在 200 mL、pH 为 6.5、温度为 25℃、铀浓度为 12.6 mg/L、其他离子浓度为 $2.7×10^{-4}$ mol/L 的双组分离子溶液中，进行 9 h 的吸附，材料在含不同离子的铀溶液中对铀的吸附效率从高到低依次为 $Fe^{3+}>Na^+>Mg^{2+}>Co^{2+}>Ni^{2+}>Zn^{2+}>Pb^{2+}$，铀吸附性能的降低幅度为 4%～30%[图 2-41(a)]；除此之外，通过测试温度对材料吸附性能的影响，发现材料的吸附容量随温度的升高而提高，证明吸附过程为吸热过程。为了探索 PAO-b-PS 链段长度和浓度对材料吸附性能的影响，将 15 mg 不同链段长度和浓度制成的材料，分别投放到 200 mL 浓度为 12.6 mg/L、pH 为 6.5 的铀溶液中，在 25℃下进行 9 h 吸附后，发现随着链段长度的增长，材料中的偕胺肟基密度(AOGD)增大，材料的吸附容量提高[图 2-41(b)]；随着表面活性剂浓度的提高，材料的粒径变小，比表面积增大，吸附容量也提高。最后，通过吸附等温线模拟，测得材料饱和吸附容量为 246.91 mg U/g ads，且经五次循环使用后，材料在 12.6 mg/L 铀溶液中的吸附效率从 76.3%降至 68.7%。但是这种方法所制得的材料均只在 pH 为 6.5 条件下进行了吸附实验，在真实海水条件下的实用性有待进一步探索。

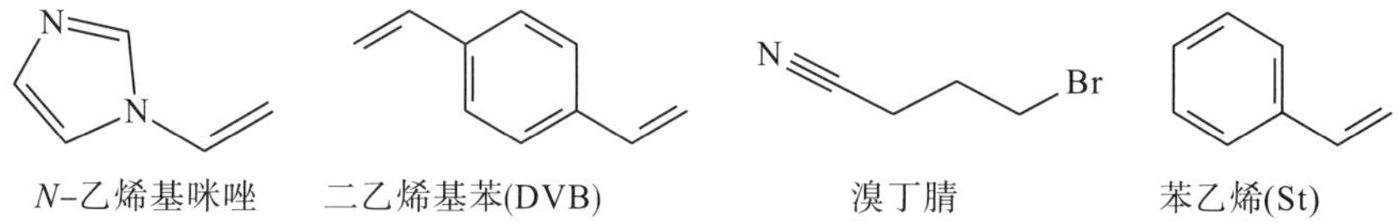

N-乙烯基咪唑　　二乙烯基苯(DVB)　　　溴丁腈　　　　苯乙烯(St)

图 2-39　RAFT 聚合单体

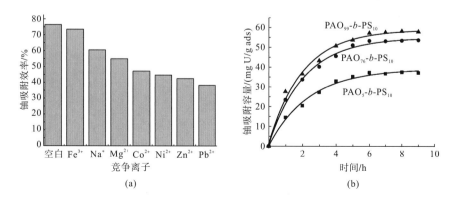

图 2-40　偕胺肟基功能化聚苯乙烯纳米微球的制备过程示意图[60]

图 2-41　竞争离子(a)和链长(b)对偕胺肟基聚苯乙烯纳米颗粒吸附性能的影响[60]

乳液聚合法制备所得材料的吸附性能汇总如表 2-10 所示。

表 2-10   乳液聚合法制备高分子提铀材料性能汇总

材料	官能团	吸附容量/(mg U/g ads)	吸附体系	参考文献
PAO$_{99}$-b-PS$_{10}$	偕胺肟基	84.85	pH=6.5，5.95 mg/L U	[60]
SANAO$_{3070}$	偕胺肟基	0.015	真实海水	[61]
PAOBI$_{82}$	偕胺肟基、季胺溴	169.49	吸附等温线模拟	[62]

2.3.3　化学引发聚合

化学引发聚合法通常采用强氧化剂(如过硫酸铵、过氧化苯甲酰等)或偶氮类试剂(偶氮二异丁腈)作引发剂，使单体发生聚合。

在无水碳酸钾条件下，采用氯甲基化聚苯乙烯处理环己酮，制得聚苯乙烯基体接枝大环酮类化合物的高分子材料[63]，该材料在 5 L 真实海水中进行三次吸附后，可提取 11 μg U。此方法首次采用聚合物接枝功能基团制备吸附材料进行海水提铀，通过化学键的交联，解决了水合氧化钛等无机材料在海水中容易流失的问题，为有机高分子海水提铀材料的制备开辟了新道路。

采用晶胶法可在引发剂过硫酸铵和催化剂四甲基乙二胺(tetramethylethylenediamine，TEMED)存在的无氧条件下，将丙烯腈和 N,N'-亚甲基双丙烯酰胺(N,N'-methylene bisacrylamide，MBAAm)在低温下发生自由基聚合，最后将氰基胺肟化后，得到了大孔整体柱材料 x-y/5 (x 表示样品编号，y 表示单体 MBAAm 的克数，5 表示单体丙烯腈的体积为 5mL) (制备过程如图 2-42 所示)[64]。将 15 mg 不同单体配比的材料投放到 250 mL 含 6mg/L U、193 mg/L NaHCO$_3$、25600 mg/L NaCl 且 pH 为 7.86 的模拟海水中，吸附 24 h 后，发现随着 AN/MBAAm 比例的提高，材料的吸附性能提高，其中吸附容量最高的材料 1-0.75/5 吸附容量为 83.8 mg U/g ads。该结果证明偕胺肟基含量越高，材料吸附性能越好；MBAAm 含量越高，交联程度越高，空间位阻对吸附的影响越严重，越不利于水和铀酰离子渗透、分散到材料内部，导致材料吸附性能下降。之后，将材料 1-0.75/5 和日本原子能研究所(Japan Atomic Energy Agency，JAEA)的一种参比材料在真实海水柱实验中进行 42 d 的吸附实验，最后，材料对铀的吸附容量为 0.95 mg U/g ads，低于 JAEA 参比材料的吸附容量 1.8 mg U/g ads，这是因为材料受限于传质过程，铀酰离子只能在表面进行吸附，无法进入材料内部，导致其吸附性能较差，但对 Ca、Mg、Na、K、V、Fe 等元素的吸附容量超过 U。

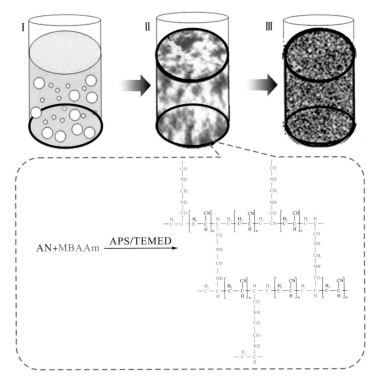

图 2-42　晶胶法制备大孔整体柱材料 x-y/5[64]

化学引发聚合法制备所得材料的吸附性能汇总如表 2-11 所示。

表 2-11　化学引发聚合法制备高分子提铀材料性能汇总

材料	官能团	吸附容量 /(mg U/g ads)	吸附体系	参考文献
1-0.75/5	偕胺肟基、N,N'-亚甲基双丙烯酰胺	0.95	真实海水，42 d	[64]
PAO-co-PAMPS	偕胺肟基、2-丙烯酰胺-2-甲基丙磺酸	39.5	pH=3 吸附等温线模拟	[65]
PHOA9505	丙烯酰胺、N,N'-亚甲基双丙烯酰胺	0.018	真实海水	[66]
PDPAAm-AO	二丙腈丙烯酰胺、偕胺肟基	0.028	真实海水，1 d	[67]
poly（AAC-co-AAM）-cl-TMPTA	丙烯酰胺、丙烯酸、三羟甲基丙烷三丙烯酸酯	255	pH=7，502 mg/L 铀溶液	[68]

2.3.4　静电纺丝

静电纺丝是一种特殊的纤维制造工艺，聚合物溶液或熔体在强电场中进行喷射纺丝，即在电场作用下，针头处的聚合物液滴会由球形变为圆锥形，并从圆锥尖端延展得到纤维细丝。这种方式可以生产出纳米级直径的聚合物细丝，从而有效提高材料的比表面积，进而提高材料的吸附性能。

首先制备 PAO 和 PVDF 的溶液，通过静电纺丝的技术，制备成双组分的功能化纳米纤维（制备过程如图 2-43 所示）吸附材料 DF-AO[69]，该纤维直径为 150～400 nm。由于 PAO 较脆易断，加入 PVDF 组分可有效提高纤维的力学强度，通过控制纤维中 PAO 含量为 0%、18.4%、56.6%、70.8% 和 100%，研究 PAO 含量对材料孔隙率、伸长率、拉伸强度及接触角的影响，发现随着 PAO 含量的升高，材料的孔隙率、伸长率和拉伸强度降低，但接触角减小，证明其亲水性提高。之后，将 100 mg 不同配比的材料投放到 5L 模拟海水中进行分批实验（配比如表 2-3 所示），室温条件下吸附 24 h 后，对其吸附性能进行分析和总结：①含 100% PAO 的材料对 U 吸附容量为 1.86 mg U/g ads，PAO 含量降低后，材料对 U 的吸附容量降低[图 2-44(a)]；②尽管 PAO 含量降低后，材料吸附容量降低，但偕胺肟官能团的利用率升高，这是因为材料具有多孔性；③PAO 含量为 18.4% 的材料吸附性能和官能团利用率明显降低[图 2-44(b)]，是因为材料亲水性不足；④材料对 Zn 的吸附容量大于 U，而对 V、Fe、Ni、Cu、Pb、Co、Mg 和 Ca 的吸附容量小于 U；⑤材料吸附后，放入 0.5 mol/L 盐酸溶液中 0.5 h 后，大量金属离子被洗脱下来，U 的洗脱率达 92%，但 V 的洗脱率仅 7%，表明洗脱过程具有良好的选择性。

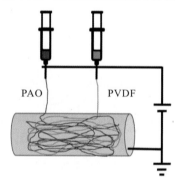

图 2-43　静电纺丝法制备偕胺肟基纳米纤维示意图[69]

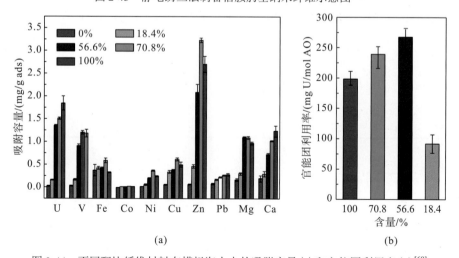

(a)　　　　　　　　　　　　　　　(b)

图 2-44　不同配比纤维材料在模拟海水中的吸附容量(a)和官能团利用率(b)[69]

为了提高材料的吸附性能，可向纤维中引入丙烯酸以提高材料的亲水性[70]。丙烯酸的引入不仅可以促进 U 5f/6d 轨道参与 U-AO 配位，还可以促进三碳酸铀酰离子的分解。

静电纺丝法制备所得材料的吸附性能汇总如表 2-12 所示。

表 2-12　静电纺丝法制备高分子提铀材料性能汇总

材料	官能团	吸附容量 /(mg U/g ads)	吸附体系	参考文献
DF-AO	偕胺肟基	1.86	331 μg/L 模拟海水	[69]
AC-AO	偕胺肟基、丙烯酸	4.09	331 μg/L 模拟海水	[70]

2.3.5　气喷纺丝

气喷纺丝法是将高聚物溶于易挥发溶剂制成纺丝溶液，在纺丝挤出喷丝孔的同时受到周围高速热气流的喷吹，使溶液细流受到拉伸，同时使溶剂蒸发固化，捕集在网上形成短纤维或无纺布，或收集成长丝束。该法制得的纤维比表面积也很高，而且相比静电纺丝的制备流程和设备更为简单。引入气喷纺丝法是将新方法引入海水提铀领域以提高吸附性能的实例。

先将聚丙烯腈粉末溶于 DMF 溶剂中，70℃下进行偕胺肟化后制得聚偕胺肟纺丝溶液，之后通过高速气喷纺丝法制得纳米尺度的纤维吸附材料[71]，通过傅里叶变换红外光谱和核磁共振（nuclear magnetic resonance，NMR）等表征手段进行检测，表明材料的主要结构为聚戊二酰亚胺二肟（polyimidoxime，PIDO），材料制备过程如图 2-45 所示，通过扫描电子显微镜（scanning electron microscope，SEM）观察，发现纤维直径达到 400 nm 左右，在很大程度上提高了材料的比表面积。该制备方法采用一步成型法，省去了后处理的过程，优化了传统材料"基体+配体"的组合，一步法直接得到吸附材料，防止力学性能的损失，而且纺丝设备简单易操作，利于规模化。通过测试材料的水接触角，材料在 0.265 s 后接触角为 0°，证明材料具有极好的亲水性。之后，在吸附性能测试中，发现材料在不同 pH 条件下的 8 mg/L 铀溶液中吸附 24 h，吸附容量均大于 500 mg U/g ads，在 pH=7 时吸附容量最高，可达 1187 mg U/g ads，pH=8 时材料吸附容量为 860 mg U/g ads。通过将 15mg、30 mg 和 60 mg 材料投放到 5 L 加 8 mg/L 铀的真实海水中吸附 24 h，测试材料的吸附动力学符合准二级吸附动力学，吸附热力学符合 Langmuir 模型，24 h 吸附后，最高吸附容量为 950 mg U/g ads，饱和吸附容量可达 1165mg U/g ads。在 UO_2^{2+}、VO_3^-、Fe^{3+}、Co^{2+}、Ni^{2+}、Cu^{2+}、Zn^{2+}、Pb^{2+} 等离子浓度为海水浓度的 100 倍，Ca^{2+}、Mg^{2+}、Na^+ 浓度为海水浓度的竞争离子溶液中吸附 24 h，材料对铀的吸附容量为 30.9 mg U/g ads，对钒的吸附容量为 23.4 mg V/g ads，材料对钒的摩尔吸附容量大于铀，但是相对钙、镁、钠等离子，材料对铀的选择性相对较好。之后，在 1 mol/L Na_2CO_3 和 0.1 mol/L H_2O_2 体系下对材料进行 30 min 的洗脱，发现材料对铀的洗脱效率为 98.53%；材料经 8 次吸附/洗脱循环使用后，吸附容量仍可达 604.42 mg U/g ads，洗脱效率为 83.53%[图 2-46(a)]，证明材料有不错的循环利用率。随后，在如图 2-46(c)所示的真实海水提铀柱吸附实验系统中，对材料进行了 8 周的吸附实验，发现材料在 2 周、4 周、6 周和 8 周时吸附容量分别为 4.87 mg U/g ads、7.04 mg U/g ads、8.21 mg U/g ads 和 8.74 mg U/g ads，对钒的吸附容量为 14.35 mg V/g ads[图 2-46(b)]，尽管该材料对铀的吸附选择性有待进一步提高，但这种方法大幅度提高了海水提铀材料在真实海水中的吸附性能（从 5.22 mg U/g ads 提高到 8.74mg U/g ads）[47,71]。

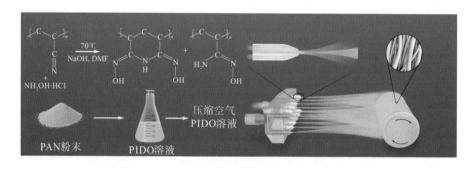

图 2-45　聚戊二酰亚胺二肟纳米纤维制备过程示意图[71]

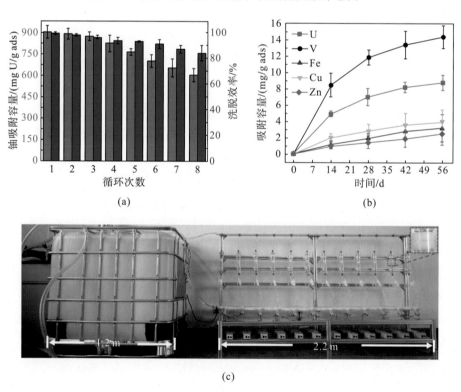

(a)　　　　　　　　　　　　　　　　　　　　(b)

(c)

图 2-46　聚戊二酰亚胺二肟纳米纤维[71]

(a)循环次数对吸附容量和洗脱效率的影响；(b)真实海水中的吸附；(c)真实海水柱吸附实验系统

由气喷纺丝法制备所得材料的吸附性能汇总如表 2-13 所示。

表 2-13 由气喷纺丝法制备高分子提铀材料性能汇总

材料	官能团	吸附容量/(mg U/g ads)	吸附体系	参考文献
聚戊二酰亚胺二肟纳米纤维	酰亚胺二肟基	8.74	真实海水	[71]

2.3.6 其他方法

除了上述几种常用的制备方法外,制备高分子提铀材料的方法还有阴离子聚合法、紫外光活化聚合法或直接对丙烯腈纤维进行改性等方法。

阴离子聚合法是指增长链端基为阴离子的离子型聚合反应。含有吸电子基团的烯类单体(如丙烯腈、丙烯酸酯),能在一定的条件下被碱性试剂引发,进行阴离子聚合。采用阴离子聚合法,在阴离子引发剂正丁基锂(n-butyllithium,BuLi)或二乙基镁(diethyl magnesium,Et$_2$Mg)存在的条件下,在氮气氛围中向体系中加入甲基丙烯腈(methacrylonitrile,MAN),使其发生聚合,生成分子量为 $10^5 \sim 10^6$ 的聚合物后,采用盐酸溶液使反应终止(阴离子聚合过程原理如图 2-47 所示)[72]。正丁基锂引发剂体系中反应温度为 $0 \sim 2\,^\circ\text{C}$,最高产率为 97%;而二乙基镁引发剂体系中反应温度为 $70\,^\circ\text{C}$,最高产率为 60%。采用正丁基锂体系制得的聚合物,将其加工成纤维状,再经偕胺肟化后制成铀吸附材料。通过对比材料在不同 NaOH 碱处理时间下的吸附容量,得出材料经碱处理 48 h 后吸附容量最高,50 mg 材料在 5 L 真实海水中吸附 1 d,吸附容量为 0.176 mg U/g ads。此外,由于甲基丙烯腈中含有甲基,可有效降低材料的活泼性,提高其物理化学稳定性。

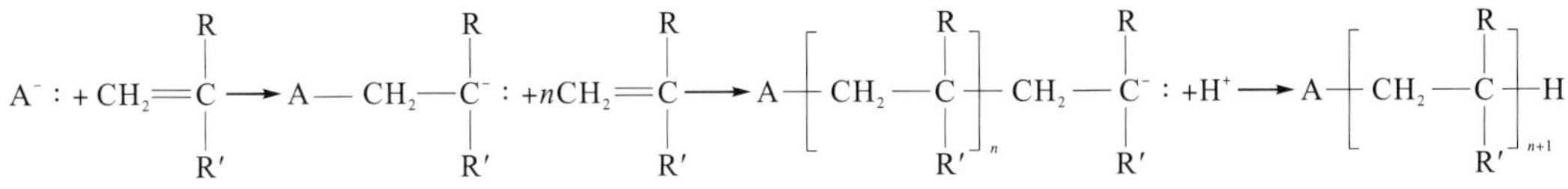

$$A^- : + CH_2 = \underset{R'}{\overset{R}{C}} \longrightarrow A - CH_2 - \underset{R'}{\overset{R}{C}} : + nCH_2 = \underset{R'}{\overset{R}{C}} \longrightarrow A \left[CH_2 - \underset{R'}{\overset{R}{C}} \right] CH_2 - \underset{R'}{\overset{R}{C}} : + H^+ \longrightarrow A \left[CH_2 - \underset{R'}{\overset{R}{C}} \right]_{n+1} H$$

图 2-47 阴离子聚合过程原理示意图[72]

紫外光活化聚合法是指用紫外光活化反应使单体聚合的方法。单体可以直接受紫外光激发引起聚合,或者由光敏剂、光引发剂受紫外光激发而引起聚合。这种方法具有聚合温度低、反应选择性高和易控制等特点,可以发生一般分子不能进行的反应。将聚丙烯热黏合无纺布浸入含有甲基丙烯酸乙二醇膦酸酯[ethylene glycol methacrylate phosphate,EGMP,分子结构如图 2-48(b)所示]、交联剂 MBAAm、紫外光引发剂 2,2-二甲氧基-2-苯基苯乙酮(2,2′-dimethoxy-2-phenyl acetophenone,DMPA)和纳米银离子的溶液中,经过紫外光活化聚合,制备得到 Ag@PEGMP 无纺布吸附材料[73]。通过测试材料的抗菌性能和吸附性能,证明引入粒径 3~6 nm 的银离子可抑制大肠杆菌在材料表面的生长,提高材料耐生物污损的性能(图 2-49);此外,该材料在含 1788 mg/L 铀和多种金属离子的废水中,吸附效率高达 98%,对铀的吸附容量为 550 mg U/g ads,而且材料对 Fe、Al 和 Mo 等元素均有较好的吸附效果,可达到废水预浓缩的效果。

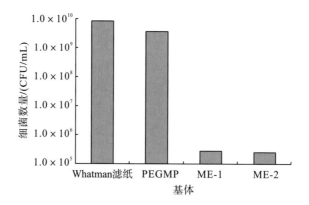

图 2-48　紫外光活化聚合用到的交联剂 MBAAm(a) 和单体 EGMP(b) 结构图

图 2-49　大肠杆菌在 Whatman 滤纸、PEGMP 对照、ME-1(含 1.6% Ag 的 PEGMP) 和 ME-2(含 3.0% Ag 的 PEGMP) 上的细菌生长数[73]

　　除了以丙烯腈为单体进行聚合反应外，还可以直接将聚丙烯腈纤维进行功能化。将聚丙烯腈纤维在羟胺溶液中进行胺肟化，直接制得偕胺肟化聚丙烯腈纤维吸附材料 AO-PAN，通过控制胺肟化反应的时间，制备了不同转化率(conversion rate，CR)和不同偕胺肟基密度的吸附材料[74]，通过对比不同胺肟化程度材料的吸附性能[图 2-50(a) 和 (b)]、力学性能、外观形貌和在水中凝胶化的程度，得到了综合性能最好的 AO-PAN 吸附材料。先在扫描电子显微镜下观察了不同胺肟化程度材料的外观形貌，发现随着胺肟化程度的提高，材料的直径变大，未胺肟化的 PAN 材料和 46.3%氰基转化率的材料直径从 9.3 μm 变为 14.5 μm，但是材料未发生明显的降解或破坏。通过测试材料的断裂应力，发现氰基转化率低于 10.8%时，材料的力学性能小幅度降低；但是超过 10.8%后，力学性能明显下降。然后，将材料放在水中浸泡数小时后，发现材料表面发生凝胶化，胺肟化程度越高，凝胶化越严重，材料的直径越大。接着将材料投放到 1 mg/L 铀溶液中进行 48 h 的吸附实验，发现在转化率小于 4.7%、偕胺肟含量小于 0.9 mmol/g 时，材料的吸附容量提高；超过该临界值后，材料的吸附性能发生下降。这可能是材料表面凝胶化后，纤维之间发生黏附，表面凝胶化和不同纤维间的黏附同时造成铀酰离子无法在纤维内部有效渗透和扩散，导致材料的吸附容量降低。最后，在上述含 331 μg/L U 和多种金属离子的模拟海水中进行了 24 h 的吸附实验，发现氰基转化率为 10.8%的材料对铀的吸附性能最高，达到 0.3 mg U/g ads，综合材料的力学性能，AO-PAN 系列材料中，最适宜用于海水提铀的是氰基转化率为 10.8%的吸附材料。证明材料的吸附性能与材料中的偕胺肟基含量不成正比，但与材料的表面形貌等性能有关。

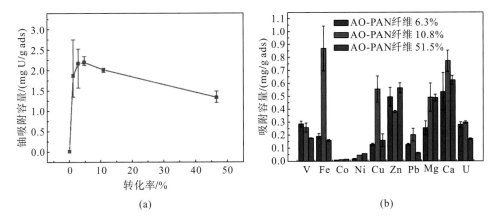

图 2-50　不同氰基转化率的 AO-PAN 纤维吸附材料在 1 mg/L 铀溶液(a)和模拟海水(b)中的吸附性能[74]

　　将商业化聚丙烯腈纤维进行双功能化(图 2-51),利用胺化反应将 DETA 和膦酸(phosphonic acid,phon)功能化到聚丙烯腈上,剩余的氰基经羟胺作用转化为偕胺肟基,制备得到双功能型吸附材料[75]。将该吸附材料置于含铀 0.9～50 mg/L 的模拟海水中进行吸附性能测试,尽管 DETA 和膦酸功能化聚丙烯腈吸附材料有一定的吸铀能力(phon-DETA 材料在含 50 mg/L 铀的模拟海水中吸附效率为 53%,在含 6 mg/L 铀的模拟海水中吸附效率为 77%,在含 0.9 mg/L 铀的模拟海水中吸附效率为 78%),但引入偕胺肟会显著提高材料的吸铀性能,AO-phon-DETA 材料可以完全吸附含 0.9 mg/L 铀的模拟海水中的铀,可吸附 6 mg/L 铀溶液中 97%～99%的铀,可吸附 50 mg/L 铀溶液中 95%的铀;在仅含偕胺肟官能团的情况下,在 0.9 mg/L 和 6 mg/L 浓度铀溶液中吸附能力相同,而在 50 mg/L 铀溶液中仅能完成 82.5%的吸附,因此双功能化吸附材料通过官能团间协同效应,

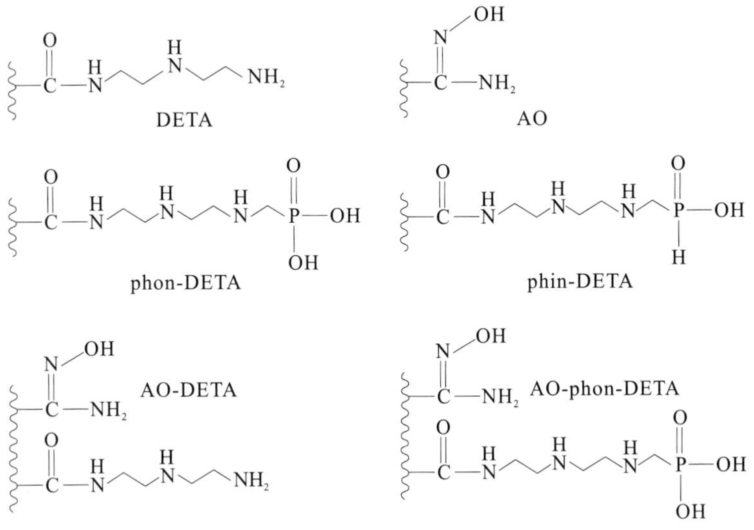

图 2-51　DETA 和膦酸功能化聚丙烯腈纤维[75]

有效提高了材料的吸附性能。该材料在真实海水中的吸附实验同样能证明双功能型吸附材料的优异性能，AO-DETA 吸附材料的吸附容量为 0.54 mg U/g ads，AO-phon-DETA 吸附材料的吸附容量为 0.79 mg U/g ads，而纯聚偕胺肟吸附材料的吸附容量仅为 0.12 mg U/g ads，未经胺肟化的 phon-DETA 吸附材料的吸附容量为 0.14 mg U/g ads。产生上述结果的原因可能是胺基的作用，偕胺肟发生活化；后续的工作需要更多的实验探明吸附能力的增强究竟是因为偕胺肟基在胺基作用下发生活化效果，还是因为多种配位基的简单叠加。

将聚丙烯腈纤维在 80℃的 NaOH 水溶液中处理一段时间后，氰基转化为羧基，制备出 PAN-COOH；再在 1-羟基苯并三唑（1-hydroxybenzotriazole，HOBt）和 1-乙基-3-（3-二甲基丙胺）碳二亚胺[1-ethyl-3-（3-dimethylaminopropyl）carbodiimide，EDCI]条件下，加入超支化聚乙烯亚胺（hyperbranched polyethylenimine，HPEI）和 PAN-COOH，经 140℃水热反应后制得超支化聚乙烯亚胺功能化聚丙烯腈纤维吸附材料 PAN-HPEI（图 2-52）[76]。

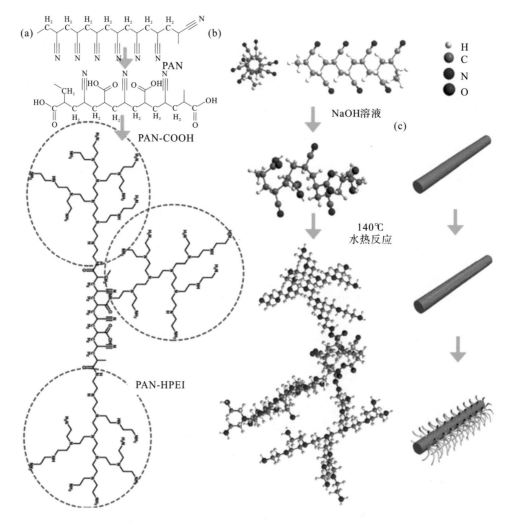

图 2-52　PAN-HPEI 合成过程的结构示意图（a）、球棍模型（b）和 3D 模型（c）[76]

　　根据反应时间的不同，制备出接枝率不同的材料。首先将不同接枝率的材料在含多种竞争离子的溶液中进行吸附，其中，接枝率为 33.29% 的材料吸附性能最佳，且材料对铀、钒均有较好的吸附效果[图 2-53(a)]；随后，以投放比为 0.4 g/L 将材料投放在 3～30 μg/L 模拟海水中进行 48 h 的吸附实验，发现依然是接枝率为 33.29% 的材料对铀的吸附效率最高，在不同浓度的模拟海水中吸附效率均高于 94%[图 2-53(b)]。接枝率为 66.08% 的材料吸附性能出现下降趋势，其原因可能是过高的接枝率导致材料产生位阻效应，铀无法与胺基有效接触。之后探究了 200 mg/L 铀溶液条件下材料在不同 pH 下的吸附性能，发现材料更适于在酸性条件下进行吸附；在 200 mg/L 铀溶液中进行材料吸附动力学研究，发现材料符合准二阶吸附模型，且 30 min 左右可达到吸附平衡；在 298K 温度条件下，进行了材料的吸附热力学研究，发现材料符合 Langmuir-Freundlich 混合模型(Sips 模型)，且该温度下最高吸附容量为 481.26 mg U/g ads。最后，采用 0.5 mol/L 盐酸对材料进行洗脱，发现铀和钒的洗脱效率均可达到 99% 以上；通过 X 射线光电子能谱(XPS)证明了吸附过程中胺基 N 和羧基 O 均参与了铀酰离子配位，吸附机理示意图如图 2-54 所示。

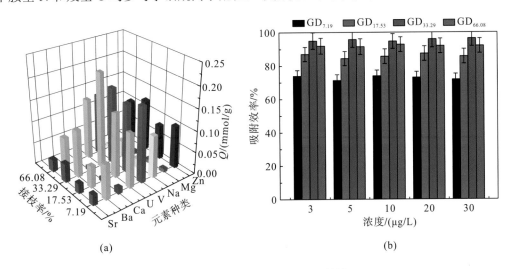

(a)　　　　　　　　　　　　　　　　(b)

图 2-53　PAN-HPEI 纤维吸附材料

(a)不同接枝率的材料在竞争离子溶液中的吸附性能；(b)不同接枝率的材料在 3～30 μg/L 模拟海水中的吸附性能[76]

　　甲壳素作为一种生物高分子，也曾用作铀吸附材料的聚合物基体。首先将甲壳洗净、烘干、粉碎，将其中的甲壳素提取到 1-乙基-3-甲基咪唑乙酸盐离子液体中，通过干喷湿纺法制得甲壳素纤维(SS fibers)；接着用 NaOH 脱乙酰化纤维(DA fibers)，在材料表面形成伯胺基团；之后用 4-氯丁腈与胺基进行反应，制得氰基化纤维(CN fibers)；最后，在羟胺条件下将氰基胺肟化，完成胺肟化甲壳素纤维(AO fibers)材料的制备(过程如图 2-55 所示)[77]。将 2.5 mg 湿纤维吸附材料置于 1 mL 含 ^{233}U 放射示踪剂的溶液中吸附 144 h 后，吸附分配系数为 40000，经计算吸附材料吸附容量为 0.28 mg U/g ads。尽管吸附容量和纤维吸附后的完整性均不佳，但此法有效利用了生物废物；此外，此类材料可在真实环境条件下进行吸附，且能够作为亲水基体，若能提高此类材料的吸附能力，其将成为有前途的海水提铀吸附材料。

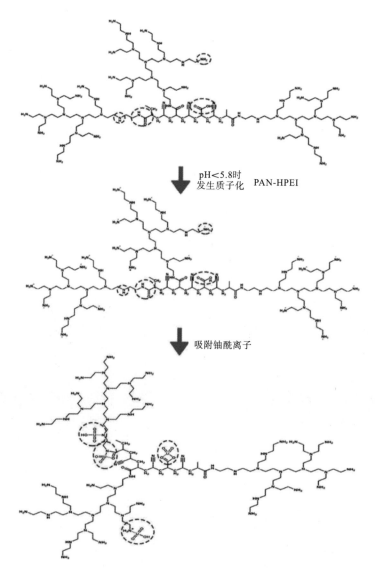

图 2-54　PAN-HPEI 吸附机理示意图[76]

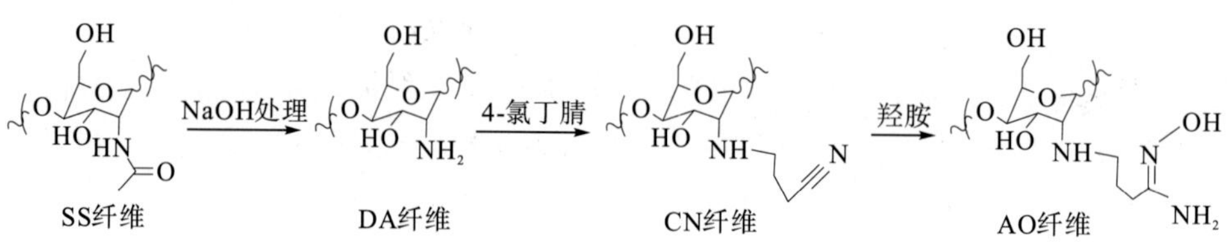

图 2-55　胺肟化甲壳素纤维材料的制备过程示意图[77]

经其他方法制备所得材料的吸附性能汇总如表 2-14 所示。

表 2-14　其他方法制备高分子提铀材料性能汇总

材料	官能团	吸附容量 /(mg U/g ads)	吸附体系	参考文献
甲基丙烯偕胺肟纤维	偕胺肟基	0.176	真实海水，1 d	[72]
Ag@PEGMP	甲基丙烯酸乙二醇膦酸酯	550	1788 mg/L U，多种竞争离子含铀废水	[73]
AO-PAO	偕胺肟基	0.3	331 μg/L U 模拟海水	[74]
AO-phon-DETA	偕胺肟基、膦酸基、二乙烯三胺	0.79	真实海水，20.8 d	[75]
PAN-HPEI	乙烯亚胺、羧基	481.26	吸附等温线模拟	[76]
聚丙烯纤维	偕胺肟基	380	加 10 mg/L U 海水	[78]
PAN-Lys	胺基、羧基、肽键	416.67	吸附等温线模拟	[79]

2.4　高分子提铀材料的预处理

为有效提高材料的亲水性，常对偕胺肟功能化吸附材料进行预处理，从而提高材料的亲水性和吸附性能，常用的预处理方法是碱处理或非质子溶剂热处理。但预处理过程会对材料产生损坏，且降低提铀材料相对 Ca、Mg 的选择性，因此需要对预处理条件进行研究。

2.4.1　碱处理

为了深入了解碱处理过程对材料吸附性能的影响，通过对 RIGP 接枝衣康酸和丙烯腈的 AF160-2 纤维吸附材料进行碱处理条件研究[80]，包括碱处理时间(1h、2h 或 3 h)、碱处理温度(60℃、70℃或 80℃)及 KOH 碱溶液浓度(0.2 mol/L、0.44 mol/L 或 0.6 mol/L)等条件。将碱处理后的材料投放到含 7～8 mg/L U、193 mg/L NaHCO$_3$ 和 25600 mg/L NaCl 且 pH 为 8 的模拟海水进行 24 h 的吸附，或在真实海水柱实验中吸附 56 d(材料吸附结果如图 2-56 所示)。研究发现，该材料在含 8 mg/L 铀的模拟海水溶液中吸附性能随碱处理时间、温度、碱溶液浓度的升高而升高，这可能是因为碱处理后，材料中偕胺肟基转化为羧基(图 2-57)，材料的亲水性得到提高，且材料中微孔结构发生溶胀，有利于铀酰离子在材料中的渗透和扩散，因而材料的吸附性能得到提高。但是材料在真实海水中的吸附结果和在模拟海水中的吸附结果有所不同，材料在 80℃、浓度为 0.44 mol/L KOH 溶液中处理 1 h 时的吸附性能最好，碱处理时间过长，材料吸附性能下降；通过材料对不同离子的吸附，如 V、Ca、Mg 等，材料对 U 的吸附容量提高，其他离子的吸附也同时提高，这可能是因为材料碱处理时间过长，使偕胺肟基转化为戊二酰亚胺二肟(图 2-58)，且材料中的羧基含量升高，因而其对各种离子的吸附性能均有所提高，但是选择性降低。此外，通过扫描电子显微镜观察，材料在碱溶液中进行热处理时间过长会导致材料的破坏(图 2-59)，而且材料在经多次吸附/洗脱循环使用后，偕胺肟基向羧基的转化不可逆。因此，为了提高材料在真实海水中的吸附性能，并保证其力学性能、循环利用率和吸附选择性，针对不同吸附材料，要对材料的碱处理时间进行优化，如 AF160-2 在 80℃、0.44 mol/L KOH 体系中最佳处理时间为 15～20 min。

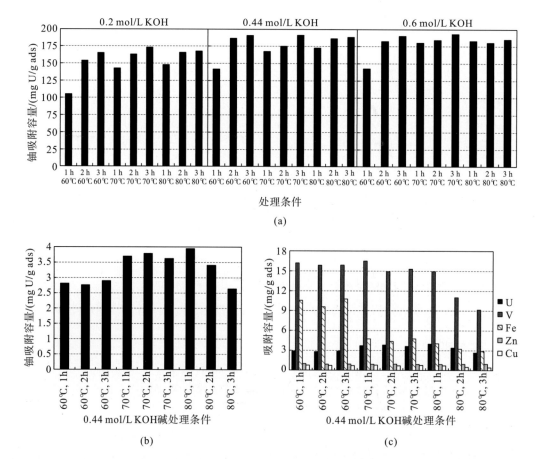

图 2-56　(a)材料在不同条件碱处理后在含 8 mg/L 铀的模拟海水中的吸附；(b)材料在 0.44 mol/L KOH 溶液中不同碱处理条件后，在真实海水中的吸附；(c)材料在 0.44 mol/L KOH 溶液中不同碱处理条件后，在真实海水中对多种金属离子的吸附[80]

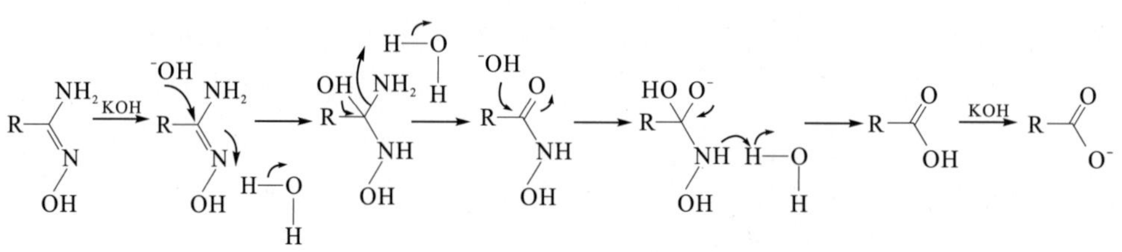

图 2-57　偕胺肟基向羧基的转化[80]

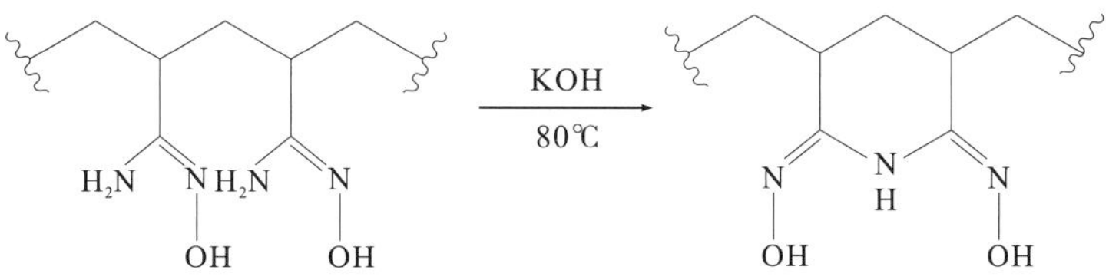

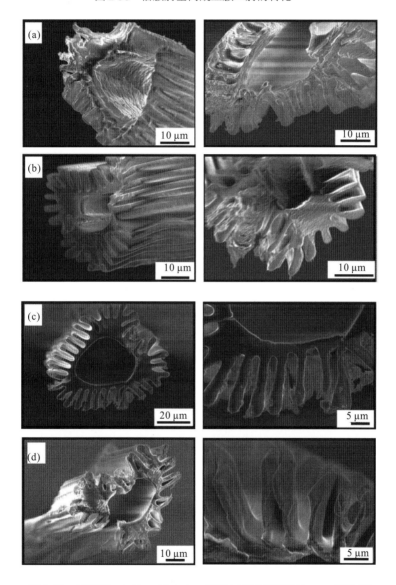

图 2-58　偕胺肟基向酰亚胺二肟的转化[80]

图 2-59　80℃下、0.44 mol/L KOH 溶液中不同处理时长 SEM 照片[80]

(a) 1 h；(b) 2 h；(c) 3 h；(d) 24 h

　　除碱处理温度、时间对材料吸附性能有影响外，碱溶液的种类可能也对材料的吸附性能有影响。采用相似的材料 AF1[81]，再次探究不同碱处理条件对材料吸附性能、选择性、循环利用率和经济成本等性能的影响，其中碱处理条件包括：碱的种类、碱处理时间和碱处理温度，碱溶液浓度均为 0.44 mol/L。材料经碱处理后，在含 8 mg/L U、193 mg/L NaHCO$_3$ 和 25600mg/L NaCl 的模拟海水和真实海水中进行吸附，对比不同条件对材料吸附性能的影响。首先测试不同类型的碱溶液处理对材料铀吸附性能的影响，其中碱的类型包括：氢氧化钠（NaOH）、氢氧化钾（KOH）、碳酸钠（Na$_2$CO$_3$）、氢氧化铵溶液（AOH）、氢氧化四甲胺（TMAOH）、氢氧化四乙胺（TEAOH）、氢氧化三乙基甲基胺（TEMAOH）、氢氧化四丙胺（TPAOH）和氢氧化四丁胺（TBAOH），将材料分别投放到 15 mL 浓度为 0.44 mol/L 的上述碱溶液中，70℃下碱处理 1 h 后，在 750 mL、8 mg/L U 的模拟海水中进行了 24 h 的吸附实验。结果表明：材料未经碱处理和经 Na$_2$CO$_3$ 或 AOH 碱处理后，材料吸附性能较差；但经其他碱溶液处理后，吸附容量均大幅度提高[图 2-60(a)]。结合材料碱处理后的红外光谱图，Na$_2$CO$_3$ 和 AOH 碱处理后未生成羧酸盐官能团，可能是由于其碱性较弱，无法满足材料去质子化和提高亲水性的条件。随后，将材料分别在 0.44 mol/L KOH 和 NaOH 溶液中，70℃碱处理 1 h 后，对比其在真实海水中的吸附动力学，发现在 KOH 中碱处理的材料铀吸附速率明显快于 NaOH 中碱处理的材料[图 2-60(b)]，且吸附容量较高。接着，通过调整碱处理的温度和时间，发现 KOH 溶液最佳处理方案为 80℃、1 h，而 NaOH 溶液为 70℃、1 h，碱处理温度和时间超过上述值后，材料吸附容量下降。此外，NaOH 溶液中处理的材料最高铀吸附容量低于 KOH 溶液中处理的材料，且对钒的吸附也较少，而且若将碱处理温度调至 60℃，NaOH 溶液处理的材料吸附容量更高[图 2-61(a)和(b)]。最后，将材料在 70℃、0.44 mol/L NaOH、KOH 和 CsOH 溶液中碱处理 1 h 后，在真实海水中吸附 56 d，对比材料对铀、钒、铁的吸附情况，发现 NaOH 碱处理的材料在 56 d 的吸附后对铀的吸附容量最高，但是对钒和铁的吸附容量最低，证明 NaOH 碱处理后材料的吸附选择性优于 KOH 和 CsOH。而且由于相同质量的 KOH 固体和 NaOH 固体，KOH 的价格大约是 NaOH 的两倍，通过对比两者进行碱处理的总成本，结果证明采用 NaOH 的总成本比 KOH 低 21%～30%。

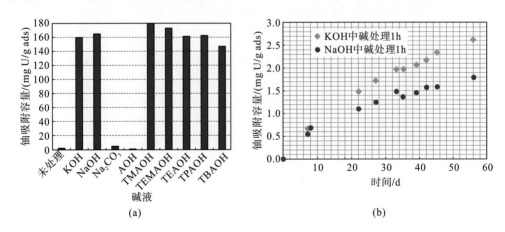

图 2-60 (a) AF-1 在 70℃、0.44 mol/L 不同碱溶液中碱处理 1 h 后在含 8 mg/L 铀的模拟海水中的吸附；(b) AF-1 在 70℃、0.44 mol/L KOH 和 NaOH 中碱处理 1 h 后在 18.927 L 真实海水中分批实验吸附 56 d[81]

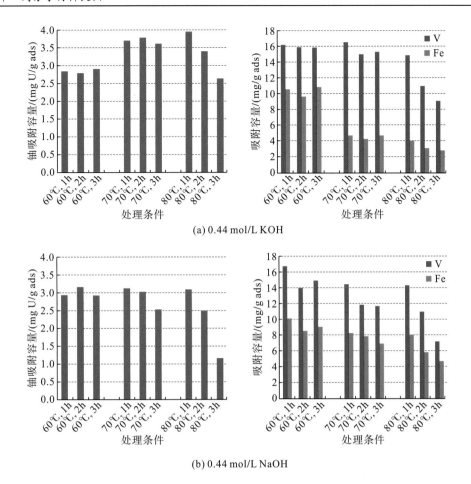

(a) 0.44 mol/L KOH

(b) 0.44 mol/L NaOH

图 2-61　AF-1 材料在不同温度下的 0.44 mol/L KOH（a）和 0.44 mol/L NaOH（b）中碱处理不同时间后，在真实海水流动柱实验中对铀、钒、铁的吸附[81]

2.4.2　热处理

羟胺与氰基反应胺肟化的过程中可能发生副反应，氰基可产生开链偕胺肟基或脒基，脒基中的亚胺具有强亲核性，开链偕胺肟基或脒基均可能与相邻的偕胺肟基反应生成戊二酰亚胺二肟基团，戊二酰亚胺二肟基中的亚胺具有强供电子能力，与铀酰离子配位的能力更强，因而戊二酰亚胺二肟可形成更为稳定的三齿配位（图 2-62）[82]。提高胺肟化反应的温度或采用非质子溶剂热处理的方法均有助于戊二酰亚胺二肟基的生成（原理如图 2-63 所示）。采用几种高沸点非质子溶剂，包括二甲基亚砜（dimethyl sulfoxide，DMSO）、DMF 和乙酸乙烯酯（ethylene carbonate，EC），在 110℃、130℃和 150℃下对 AF 系列材料进行热处理研究，之后在 80℃的 0.44 mol/L KOH 溶液中进行 1 h 或 3 h 的碱处理后，进行铀吸附实验，研究不同热处理条件对材料吸附性能的影响[图 2-64（a）和（b）]。先将材料放入 130℃下的三种溶剂中进行热处理，接着在 80℃的 0.44 mol/L KOH 溶液中进行 1 h 的碱处理后，在含 8 mg/L U 的模拟海水中进行吸附性能测试，发现在 EC 中热处理后材料的吸

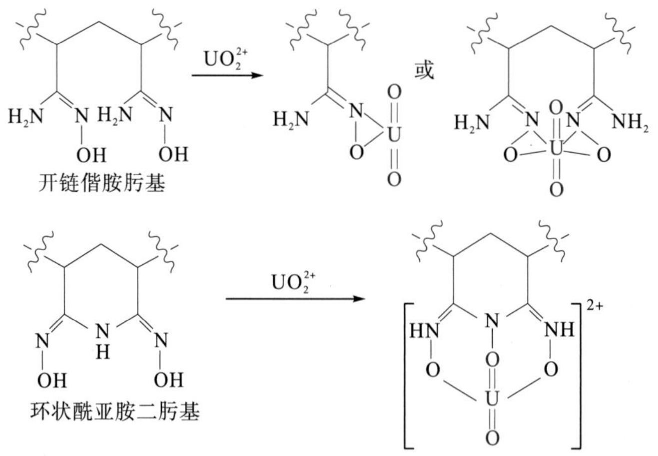

图 2-62 开链偕胺肟基和戊二酰亚胺二肟基与铀酰离子的配位结构示意图[82]

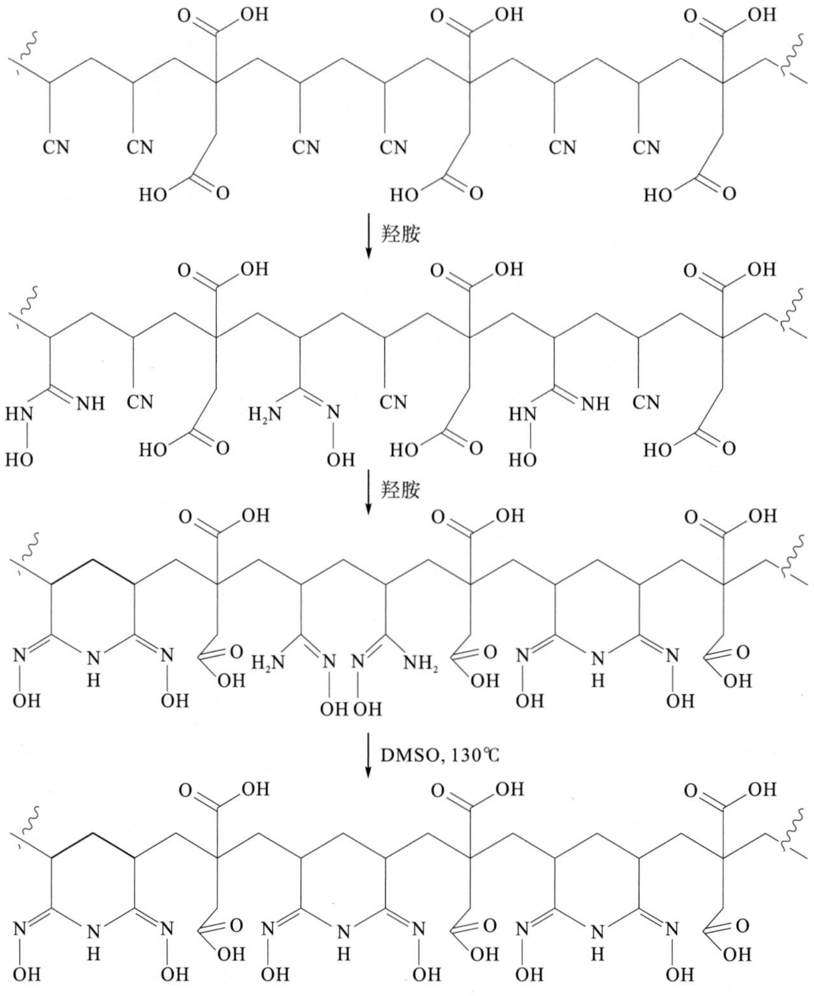

图 2-63 开链偕胺肟基和脒基在 DMSO 热处理下向戊二酰亚胺二肟基转化的过程[82]

附性能无提升，但 DMSO 和 DMF 中热处理后材料的吸附性能均有所提高，其中 DMSO 中热处理材料的吸附性能提高的幅度更高，因而之后的热处理实验均采用 DMSO 作热处理溶剂。将材料置于 130℃ DMSO 溶剂中进行 1～24 h 的热处理，发现材料从无色逐渐变黄，7 h 后变黑，证明材料发生降解，结合 1 h 碱处理后在模拟海水中的吸附数据，证明温度过高、时间过长都会使材料发生降解，从而降低其吸附性能。因此，在 110℃或 130℃温度下 DMSO 溶剂中进行 3 h 的热处理是最优条件。

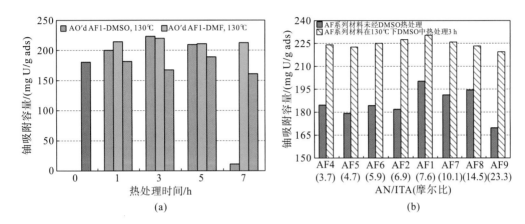

图 2-64　(a) 材料在 DMSO (左)、DMF (中) 和 EC (右) 中热处理时间对材料吸附的影响；(b) AF 系列材料经 DMSO 热处理对吸附性能的影响[82]

将 AF 系列材料全部进行 130℃下 DMSO 溶剂热处理，接着在 80℃的 0.44 mol/L KOH 溶液中碱处理 1 h 后，在模拟海水中进行吸附实验，结果证明，AF 系列所有材料的吸附容量均得到提升，提升最明显的材料是 AF9，提高幅度达 30%，而吸附容量最高的是 AF1 和 AF8 材料。之后，将 DMSO 热处理前后的 AF1 材料进行了 72 d 的 18.927 L 真实海水的分批实验，铀吸附效率分别为 51.1% 和 73.5%；热处理后的材料在加 75 μg/L 铀海水中吸附 21 d 即可达到平衡，而未经热处理的材料 30 d 才能达到平衡，证明热处理后的材料具有更快的吸附动力学。最后，将 DMSO 热处理前后的 AF1 和 AF8 材料，分别进行 1 h 和 3 h 的碱处理，并在真实海水流动柱实验中进行 56 d 的吸附实验[图 2-65 (a) 和 (b)]，结果证明，经过 DMSO 热处理的材料吸附性能得到大幅度提高，吸附容量最高的材料是 AF8 经 DMSO 热处理和 KOH 碱处理 1 h 的样品，吸附容量为 4.48 mg U/g ads；材料对铀的吸附性能得到提升，对钒和钙、镁、铁、锰等过渡金属的吸附性能也都得到提升。此外，尽管戊二酰亚胺二肟基与钒也有很强的配位能力，钒的吸附容量也提高了，但是材料吸附铀的提升幅度大于钒，即热处理后材料吸附铀/钒的比例增大，在一定程度上提高了材料对铀的选择性。

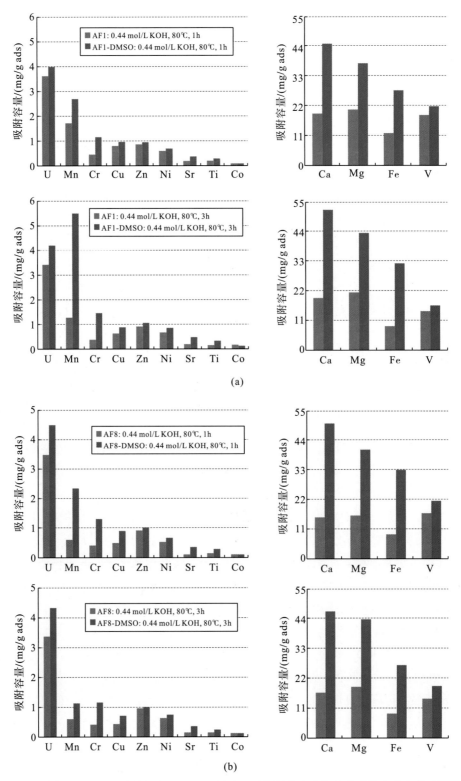

图 2-65　AF1 材料(a)和 AF8 材料(b)经 DMSO 热处理对材料在真实海水流动柱实验中的吸附影响[82]

2.5　抗海洋生物污损提铀材料

由于海水提铀是用时相对较长的吸附过程,在提铀过程中材料通常需要浸泡在真实海域的海水中,而海水中存在的大量海洋微生物会在材料表面形成海洋生物污损,进而造成材料表面及材料内部的腐蚀与破坏[13, 83],导致海水提铀材料的力学强度、吸附性能和吸附效率等发生不可逆转的下降,同时提铀成本增高,海洋生物污损带来的这些问题将严重影响海水提铀的工业化进程[84, 85]。尽管在实验室或真实海域试验条件下的研究中,可以采取遮光措施、在提铀装置表面涂上防垢涂料或对海水进行预过滤处理、紫外光、化学和高温灭菌等方式降低生物污损对材料的影响,但这些操作及所用设备也会导致海水提铀的成本大幅提高,同样不利于海水提铀的工业化。此外,虽然在海水有光区以下进行深海提铀有可能大幅度减少生物污损对材料的影响,但是深海提铀成本高、难度大、温度低,且不利于提铀材料的吸附,也不是一种有实效的解决方案。因此,设计和制备具有抗生物污损性能的新型海水提铀吸附材料,是现阶段最有希望解决生物污损对海水提铀影响严重问题的方案。

根据抗生物污损的机理,可将抗海洋生物污损海水提铀材料分为抗菌/抗藻型提铀材料和抗附着型提铀材料。

2.5.1　抗菌/抗藻型提铀材料

抗菌/抗藻型提铀材料通常由抗菌官能团(如胍基、胺基和季铵盐等)、单分子抗生素(如新霉素)、金属纳米颗粒(如纳米 TiO_2、纳米锌和纳米银等)和抗菌聚合物(如聚六亚甲基盐酸胍和超支化胺等)等修饰提铀材料制得[23, 73, 86-97]。此类材料抗生物污损的机理是对细菌和藻类等有机体的结构产生破坏,导致有机体死亡,从而达到抗生物污损的效果。在实验室条件下的研究中,可通过测试材料在投放前后细菌/藻类溶液中的细胞浓度得到材料的抗菌/抗藻率,表征材料的抗生物污损性能。

在材料中混合金属纳米颗粒进行改性,是制备抗菌/抗藻型提铀材料的常用方法。采用混合纳米 TiO_2 颗粒的方法可制备 AO 和 MAA 双功能化抗菌型羊毛纤维吸附材料 Wool-AO@TiO$_2$[图 2-66(a)][23]。经过吸附等温线模拟,材料饱和吸附容量为 113.12 mg U/g ads,而不添加 TiO_2 纳米颗粒的偕胺肟功能化羊毛纤维饱和吸附容量为 49.6 mg U/g ads,平衡时间分别为 10 h 和 7 h,因此引入 TiO_2 可同时提高吸附容量和吸附效率;该材料在含大肠杆菌和金黄色葡萄球菌浓度分别为 10^5 CFU/mL(CFU/mL,细菌浓度单位,表示每毫升菌液形成菌落数)的 50 mg/L 铀溶液中,吸附容量分别为 87.5 mg U/g ads 和 104.1 mg U/g ads[图 2-66(b)];此外,该材料对大肠杆菌和金黄色葡萄球菌抑菌率分别为90%和95.2%,材料在含有细菌的溶液中循环利用 4 次后,抑菌性能和吸附性能仅发生小幅度降低[图 2-66(c)]。采用混合锌纳米颗粒的方法可制备 AO 和 AAc 双功能化超高分子量聚乙烯纤维吸附材料(Zn@AO

UHMWPE)[87]，该材料对黑曲霉真菌具有良好的抗性，但对海水中大量存在的溶藻弧菌抗菌率仅 25%，且在 8 mg/L 铀模拟海水中吸附容量仅 13.7 mg U/g ads。采用混合银纳米颗粒的方法可制备 L-精氨酸功能化石墨烯水凝胶吸附材料 Ag-L-Arg-rGH（图 2-67）[90]，该材料的模拟饱和吸附容量为 434.78 mg U/g ads，将该材料投放到细胞浓度为 3.55×10^5 CFU/mL 的新月菱形藻中培养 3 d 后，溶液细胞浓度降为 1.27×10^5 CFU/mL，银纳米颗粒的引入赋予材料抗藻性能。综上，金属纳米颗粒改性提铀材料具有不错的抗菌/抗藻性能，但由于抗菌纳米颗粒多以物理方法混合在基体上，在海水长期冲刷下，纳米颗粒很容易从基体材料上脱落，导致材料的抗菌性和耐用性降低，且纳米颗粒改性材料的吸附容量有待进一步提高。

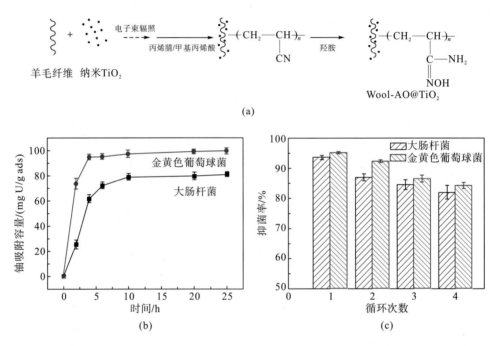

图 2-66 （a）TiO$_2$ 掺杂偕胺肟功能化羊毛纤维的制备过程示意图；（b）材料在含菌铀溶液中的吸附容量；（c）材料在数次循环后抑菌率的变化[23]

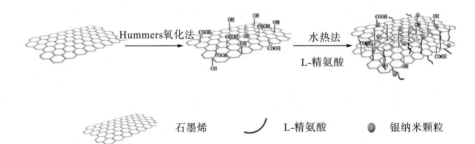

图 2-67 银纳米颗粒抗藻型提铀材料 Ag-L-Arg-rGH 的制备流程示意图[90]

采用单分子抗菌官能团或抗生素与基体形成共价键，以制备稳定性更好的抗生物污损提铀材料，可有效解决金属纳米颗粒易流失的问题。通过羧基与胺基生成共价键的反应，可将新霉素功能化到 MOFs 材料 UiO-66 表面，制得抗菌型 MOFs 材料 Anti-UiO-66（图 2-68）[91]，材料在浓度为 10^6 CFU/mL 的海洋细菌中培养后，材料的抗菌率为 87.03%，且材料在 pH 为 8 的铀溶液中吸附容量为 100 mg U/g ads，在过滤后的真实海水中吸附容量为 4.62 mg U/g ads。采用相似的思路，也可在大麻纤维表面接枝聚乙烯亚胺和胍基，制得材料 HF-PEI-GDAC（图 2-69）[92]，材料的模拟饱和吸附容量为 301.2 mg U/g ads，且在含藻溶液中培养 15 d 后，溶液中藻类细胞明显减少，证明材料可起到抗藻的效果。综上，尽管单分子抗生素和抗菌官能团可赋予材料一定抗菌/抗藻性能，但抗菌/抗藻活性还有待进一步提高，材料的吸附容量同样也有上升空间。

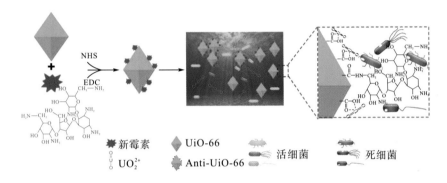

图 2-68　新霉素修饰 UiO-66 抗菌提铀材料的制备及作用示意图[91]

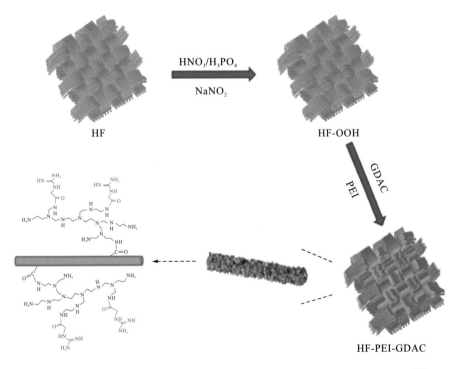

图 2-69　胺基和胍基修饰大麻纤维吸附材料 HF-PEI-GDAC 制备过程示意图[92]

　　抗菌聚合物通过在多个抗菌基团之间形成共价键组建而成，由于多个抗菌基团之间具有协同效应，因而抗菌聚合物材料相比单分子抗菌官能团或抗生素，具有更高效、更广谱、更稳定的抗菌性。且抗菌聚合物中可能含有大量有助于提铀的官能团(如胺基等)，因此采用抗菌聚合物修饰的方法制备提铀材料，不仅能赋予材料良好的抗菌活性和抗菌稳定性，还有助于提高材料的吸附性能。为制备抗菌聚合物修饰提铀材料，首先采用熔融聚合法制备聚六亚甲基盐酸胍(PHGC)，接着通过氰基与胺基的反应，将 PHGC 接枝到腈纶纤维上[主要成分为聚丙烯腈(PAN)]，最后将氰基肟化并做碱处理后制得抗菌型提铀材料 PAO-G-A(图 2-70)[96]。该材料饱和吸附容量为 684.3 mg U/g ads，在含 8 mg/L U 的模拟海水中的吸附容量为 261.1 mg U/g ads；且该材料对多种细菌表现出良好的抗菌光谱型，对浓度为 10^8 CFU/mL 的海洋细菌抗菌率高达 99.46%。此外，该材料在 5 次循环之后吸附率和洗脱率分别保持在 92.39% 和 97.31%，抗菌率接近 100%，证明其具有良好的循环利用率。该材料制备简单，且具有良好的力学性能、抗菌性能和吸附性能，在 35 d 公斤级真实海域试验后，其吸附容量为 3.63 mg U/g ads，且能保持较好的力学性能和抗生物污损性能，证明其具有真正用于海水提铀的实用性。

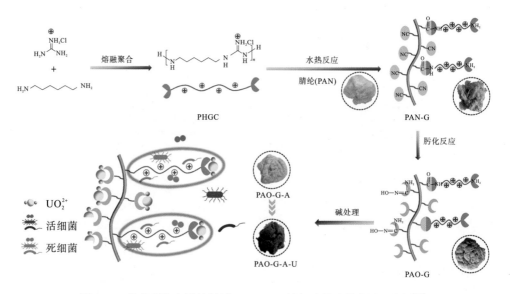

图 2-70　抗菌型海水提铀材料 PAO-G-A 制备过程及其应用示意图[96]

　　由于常用的胺基功能化提铀材料在海水 pH 和高盐条件下的吸附性能较差，采用超支化胺(h-PAMAM，是一种表面含有大量胺基的超支化抗菌聚合物)与偕胺肟基双功能化形成协同作用的形式，可制得具有耐盐、抗菌且适用于海水条件的吸附材料 PAO-h-PAMAM(图 2-71)[97]。该材料在 pH 为 8、浓度为 20 mg/L 的铀溶液中的吸附容量为 465.33 mg U/g ads，且对海洋细菌的抗菌率为 96.5%。两种官能团的协同作用保证了材料在海洋环境下可保持良好的吸附性能和机械性能。

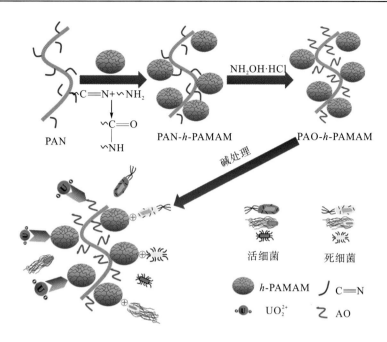

图 2-71　抗菌型海水提铀材料 PAO-h-PAMAM 制备过程及其应用示意图[97]

2.5.2　抗附着型提铀材料

抗附着型提铀材料通常由超亲水官能团修饰提铀材料制得。这一类材料抗生物污损的机理是赋予材料表面超亲水性，减少材料与有机体之间的相互作用力，进而防止有机体在材料表面附着。在实验室研究中，常采用显微镜观察材料表面的附着情况，表征材料的抗污损能力[31, 98-100]。

采用聚多巴胺（PDA）和聚丙烯酰胺（PAM）对蒙脱土（MMT）进行修饰，可制得纳米复合水凝胶吸附材料 MMT-PDA/PAM[98]，该材料具有良好的亲水性。将 MMT-PDA/PAM 和对照材料 MMT-PAM 分别放在初始浓度相同的含藻溶液中进行培养，培养数天后，溶液中藻类细胞浓度接近，证明这两种材料都没有抗藻性；但是通过显微镜观察发现，培养后的 MMT-PDA/PAM 材料表面黏附的藻类远少于 MMT-PAM，证明材料优异的亲水性赋予了材料抗藻类附着性。该材料在 3.8 μg/L 模拟海水中进行 63 d 吸附后，吸附容量为 44 mg U/g ads。但由于纳米材料在海水中投放和回收较为困难，实用性有待提高。

采用共辐照接枝也可以在 PP 无纺布基体上接枝甲基丙烯酸缩水甘油酯（GMA），之后再经过开环反应引入氰基胍（dicyandiamide，DC），最后在羟胺溶液中进行胺肟化，得到抗细菌附着型吸附材料 PP-g-AO（图 2-72）[31]；通过调节氰基胍的接枝率，分别制成 PP-g-AO1、PP-g-AO2 和 PP-g-AO3，三者的接枝率呈递增趋势。通过对材料性能进行亲水性能、吸附性能和抗细菌附着性能研究，发现材料在接枝胍基后，亲水性提高，水接触角测试结果从 126° 变为 0°，且该材料在 pH 为 8.0 且温度为 25℃的条件下，最高吸附容量为 112 mg U/g ads[图 2-73（a）]。材料在 25℃和 18℃条件下的加 30 μg/L 铀真实海水中吸附

10 d 后，吸附容量为 0.1 mg U/g ads，吸附效率为 85.8%[图 2-73(b)]。此外，将无纺布原材料和 PP-g-AO3 材料放在大肠杆菌菌液中培养后，通过扫描电子显微镜观察纤维表面，发现接枝官能团后细菌在材料表面的黏附程度大幅降低[图 2-73(c)和(d)]，证明材料表面的超亲水性赋予了材料抗细菌附着的功能。

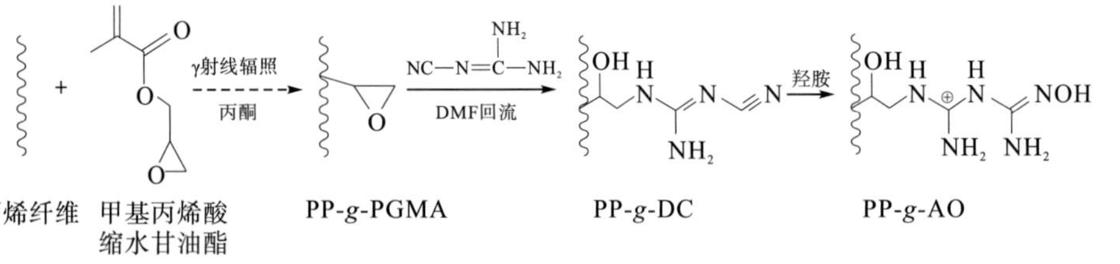

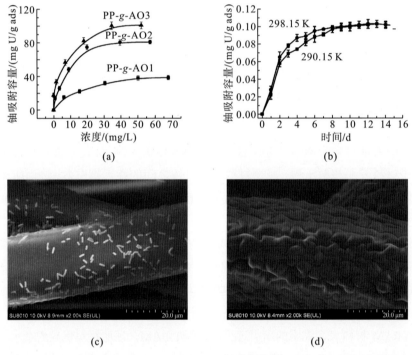

图 2-72　抗细菌附着型吸附材料 PP-g-AO[31]

图 2-73　(a)PP-g-AO1、PP-g-AO2 和 PP-g-AO3 的吸附等温线曲线；(b)PP-g-AO3 在加铀真实海水中的吸附；PP 无纺布(c)和 PP-g-AO3(d)的抑菌性能菌液中培养 24 h 后的扫描电子显微镜图[31]

　　由于偕胺肟基没有抗生物污损的性能，且在 Ca、Mg 和 V 等金属元素存在条件下对铀酰离子的选择性较差。通过荧光筛选的方法，发现胆碱类分子在海水环境下对于铀酰离子具有远超偕胺肟分子的选择性配位能力，且由于胆碱分子的超亲水性，可赋予材料抗生物附着的性能。通过采用 ATRP 的方法可制得含有胆碱基团的新型提铀纤维材料 PVC-PC(图 2-74)[100]，对比 PVC-PC 和相似方法制得的偕胺肟基功能化吸附材料的吸附性能与抗生物附着性能，结果表明 PVC-PC 材料对铀酰离子的选择性和吸附容量都明显

优于偕胺肟基功能化吸附材料，该材料在含有 8 mg/L 铀的模拟海水中的吸附容量为
191.7 mg U/g ads，且 PVC-PC 材料具有良好的抗生物附着的性能。该工作证明胆碱分
子有望成为新一代海水提铀功能基团。

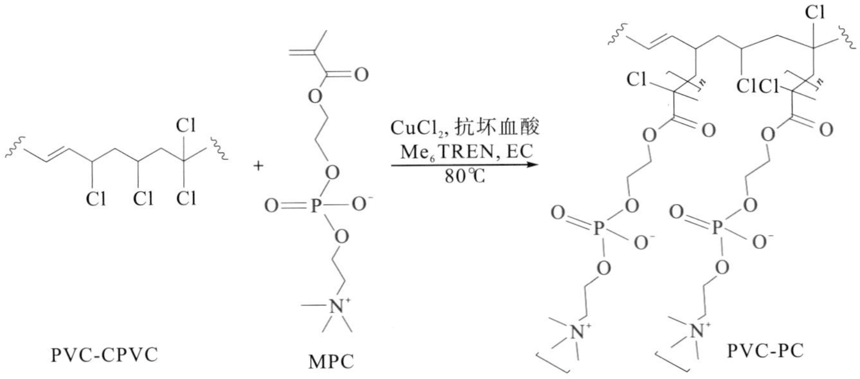

图 2-74　PVC-PC 材料的制备过程示意图[100]

抗生物污损提铀材料的吸附性能和抗生物污损性能汇总如表 2-15 所示。

表 2-15　抗生物污损提铀材料的吸附性能和抗生物污损性能汇总

材料	抗菌/抗藻率/%	铀浓度/(mg/L)	吸附容量/(mg U/g ads)	参考文献
Wool-AO@TiO$_2$	90	50	113.12	[23]
Zn@AO UHMWPE	25	8	13.7	[87]
GZA	82	200	158.06	[88]
Wool-AO@ZnO	92.6	50	62.52	[89]
Ag-L-Arg-rGH	64.2	模拟	434.78	[90]
Anti-UiO-66	87.03	8	100	[91]
HF-PEI-GDAC	—	模拟	301.2	[92]
GCZ8A	70	50	162.6	[93]
FCCP	50	543.2	599.6	[94]
MACs@PDA-Ag	—	100	202.3	[95]
PAO-G-A	99.46	8	261.1	[96]
PAO-h-PAMAM	96.5	20	465.33	[97]
MMT-PDA/PAM	抗附着	0.0038	44（63 d）	[98]
PP-g-AO	抗附着	模拟	112	[31]
PP-g-PO	抗附着	模拟	120.5	[99]
PVC-PC	抗附着	8	191.7	[100]

2.6　高分子提铀材料的洗脱

海水提铀的最终目的是获得高浓度的铀，因此吸附材料吸附后，需从海水中取出并进
行洗脱分离和纯化过程，洗脱后的材料经处理后重新投入循环使用，降低成本。因此洗脱

过程应尽量使所有离子脱附，暴露更多的结合位点以供下次吸附利用，同时还要减少洗脱过程对材料造成的损伤。由于现在应用于真实海水提铀的材料主要是偕胺肟类吸附材料，因此关于洗脱的研究也多是针对偕胺肟类吸附材料。

2.6.1　酸洗脱体系

在海水提铀研究早期，对偕胺肟基吸附材料常用的洗脱方法是在强酸体系下(如盐酸、硫酸或硝酸等)进行吸附后材料的洗脱，洗脱速率较快，对铀的洗脱率也比较高[101, 102]；但是这种洗脱方法对钒的洗脱效率不高，经过几次循环后，材料中与铀酰离子的结合位点大幅度减少，因而其吸附性能也大幅降低；此外，材料在强酸洗脱体系下进行洗脱后，需要对材料重新进行碱处理，以恢复材料的吸附能力，但是这一过程会对材料物理化学性能产生破坏，不利于材料的重复利用。之后，学者们提出碳酸钠+双氧水洗脱体系，铀酰离子形成可溶性碳酸盐和过氧化物。

从碳酸钠-双氧水洗脱体系得到启发，制备了乙酸羟胺离子液体-乙酸水溶液([NH_3OH][OAC]-AcOH)洗脱体系[103]。该体系利用羟胺与铀进行配位的机理，将铀酰离子从吸附后的偕胺肟基材料上洗脱下来，随后与乙酸形成水溶性盐；而且乙酸提供的弱酸性体系有利于促进离子的交换，可进一步提高洗脱效率。首先采用 0.3 mol/L [NH_3OH][OAC]和不同浓度的乙酸制备洗脱液，研究该体系中乙酸对洗脱性能的影响，结果证明：提高乙酸浓度有利于提高洗脱效率和洗脱速率，且单独使用乙酸羟胺离子液体或乙酸水溶液，洗脱性能均不理想，其中最佳的洗脱体系组成为 0.3 mol/L [NH_3OH][OAC]-4.0 mol/L AcOH。该洗脱体系可完成85%以上铀的洗脱，但是洗脱时间较长，一般需要48～72 h的洗脱时间，而传统的酸洗脱体系在 12 h 内即可完成洗脱[图 2-75(a)]。之后，通过对比洗脱体系对吸附了多种金属离子材料的洗脱性能，发现在加入乙酸的条件下，可洗脱23种金属；而在不加入乙酸的条件下，仅可洗脱 17 种金属。而且加入乙酸后，材料对U、V和多种过渡离子的洗脱效率大幅提高，因而乙酸的加入对促进离子交换，提高洗脱效率至关重要[图 2-75(b)和(c)]。但是 Na、Si 和 Zn 的洗脱效率下降，这可能是因为生成了不溶性盐。接着，通过对比材料在 0.5 mol/L 盐酸溶液、4.0 mol/L 乙酸溶液和 0.3 mol/L [NH_3OH][OAC]-4.0 mol/L AcOH 洗脱体系中，循环使用数次后吸附性能的下降幅度，发现 0.5 mol/L 盐酸溶液作洗脱体系时，三次循环使用后材料的吸附性能下降50%；而 0.3 mol/L [NH_3OH][OAC]-4.0 mol/L AcOH 洗脱体系中，三次循环使用后材料的吸附性能无明显下降[图 2-75(d)]。这一实验结果证明乙酸羟胺-乙酸体系对材料几乎没有破坏，这可能是因为该洗脱体系中的羟胺是丙烯腈进行胺肟化体系中常用的试剂，相对强酸洗脱体系，不会对材料产生破坏，还省去了吸附之前重新进行碱处理的过程。因此，该乙酸羟胺-乙酸洗脱体系有利于保证偕胺肟基吸附材料的循环利用率。

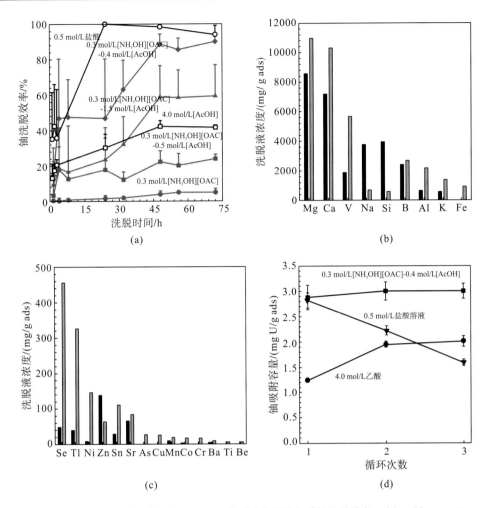

图 2-75　(a) 不同洗脱体系相对 6.0 mol/L 盐酸溶液洗脱体系的洗脱效率；(b)、(c) 0.3 mol/L [NH$_3$OH][OAC]-4.0 mol/L AcOH 洗脱体系对不同金属的洗脱能力；(d) 不同洗脱体系循环使用的吸附性能[103]

2.6.2　碱洗脱体系

　　为了解决传统酸体系对材料的破坏和对钒选择性差的问题，学者们提出了碳酸钠-双氧水（Na$_2$CO$_3$-H$_2$O$_2$）的洗脱体系。首先采用盐酸洗脱体系，进行海水中吸附后的偕胺肟材料的洗脱[104]，发现浓度为 0.5 mol/L 的盐酸溶液可洗脱材料中 95%的铀，而且洗脱速率很快，90 min 即可完成洗脱，而且可完成 70%铁的洗脱；但是该浓度的盐酸无法达到钒的洗脱，为了洗脱材料中的钒，需要提高盐酸浓度到 3 mol/L，洗脱温度为 60℃，但是此条件会导致材料的破坏[图 2-76（a）]。为了解决传统盐酸体系对材料的破坏和对钒的选择性差的问题，采用碳酸钠-双氧水洗脱体系，该体系是通过洗脱体系与铀酰离子发生反应，生成可溶性的盐离子，达到洗脱铀的目的。1 mol/L Na$_2$CO$_3$-0.1 mol/L H$_2$O$_2$ 体系在室温条件下，1 h 可完成模拟海水中吸附后材料的洗脱，提高双氧水的浓度虽然会提高洗脱的速度，但是会对材料产生破坏；该浓度下的洗脱溶液对真实海水吸附后材料进行洗脱，4 h

后洗脱效率仅达 85%。因此，采用 1 mol/L Na$_2$CO$_3$-1 mol/L H$_2$O$_2$ 洗脱体系，在对真实海水吸附后材料进行 2 h 的洗脱后，可完成 95%铀的洗脱；但是对铁和钒的洗脱效率分别仅有 25%和 38%，且对镍、锰、钴、铜不具有洗脱作用[图 2-76 (b)]。从上述结果可以看出，洗脱体系对材料中的钒洗脱效果不好，这是因为材料中的戊二酰亚胺二肟与钒配位极为稳定，因此洗脱较为困难。

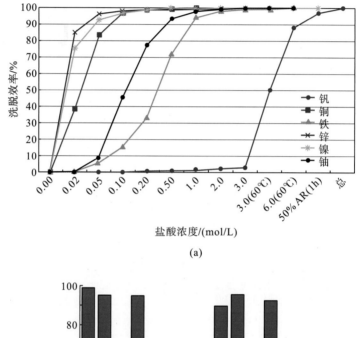

(a)

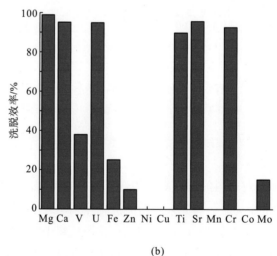

(b)

图 2-76　(a) 不同盐酸浓度对六种金属元素的洗脱效率；
(b) Na$_2$CO$_3$-H$_2$O$_2$ 体系对真实海水中吸附后材料的洗脱效率[104]

如何提高洗脱效率，降低洗脱过程对材料物化性能的破坏，提高洗脱选择性特别是对材料中钒的洗脱效率等，将是今后提铀材料洗脱的重点关注方向。

参 考 文 献

[1] Egawa H, Harada H, Nonaka T. Studies on selective adsorption resins. 12. Preparation of adsorption resins for uranium in sea-water. Nippon Kagaku Kaishi, 1980, (11): 1767-1772.

[2] Tamada M. Current Status of Technology for Collection of Uranium from Seawater. Singapore: World Scientific Publishing Co. Pte. Ltd, 2010.

[3] Abney C W, Mayes R T, Saito T, et al. Materials for the recovery of uranium from seawater. Chemical Reviews, 2017, 117(23): 13935-14013.

[4] Dietz T C, Tomaszewski C E, Tsinas Z, et al. Uranium removal from seawater by means of polymeric fabrics grafted with diallyl oxalate through a single-step, solvent-free process. Industrial & Engineering Chemistry Research, 2016, 55(15): 4179-5214.

[5] Omichi H, Katakai A, Sugo T, et al. A new type of amidoxime-group-containing adsorbent for the recovery of uranium from seawater. Separation Science and Technology, 1985, 20(2-3): 163-178.

[6] Prasad T L, Saxena A K, Tewari P K, et al. An engineering scale study on radiation grafting of polymeric adsorbents for recovery of heavy metal ions from seawater. Nuclear Engineering and Technology, 2009, 41(8): 1101-1108.

[7] Prasad T L, Tewari P K, Sathiyamoorthy D. Parametric studies on radiation grafting of polymeric sorbents for recovery of heavy metals from seawater. Industrial & Engineering Chemistry Research, 2010, 49(14): 6559-6565.

[8] Das S, Pandey A K, Athawale A, et al. Chemical aspects of uranium recovery from seawater by amidoximated electron-beam-grafted polypropylene membranes. Desalination, 2008, 232(1-3): 243-253.

[9] Omichi H, Katakai A, Sugo T, et al. A new type of amidoxime-group-containing adsorbent for the recovery of uranium from seawater. Ⅱ. Effect of grafting of hydrophilic monomers. Separation Science and Technology, 1986, 21(3): 299-313.

[10] Oyola Y, Dai S. High surface-area amidoxime-based polymer fibers co-grafted with various acid monomers yielding increased adsorption capacity for the extraction of uranium from seawater. Dalton Transactions, 2016, 45(21): 8824-8834.

[11] Das S, Oyola Y, Mayes R T, et al. Extracting uranium from seawater: Promising AF series adsorbents. Industrial & Engineering Chemistry Research, 2016, 55(15): 4110-4117.

[12] Das S, Oyola Y, Mayes R T, et al. Extracting uranium from seawater: Promising AI series adsorbents. Industrial & Engineering Chemistry Research, 2016, 55(15): 4103-4109.

[13] Gill G A, Kuo L J, Janke C J, et al. The uranium from seawater program at the pacific northwest national laboratory: Overview of marine testing, adsorbent characterization, adsorbent durability, adsorbent toxicity, and deployment studies. Industrial & Engineering Chemistry Research, 2016, 55(15): 4264-4277.

[14] Omichi H, Katakai A, Sugo T, et al. Effect of shape and size of amidoxime-group-containing adsorbent on the recovery of uranium from seawater. Separation Science and Technology, 1987, 22(4): 1313-1325.

[15] Oyola Y, Janke C J, Dai S. Synthesis, development, and testing of high-surface-area polymer-based adsorbents for the selective recovery of uranium from seawater. Industrial & Engineering Chemistry Research, 2016, 55(15): 4149-4160.

[16] Hunt M A, Saito T, Brown R H, et al. Patterned functional carbon fibers from polyethylene. Advanced Materials, 2012, 24(18): 2386-2389.

[17] Seko N, Katakai A, Tamada M, et al. Fine fibrous amidoxime adsorbent synthesized by grafting and uranium adsorption–elution cyclic test with seawater. Separation Science and Technology, 2004, 39(16): 3753-3767.

[18] Kawai T, Saito K, Sugita K, et al. Comparison of amidoxime adsorbents prepared by cografting methacrylic acid and 2-hydroxyethyl methacrylate with acrylonitrile onto polyethylene. Industrial & Engineering Chemistry Research, 2000, 39(8): 2910-2915.

[19] Seko N, Katakai A, Hasegwa S, et al. Aquaculture of uranium in seawater by a fabric-adsorbent submerged system. Nuclear Technology, 2003, 144(2): 274-278.

[20] Seeko N, Tamada M, Yoshii F. Current status of adsorbent for metal ions with radiation grafting and crosslinking techniques. Nuclear Instruments and Methods in Physics Research Section B: Beam Interactions with Materials and Atoms, 2005, 236(1-4): 21-29.

[21] Xing Z , Hu J T, Wang M H, et al. Properties and evaluation of amidoxime-based UHMWPE fibrous adsorbent for extraction of uranium from seawater. Science China Chemistry, 2013, 56(11): 1504-1509.

[22] Hu J T, Ma H J, Xing Z, et al. Preparation of amidoximated ultrahigh molecular weight polyethylene fiber by radiation grafting and uranium adsorption test. Industrial & Engineering Chemistry Research, 2016, 55(15): 4118-4124.

[23] Wen J, Li Q Y, Li H, et al. Nano-TiO$_2$ imparts amidoximated wool fibers with good antibacterial activity and adsorption capacity for uranium(VI) recovery. Industrial & Engineering Chemistry Research, 2018, 57(6): 1826-1833.

[24] Kavaklı P A, Seko N, Tamada M, et al. Adsorption efficiency of a new adsorbent towards uranium and vanadium ions at low concentrations. Separation Science and Technology, 2004, 39(7): 1631-1643.

[25] Gao Q H, Hu J T, Li R, et al. Radiation synthesis of a new amidoximated UHMWPE fibrous adsorbent with high adsorption selectivity for uranium over vanadium in simulated seawater. Radiation Physics and Chemistry, 2016, 122: 1-8.

[26] Seko N, Bang L T, Tamada M. Syntheses of amine-type adsorbents with emulsion graft polymerization of glycidyl methacrylate. Nuclear Instruments and Methods in Physics Research Section B: Beam Interactions with Materials and Atoms, 2007, 265(1): 146-149.

[27] Chi H Y, Liu X Y, Ma H J, et al. Adsorption behavior of uranyl ions onto amino-type adsorbents prepared by radiation-induced graft copolymerization. Nuclear Science and Techniques, 2014, 25(010302): 1-7.

[28] Liu H Z, Yu M, Deng B, et al. Pre-irradiation induced emulsion graft polymerization of acrylonitrile onto polyethylene nonwoven fabric. Radiation Physics and Chemistry, 2012, 81(1): 93-96.

[29] Liu X Y, Liu H Z, Ma H J, et al. Adsorption of the uranyl ions on an amidoxime-based polyethylene nonwoven fabric prepared by preirradiation-induced emulsion graft polymerization. Industrial & Engineering Chemistry Research, 2012, 51(46): 15089-15095.

[30] Zeng Z H, Wei Y Q, Shen L, et al. Cationically charged poly(amidoxime)-grafted polypropylene nonwoven fabric for potential uranium extraction from seawater. Industrial & Engineering Chemistry Research, 2015, 54(35): 8699-8705.

[31] Zhang H J, Zhang L X, Han X L, et al. Guanidine and amidoxime cofunctionalized polypropylene nonwoven fabric for potential uranium seawater extraction with antifouling property. Industrial & Engineering Chemistry Research, 2018, 57(5): 1662-1670.

[32] Pekel N, Şahiner N, Akkaş P, et al. Uranyl ion adsorptivity of N-vinyl 2-pyrrolidone/acrylonitrile copolymeric hydrogels containing amidoxime groups. Polymer Bulletin, 2000, 44(5-6): 593-600.

[33] Sahiner N, Pekel N, Akkas P, et al. Amidoximation and characterization of new complexing hydrogels prepared from N-vinyl 2-pyrrolidone/acrylonitrile systems. Journal of Macromolecular Science, Part A, 2000, 37(10): 1159-1172.

[34] Pkel N, Şahiner N, Güven O. Use of amidoximated acrylonitrile/N-vinyl 2-pyrrolidone interpenetrating polymer networks for uranyl ion adsorption from aqueous systems. Journal of Applied Polymer Science, 2001, 81(10): 2324-2329.

[35] Saito K, Uezu K, Hori T, et al. Recovery of uranium from seawater using amidoxime hollow fibers. Aiche Journal, 1988, 34(3): 411-416.

[36] Saito K, Hori T, Furusaki S, et al. Porous amidoxime-group-containing membrane for the recovery of uranium from seawater. Industrial & Engineering Chemistry Research, 1987, 26(10): 1977-1981.

[37] Kawai T, Saito K, Sugita K, et al. Preparation of hydrophilic amidoxime fibers by cografting acrylonitrile and methacrylic acid from an optimized monomer composition. Radiation Physics and Chemistry, 2000, 59(4): 405-411.

[38] Zhang A Y, Asakura T, Uchiyama G. The adsorption mechanism of uranium(VI) from seawater on a macroporous fibrous polymeric adsorbent containing amidoxime chelating functional group. Reactive and Functional Polymers, 2003, 57(1): 67-76.

[39] Chi F T, Hu S, Xiong J, et al. Adsorption behavior of uranium on polyvinyl alcohol-g-amidoxime: Physicochemical properties, kinetic and thermodynamic aspects. Science China Chemistry, 2013, 56(11): 1495-1503.

[40] Chi F T, Wang X L, Xiong J, et al. Polyvinyl alcohol fibers with functional phosphonic acid group: Synthesis and adsorption of uranyl (VI) ions in aqueous solutions. Journal of Radioanalytical and Nuclear Chemistry, 2012, 296(3): 1331-1340.

[41] Li R, Pang L J, Ma H J, et al. Optimization of molar content of amidoxime and acrylic acid in UHMWPE fibers for improvement of seawater uranium adsorption capacity. Journal of Radioanalytical and Nuclear Chemistry, 2017, 311(3): 1771-1779.

[42] Choi S H, Nho Y C. Adsorption of UO_2^{2+} by polyethylene adsorbents with amidoxime, carboxyl, and amidoxime/carboxyl group. Radiation Physics and Chemistry, 2000, 57(2): 187-193.

[43] Ma H J, Yao S D, Li J Y, et al. A mild method of amine-type adsorbents syntheses with emulsion graft polymerization of glycidyl methacrylate on polyethylene non-woven fabric by pre-irradiation. Radiation Physics and Chemistry, 2012, 81(9): 1393-1397.

[44] Yue Y F, Mayes R T, Kim J, et al. Seawater uranium sorbents: preparation from a mesoporous copolymer initiator by atom-transfer radical polymerization. Angewandte Chemie: International Edition, 2013, 52(50): 13458-13462.

[45] Yue Y F, Zhang C X, Tang Q, et al. A poly(acrylonitrile)-functionalized porous aromatic framework synthesized by atom-transfer radical polymerization for the extraction of uranium from seawater. Industrial & Engineering Chemistry Research, 2016, 55(15): 4125-4129.

[46] Brown S, Chatterjee S, Li M, et al. Uranium adsorbent fibers prepared by atom-transfer radical polymerization from chlorinated polypropylene and polyethylene trunk fibers. Industrial & Engineering Chemistry Research, 2016, 55(15): 4130-4138.

[47] Brown S, Yue Y, Kuo L J, et al. Uranium adsorbent fibers prepared by atom-transfer radical polymerization (ATRP) from poly(vinyl chloride)-co-chlorinated poly(vinyl chloride) (PVC-co-CPVC) fiber. Industrial & Engineering Chemistry Research, 2016, 55(15): 4139-4148.

[48] Song Y, Ye G, Lu Y X, et al. Surface-initiated ARGET ATRP of poly(glycidyl methacrylate) from carbon nanotubes via bioinspired catechol chemistry for efficient adsorption of uranium ions. ACS Macro Letters, 2016, 5(3): 382-386.

[49] Chi F, Wen J, Xiong J, et al. Controllable polymerization of poly-DVB-VBC-g-AO resin via surface-initiated atom transfer radical polymerization for uranium removal. Journal of Radioanalytical and Nuclear Chemistry, 2015, 309: 787-796.

[50] Saito T, Brown S, Chatterjee S, et al. Uranium recovery from seawater: Development of fiber adsorbents prepared via atom-transfer radical polymerization. Journal of Materials Chemistry A, 2014, 2(35): 14674-14681.

[51] Egawa H, Harada H. Recovery of uranium from sea water by using chelating resins containing amidoxime groups. Nippon Kagaku Kaishi, 1979, (7): 958-959.

[52] Egawa H, Harada H, Shuto T. Studies on selective adsorption resins. 13. Recovery of uranium from sea-water by the use of chelating resins containing amidoxime groups. Nippon Kagaku Kaishi, 1980, (11): 1773-1776.

[53] Egawa H, Kabay N, Shuto T, et al. Recovery of uranium from seawater. 13. Long-term stability tests for high-performance chelating resins containing amidoxime groups and evaluation of elution process. Industrial & Engineering Chemistry Research, 1993, 32(3): 540-547.

[54] Egawa H, Kabay N, Shuto T, et al. Recovery of uranium from seawater. 14. System arrangements for the recovery of uranium from seawater by spherical amidoxime chelating resins utilizing natural seawater motions. Industrial & Engineering Chemistry Research, 1993, 32(4): 709-715.

[55] Egawa H, Kabay N, Jyo A, et al. Recovery of uranium from seawater. 15. Development of amidoxime resins with high sedimentation velocity for passively driver fluidized bed adsorbers. Industrial & Engineering Chemistry Research, 1994, 33(3): 657-661.

[56] Sellin R, Alexandratos S D. Polymer-supported primary amines for the recovery of uranium from seawater. Industrial & Engineering Chemistry Research, 2013, 52(33): 11792-11797.

[57] Hirotsu T, Katoh S, Sugasaka K, et al. Adsorption of uranium on cross-linked amidoxime polymer from seawater. Industrial & Engineering Chemistry Research, 1987, 26(10): 1970-1977.

[58] Hirotsu T, Katoh S, Sugasaka K, et al. Kinetics of adsorption of uranium on amidoxime polymers from seawater. Separation Science and Technology, 1988, 23(1-3): 49-61.

[59] Tbal H, Delporte M, Morcellet J, et al. Functionalization and chelating properties of a porous polymer derived from vinylamine. European Polymer Journal, 1992, 28(6): 671-679.

[60] Huang L, Zhang L X, Hua D B. Synthesis of polyamidoxime-functionalized nanoparticles for uranium(VI) removal from neutral aqueous solutions. Journal of Radioanalytical and Nuclear Chemistry, 2015, 305(2): 445-453.

[61] Ramachandhran V, Kumar S, Sudarsanan M. Preparation, characterization, and performance evaluation of styrene-acrylonitrile-amidoxime sorbent for uranium recovery from dilute solutions. Journal of Macromolecular Science, Part A, 2001, 38(11): 1151-1166.

[62] Wei Y Q, Qian J, Huang L, et al. Bifunctional polymeric microspheres for efficient uranium sorption from aqueous solution: Synergistic interaction of positive charge and amidoxime group. RSC Advances, 2015, 5(79): 64286-64292.

[63] Tabushi I, Kobuke Y, Nishaya T. Extraction of uranium from seawater by polymer-bound macrocyclic hexaketone. Nature, 1979, 280(5724): 665-666.

[64] Yue Y, Mayes R T, Gill G, et al. Macroporous monoliths for trace metal extraction from seawater. RSC Advances, 2015, 5(62): 50005-50010.

[65] Hazer O, Kartal S. Use of amidoximated hydrogel for removal and recovery of U(VI) ion from water samples. Talanta, 2010, 82(5): 1974-1979.

[66] Pal S, Ramachandhran V, Prabhakar S, et al. Polyhydroxamic acid sorbents for uranium recovery. Journal of Macromolecular Science, Part A, 2006, 43(4-5): 735-747.

[67] Kavakli P A, Seko N, Tamada M, et al. A highly efficient chelating polymer for the adsorption of uranyl and vanadyl ions at low concentrations. Adsorption, 2005, 10(4): 309-315.

[68] Chauhan G S, Kumar A. A study in the uranyl ions uptake on acrylic acid and acrylamide copolymeric hydrogels. Journal of Applied Polymer Science, 2008, 110(6): 3795-3803.

[69] Xie S Y, Liu X Y, Zhang B W, et al. Electrospun nanofibrous adsorbents for uranium extraction from seawater. Journal of Materials Chemistry A, 2015, 3(6): 2552-2558.

[70] Zhang B W, Guo X J, Xie S Y, et al. Synergistic nanofibrous adsorbent for uranium extraction from seawater. RSC Advances, 2016, 6(85): 81995-82005.

[71] Wang D, Song J N, Wen J, et al. Significantly enhanced uranium extraction from seawater with mass produced fully amidoximated nanofiber adsorbent. Advanced Energy Materials, 2018, 8(33): 1802607.

[72] Kabay N. Preparation of amidoxime-fiber adsorbents based on poly(methacrylonitrile) for recovery of uranium from seawater. Separation Science and Technology, 1994, 29(3): 375-384.

[73] Das S, Pandey A K, Athawale A A, et al. Silver nanoparticles embedded polymer sorbent for preconcentration of uranium from bio-aggressive aqueous media. Journal of Hazardous Materials, 2011, 186(2-3): 2051-2059.

[74] Zhao H H, Liu X Y, Yu M, et al. A study on the degree of amidoximation of polyacrylonitrile fibers and its effect on their capacity to adsorb uranyl ions. Industrial & Engineering Chemistry Research, 2015, 54(12): 3101-3106.

[75] Alexandratos S D, Zhu X, Florent M, et al. Polymer-supported bifunctional amidoximes for the sorption of uranium from seawater. Industrial & Engineering Chemistry Research, 2016, 55(15): 4208-4216.

[76] Huang G Q, Li W T, Liu Q, et al. Efficient removal of uranium(Ⅶ) from simulated seawater with hyperbranched polyethylenimine (HPEI)-functionalized polyacrylonitrile fibers. New Journal of Chemistry, 2018, 42(1): 168-176.

[77] Barber P S, Kelley S P, Griggs C S, et al. Surface modification of ionic liquid-spun chitin fibers for the extraction of uranium from seawater: Seeking the strength of chitin and the chemical functionality of chitosan. Green Chemistry, 2014, 16(4): 1828-1836.

[78] Das S, Pandey A K, Athawale A A, et al. Exchanges of uranium(Ⅵ) species in amidoxime-functionalized sorbents. Journal of Physical Chemistry B, 2009, 113(18): 6328-6335.

[79] Li W T, Liu Q, Liu J Y, et al. Removal U(Ⅵ) from artificial seawater using facilely and covalently grafted polyacrylonitrile fibers with lysine. Applied Surface Science, 2017, 403: 378-388.

[80] Das S, Tsouris C, Zhang C, et al. Enhancing uranium uptake by amidoxime adsorbent in seawater: An investigation for optimum alkaline conditioning parameters. Industrial & Engineering Chemistry Research, 2016, 55(15): 4294-4302.

[81] Das S, Liao W P, Flicker B M, et al. Alternative alkaline conditioning of amidoxime based adsorbent for uranium extraction from seawater. Industrial & Engineering Chemistry Research, 2016, 55(15): 4303-4312.

[82] Das S, Brown S, Mayes R T, et al. Novel poly(imide dioxime) sorbents: Development and testing for enhanced extraction of uranium from natural seawater. Chemical Engineering Journal, 2016, 298: 125-135.

[83] Lejars M, Margaillan A, Bressy C. Fouling release coatings: A nontoxic alternative to biocidal antifouling coatings. Chemical Reviews, 2012, 112: 4347-4390.

[84] Park J, Gill G A, Strivens J E, et al. Effect of biofouling on the performance of amidoxime-based polymeric uranium adsorbents. Industrial & Engineering Chemistry Research, 2016, 55: 4328-4338.

[85] Drysdale J A, Buesseeler K O. Uranium adsorption behaviour of amidoximated fibers under coastal ocean conditions. Progress in Nuclear Energy, 2020, 119: 103170.

[86] Byers M F, Landsberger S, Schneider E. The use of silver nanoparticles for the recovery of uranium from seawater by means of biofouling mitigation. Sustainable Energy & Fuels, 2018, 2: 2303-2313.

[87] Ao J X, Yuan Y H, Xu X, et al. Trace zinc-preload for enhancement of uranium adsorption performance and antifouling property of AO-functionalized UHMWPE fiber. Industrial & Engineering Chemistry Research, 2019, 58: 8026-8034.

[88] Guo X J, Chen R R, Liu Q, et al. Graphene oxide and silver ions coassisted zeolitic imidazolate framework for antifouling and uranium enrichment from seawater. ACS Sustainable Chemistry & Engineering, 2019, 7: 6185-6195.

[89] Ma H C, Zhang F, Li Q Y, et al. Preparation of ZnO nanoparticle loaded amidoximated wool fibers as a promising antibiofouling adsorbent for uranium（Ⅵ）recovery. RSC Advances, 2019, 9: 18406-18414.

[90] Zhu J H, Zhang H S, Chen R R, et al. An anti-algae adsorbent for uranium extraction: L-arginine functionalized graphene hydrogel loaded with Ag nanoparticles. Journal of Colloid and Interface Science, 2019, 543: 192-200.

[91] Yu Q H, Yuan Y H, Wen J, et al. A universally applicable strategy for construction of anti-biofouling adsorbents for enhanced uranium recovery from seawater. Advanced Science, 2019, 6: 1900002.

[92] Bai Z, Liu Q, Zhang H S, et al. A novel 3D reticular anti-fouling bio-adsorbent for uranium extraction from seawater: Polyethylenimine and guanidyl functionalized hemp fibers. Chemical Engineering Journal, 2020, 382: 122555

[93] Guo X J, Yang H C, Liu Q, et al. A chitosan-graphene oxide/ZIF foam with anti-biofouling ability for uranium recovery from seawater. Chemical Engineering Journal, 2020, 382: 122850

[94] Guo X J, Chen R R, Liu Q, et al. Superhydrophilic phosphate and amide functionalized magnetic adsorbent: A new combination of anti-biofouling and uranium extraction from seawater. Environmental Science: Nano, 2018, 5: 2346-2356.

[95] Zhang F F, Zhang H S, Chen R R, et al. Mussel-inspired antifouling magnetic activated carbon for uranium recovery from simulated seawater. Journal of Colloid and Interface Science, 2019, 534: 172-182.

[96] Li H, He N N, Cheng C, et al. Antimicrobial polymer contained adsorbent: A promising candidate with remarkable anti-biofouling ability and durability for enhanced uranium extraction from seawater. Chemical Engineering Journal, 2020, 388: 124273

[97] He N H, Li H, Cheng C, et al. Enhanced marine applicability of adsorbent for uranium via synergy of hyperbranched poly（amido amine）and amidoxime groups. Chemical Engineering Journal, 2020, 395: 125162.

[98] Bai Z Y, Liu Q, Zhang H S, et al. Mussel-inspired anti-biofouling and robust hybrid nanocomposite hydrogel for uranium extraction from seawater. Journal of Hazardous Materials, 2020, 381: 120984.

[99] Yang S, Ji G X, Cai S Y, et al. Polypropylene nonwoven fabric modified with oxime and guanidine for antibiofouling and highly selective uranium recovery from seawater. Journal of Radioanalytical and Nuclear Chemistry, 2019, 321: 323-332.

[100] Huang Z, Dong H, Yang N, et al. Bifunctional phosphorylcholine-modified adsorbent with enhanced selectivity and antibacterial property for recovering uranium from seawater. ACS Applied Materials & Interfaces, 2020, 12: 16959-16968.

[101] Egawa H, Nonaka T, Nakayama M. Recovery of uranium from seawater. 7. Concentration and separation of uranium in acidic eluate. Industrial & Engineering Chemistry Research, 1990, 29（11）: 2273-2277.

[102] Takeda T, Saito K, Uezu K, et al. Adsorption and elution in hollow-fiber-packed bed for recovery of uranium from seawater. Industrial & Engineering Chemistry Research, 1991, 30（1）: 185-190.

[103] Berton P, Kelley S P, Rogers R D. Stripping uranium from seawater-loaded sorbents with the ionic liquid hydroxylammonium acetate in acetic acid for efficient reuse. Industrial & Engineering Chemistry Research, 2016, 55（15）: 4321-4327.

[104] Pan H B, Kuo L J, Wai C M, et al. Elution of uranium and transition metals from amidoxime-based polymer adsorbents for sequestering uranium from seawater. Industrial & Engineering Chemistry Research, 2016, 55（15）: 4313-4320.

第3章 无机类材料提铀

无机类提铀材料,普遍具有比表面积大的优点,按照所使用的无机物元素分类,主要包括碳质材料、硅质材料及其他一些无机杂化材料。

与常见的无机类提铀材料如氧化铝、氟硅、硅藻土相比,碳质材料具有较高的比表面积和孔隙率,优良的热稳定性、辐射稳定性和酸碱稳定性。就材料的种类而言,可分为活性炭(AC)、介孔碳、碳纳米管和石墨烯等多种碳质材料。碳质材料可以通过表面氧化、化学接枝、辐射接枝、等离子体激发接枝等手段进行表面功能化,从而提升其铀吸附性能。

硅质材料包括各种改性后的介孔硅材料、非介孔硅材料、纳米硅材料和磁性硅材料,其中介孔硅材料主要包括各种基团(偕胺肟、亚胺二肟、磷酸和羧酸等)功能化的介孔硅和介孔分子筛材料;纳米硅材料主要包括纳米多孔硅和层状金属硅酸盐纳米管等;磁性硅材料主要通过氧化铁作为磁性材料,具有易分离的优点。硅质材料易制成比表面积大的多孔径材料,但是也因为其多孔的性质,铀与材料表面基团配位后的离子半径较大,从而无法通过孔径,导致其铀吸附能力低于其他类型吸附材料。

其他无机杂化材料大体可分为金属改性材料、有机物功能化材料和其他偕胺肟修饰材料,其中金属改性材料包括金属硅纳米管、零价铁和四氧化三铁纳米管等;有机物功能化材料包括有机物功能化的双层氢氧化物如 Mg-Co、偕胺肟基功能化材料等。杂化材料种类复杂,其他一些特点不明显的材料本章以改性羟基磷灰石和磁性纳米颗粒作为代表进行描述。

本章将主要介绍碳质材料、硅质材料及其他无机杂化材料的制备、实验室铀溶液吸附、选择性吸附和在真实海水中的吸附性能。

3.1 碳质材料

碳质材料具有孔隙结构丰富、比表面积较大、孔隙率较高、耐高温、抗辐射、对各种酸碱环境有很高稳定性等优点,且本身无毒、环境友好,有望作为吸附剂用于从水体中吸附分离铀。研究已涉及的材料大体可分为:活性炭、介孔碳、碳纳米管、石墨烯等多种碳质材料。使用化学方法在碳质材料表面进行功能化,接枝率高、稳定性好,可大幅提高碳质材料对铀酰离子的吸附性能,在海水提铀领域具有广阔的研究应用前景。

3.1.1 活性炭

活性炭是经过加工处理所得的无定形碳质材料,具有较大的比表面积(500～

1700 m²/g），化学性质稳定，机械强度高、耐酸、耐碱、耐热，不溶于水与有机溶剂，可以再生使用、经济方面成本低廉，已广泛应用于各种吸附处理过程中。活性炭的吸附作用产生于两个方面：一是活性炭内部分子在各个方向受着同等大小的力，同时表面分子受到不平衡的力，导致其他分子吸附在表面上，此为物理吸附；二是活性炭与被吸附物质之间发生化学作用，此为化学吸附。活性炭对水溶液中金属离子的吸附是上述两种吸附综合作用的结果。

    活性炭在适用性方面具有优势，但在微量水平上不能定量吸附无机物。将德国默克公司提供的活性炭[1]颗粒经研磨、清洗、干燥、冷却后，测试其物理性质，尺寸、比表面积、碳固相密度等结果如表 3-1 所示。将活性炭投入铀溶液中进行吸附后，吸附率迅速提高，3 h 左右达到吸附平衡。同时，铀溶液的 pH 对活性炭吸附的影响尤为明显，活性炭在 pH 为 4.0 的铀溶液中吸附率达到最大值。当铀溶液初始浓度较低时，活性炭的吸附容量明显增加，实验测得活性炭的饱和吸附容量为 28.30 mg U/g ads。活性炭在相对较低温度(293K)下的吸附率更高，较低的温度有利于活性炭对铀的吸附(图 3-1)。

表 3-1   活性炭的物理性质[1]

尺寸/mm	比表面积/(m²/g)	碳固相密度/(g/cm³)	碳填充密度/(g/cm³)	平均粒径/mm	外部空隙度
>2.000	965	2.042	0.38	—	0.42
2.000~1.700	973	2.042	0.33	—	0.46
1.700~1.180	983	2.042	0.45	—	0.29
1.180~1.000	991	2.042	0.34	—	0.39
1.000~0.500	1013	2.042	0.33	—	0.55
0.500~0.315	1027	2.042	0.40	0.4075	0.54
0.315~0.250	1155	2.042	0.46	0.2825	0.44
0.250~0.125	1200	2.042	0.36	0.1875	0.55

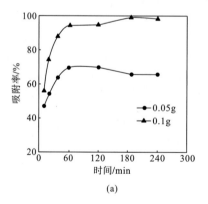

(a)

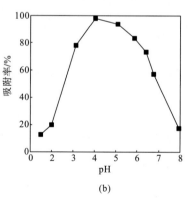

(b)

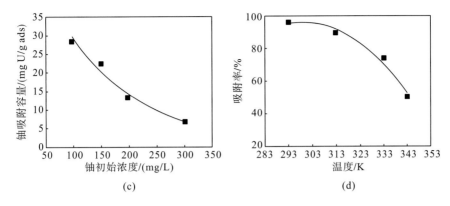

(c)　　　　　　　　　(d)

图 3-1　吸附时间(a)、pH(b)、初始浓度(c)和温度(d)对活性炭吸附性能的影响[1]

活性炭在铀溶液中的吸附数据对准二阶动力学模型拟合程度较高,化学作用是影响吸附过程的限制步骤(表 3-2)。使用 Arrhenius 方程计算热力学数据得到的吸附能 E_{ads} 为 7.91 kJ/mol(图 3-2),能量为 0~40 kJ/mol。热力学数据的拟合结果表明,活性炭在铀溶液中的吸附过程具有放热、自发的性质(表 3-3)。

表 3-2　活性炭吸附铀的准二阶常数及 R^2 的值[1]

准二阶常数				R^2
q_e^{exp} /(mg/g)	q_e^{cal} /(mg/g)	k_{2ads}/[g/(mg·min)]	h/[g/(mg·min)]	
24.44	25.51	4.09×10^{-3}	2.66	0.99
23.21	25.71	1.64×10^{-3}	1.08	0.99
17.92	21.18	1.21×10^{-3}	0.54	0.99
12.94	26.88	1.56×10^{-3}	0.11	0.88

注:q_e^{exp} 代表实验所得吸附量;q_e^{cal} 代表模拟计算所得吸附量;k_{2ads} 代表准二阶常数;h 代表初始吸附速率。

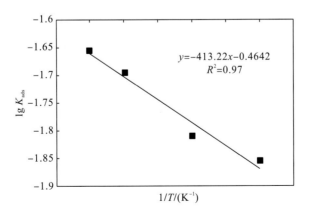

图 3-2　活性炭吸附铀的吸附能 E_{ads} 与温度的函数[1]

表 3-3 活性炭的等温常数和 R^2 值[1]

参数	值	R^2
Freundlich 等温线 K_f/(L/g)	3.69	0.97
Freundlich 常数 n	2.72	
Langmuir 等温线 Q_0/(mg/g)	10.47	0.47
Langmuir 常数 b/(L/mg)	0.05	
D-R 等温线 K/(kJ²/mol²)	−0.0107	
理论饱和吸附量 q_m/(mol/g)	1.024	0.64
E_{ads}/(kJ/mol)	6.83	

单纯使用活性炭作为吸附材料,其吸附容量和选择性相对较差。以活性炭作为基底材料,通过精心设计的化学反应,将对目标离子亲和能力好、选择性佳的螯合组分(分子或官能团)整合到活性炭表面,使螯合组分与基底材料之间形成稳定的连接,制备的改性活性炭材料吸附性能得以明显提高。例如,将活性炭表面进行羟基化和酰胺化处理后,与苯甲酰异硫氰酸酯反应,生成苯甲酰硫脲接枝活性炭(BT-AC)(图 3-3)[2]。

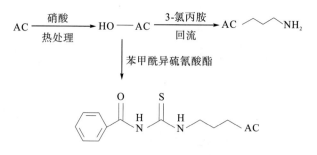

图 3-3 BT-AC 的制备流程[2]

苯甲酰硫脲的 N—CS—NH—CO—Ph 螯合配体与铀酰离子形成配合物的趋势较强,接枝在活性炭表面上可大幅提升其对铀的吸附性能(图 3-4)。在酸性条件的铀溶液中,BT-AC 的吸附容量随酸度的减小而增加。材料表面上的苯甲酰硫脲配体与铀酰离子的快速配位使吸附速率大幅加快,BT-AC 在铀溶液中吸附 2 h 达到吸附平衡,饱和吸附容量为 82 mg U/g ads,吸附数据对准一阶动力学模型拟合程度较高。与未改性活性炭相比,BT-AC 在含有 Co^{2+}、La^{3+}、Sr^{2+}、Cs^+、Na^+ 等竞争离子的铀溶液中,具有较高的铀酰离子选择性。功能化 AC 材料的铀吸附性能与所选用的螯合配体的种类和结构类型息息相关。

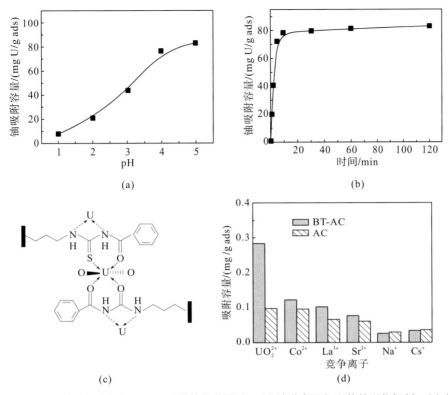

图 3-4　pH(a)和吸附时间(b)对 BT-AC 吸附性能的影响；(c)铀酰离子与配体的配位机制；(d)竞争离子对 BT-AC 和未改性 AC 的吸附影响[2]

3.1.2　介孔碳

　　与活性炭相比，介孔碳具有更大的比表面积(可达 2500 m^2/g)和孔体积(可达 2.3 cm^3/g)，表面具有含氧基团，孔径大小呈现一定的短程有序性。可通过共价接枝手段对介孔碳材料进行表面功能化，获得铀吸附容量高、选择性好的改性介孔碳吸附材料。

　　原始介孔碳材料的疏水性表面不适合从水溶液中吸附重金属离子，通过化学氧化法可增加其表面含氧基团，使介孔碳亲水性提高，更适合在水溶液中吸附重金属离子。例如，使用反应温和、毒性较低的过硫酸铵/硫酸溶液氧化有序介孔碳 CMK-3，使其表面上带有更多的羧基，可表现出更强的亲水性[3]。

　　声化学聚合反应是由超声产生的气泡持续增长，同时微小气泡的快速崩溃引起空腔内产生极端的温度和压力，使材料表面在较短时间内形成自由基。采用声化学聚合方式，可以克服传统自由基聚合修饰介孔碳表面时造成孔隙堵塞，导致吸附性能减弱的问题。将表面处理后的介孔碳投入到含有丙烯腈的混合溶剂中，在 80℃氮气氛围下，采用超声探头进行声化学聚合反应，将丙烯腈接枝在介孔碳材料表面并进行胺肟化，制备出高密度结合位点的丙烯腈接枝介孔碳吸附材料(图 3-5)[4]。声化学聚合不仅可以促进反应活性物种的形成，使试剂混合更加充分，还使接枝基团更均匀地分布在材料孔内。碳材料的不同表面处理方式对接枝率和铀吸附能力有较大影响,仅通过氧化或活化处理对吸附能力的提升不明显,但两者相结合使用时,接枝率和吸附能力显著增强。

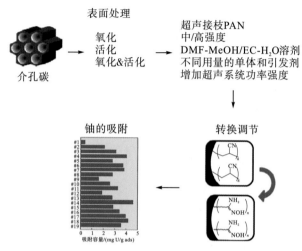

图 3-5　吸附材料制备工艺及吸附容量示意图[4]

为进一步研究介孔碳材料孔径对铀吸附的影响,使用不同孔径的介孔碳,通过声化学聚合反应、胺肟化和碱处理,得到不同的偕胺肟基功能化介孔碳材料[5]。与辐照接枝聚乙烯相比[6],偕胺肟基在介孔碳表面的接枝率较低,这在一定程度上归因于介孔碳材料的高导电性,自由基在芳香环上的游离行为产生了类似清除自由基的效果。偕胺肟基功能化介孔碳材料的物理性能和其在含铀模拟海水的吸附实验结果如表 3-4 所示,孔径为 10 nm 和 50 nm 的介孔碳接枝率较高,微孔和大孔的介孔碳接枝率较小,50 nm 孔径是胺肟基团接枝介孔碳的最佳孔径。介孔碳材料的比表面积与胺肟基团接枝率并未呈现正线性关系,吸附性能也没有随着比表面积的增大而明显增加。在高比表面积、高微孔率的介孔碳材料上,较大的铀酰离子会在较小的孔隙中造成堵塞,阻止了孔内接枝物对铀酰离子的吸附。孔径在接枝聚合物的有效利用中起着重要的作用,孔径必须适应萃取介质和分析金属的要求,才能达到较佳的吸附效果。

表 3-4　不同孔径介孔碳材料的比表面积、接枝率和吸附容量[5]

样品	孔隙状态	比表面积/(m²/g)	接枝率/%	吸附容量/(mg U/g ads)	比表面积/(μg U/m²)
AC-AO	2/10	1291	12.9	1.6	5.5
OxAc-AO	2/10	328	20.2	4.6	14.1
AC35-AO	2/10/35	120	22	15.5	129.2
AC50-AO	2/10/50	91	31	22.3	245.0
85a-AO	2/10/85	260	19.1	20.9	80.4
85b-AO	2/85	283	16.2	13.4	47.3
85c-AO	85	—	10	33.0	—
85d-AO	10/85	103	14	28.9	280.0

使用前驱体浸渍法在磁性介孔碳上接枝磷酸盐基团,可将与铀酰离子有良好协调能力和稳定性的有机磷化合物接枝在拥有介孔碳材料和磁性纳米材料优点的磁性介孔碳材料表面[6]。将介孔碳 CMK-3 置于含 $FeCl_3$ 的乙醇溶液中,经过超声波降解法和 60℃磁力搅拌获得磁性介孔碳材料 Fe-CMK-3,向其加入磷酸酯前驱体,采用简便的浸渍法即可制备出超顺磁性吸附材料 P-Fe-CMK-3。

P-Fe-CMK-3 在铀溶液中的吸附速率极快,吸附 5 min 时的吸附率即可达到 85%以上,30 min 内达到吸附平衡。pH 影响着铀溶液的化学性质和材料的表面电荷,P-Fe-CMK-3 的吸附容量随着溶液酸度的减弱而增大,pH<3.2 时,溶液中大量带正电的质子化 H^+ 与铀酰离子形成激烈竞争,抑制官能团对铀的吸附;pH>3.2 时,溶液中的阳离子减少,磷酸盐基团对铀的吸附活性得以增强。将 P-Fe-CMK-3 投入真实海水中,4 h 即可吸附真实海水中约 69%的铀,材料表面氮原子与磷酸酯基团的同步作用,促使其在真实海水中的铀吸附容量更大,吸附速率更快。使用 0.5 mol/L 的盐酸作为洗脱剂,经过 5 次循环吸附/解吸实验后,P-Fe-CMK-3 对铀的吸附率没有发生明显损失,而且依旧保留着磁性,表现出优秀的稳定性和可重复利用性(图 3-6)。基底材料性能往往对功能化材料的铀吸附性能产生一定影响,选择合适的基底材料有利于功能化材料在海水中进行铀的吸附分离。

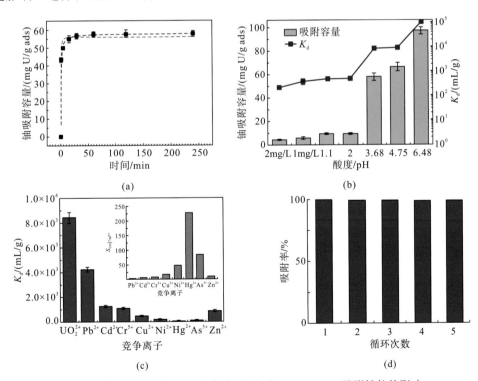

图 3-6 时间(a)、酸度(b)和竞争离子(c)对 P-Fe-CMK-3 吸附性能的影响;

(d)P-Fe-CMK-3 循环吸附/解吸实验结果[6]

(a)中红色代表准一阶动力学模拟曲线,蓝色代表准二阶动力学模拟曲线;

(c)中 $S_{UO_2^{2+}/M^{n+}}$ 代表铀酰离子相对于其他离子的选择性系数

3.1.3 碳纳米管

碳纳米管拥有独特的结构和优异的理化性能,比表面积大,管壁碳原子具有不饱和性,易与其他原子相结合,因此具有较强的吸附能力,是一种理想的吸附材料。与吸附气体不同,碳纳米管对溶液中的金属离子的吸附性能与比表面积、空隙体积和管径没有直接关系,而与其表面功能基团有关,这说明碳纳米管吸附金属离子主要是以化学吸附而不是物理吸附的形式。一般认为碳纳米管表面基团与金属离子发生相互作用是碳纳米管吸附金属离子的基础,如金属离子与碳纳米管表面的含氧官能团之间进行了表面络合反应或与表面基团所含 H^+ 发生离子交换。

碳纳米管由于范德瓦耳斯力相互作用,表现出很强的疏水性,通过对其表面的功能化可以大大提高碳纳米管的亲水性。使用 HNO_3/H_2SO_4 酸化处理碳纳米管,随着酸化时间的延长,材料表面产生更多的羧基,亲水性更强、对 U(Ⅵ) 的吸附容量更大,材料的饱和吸附容量可达 45.9 mg U/g ads [7],而且随着酸化程度的增加,材料适用的 pH 范围也有所扩大(图 3-7)。

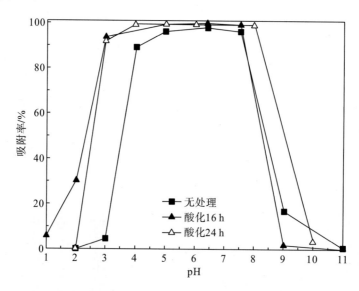

图 3-7　pH 对酸化处理后碳纳米管吸附性能的影响[7]

接枝功能基团可改善碳纳米管的亲水性,同时增加对铀的相容性。采用等离子体技术可将羧甲基纤维素(CMC)接枝到多壁碳纳米管(MWCNT)表面上[8]。将 MWCNT 和 MWCNT-*g*-CMC 置于去离子水中,5 min 后 MWCNT 在瓶底形成聚集,而即使 5 个月后,MWCNT-*g*-CMC 也没有聚集形式。在 $2.5×10^4$ mol/L 的铀溶液中,MWCNT-*g*-CMC 表面的功能基团可与铀形成较强的络合物,平衡吸附容量明显提升,K_d 值为 $4.7×10^{-4}$ mol/g(图 3-8)。

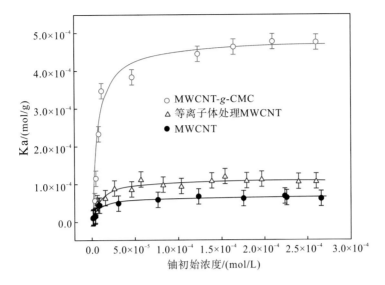

图 3-8　铀初始浓度对 MWCNT-*g*-CMC 的吸附性能的影响[8]

　　引入无机纳米颗粒修饰 MWCNTs 也是一种改善亲水性的方法,使用过程简单的水热法即可制备磁性钴铁氧化物/多壁碳纳米管(CoFe$_2$O$_4$/MWCNTs)[9]。溶液 pH 严重影响着 CoFe$_2$O$_4$/MWCNTs 对铀的吸附性能,在 pH=6 的铀溶液中,饱和吸附容量最大为 118.9 mg U/g ads,在 pH<6 的溶液中,吸附后的材料表面电荷发生正迁移,铀被吸附为阳离子或中性内层表面配合物,净表面的电负性减小;在 pH>6 时,吸附后的材料表面带有高负电荷,铀吸附对表面电荷的影响不明显。而且在整个 pH 研究范围内,CoFe$_2$O$_4$/MWCNTs 表面电荷均为负,零电荷位点非常低。CoFe$_2$O$_4$/MWCNTs 在铀溶液中 6 h 时达到吸附平衡,吸附容量为 115.8 mg U/g ads,动力学数据符合准二阶模型,且理论饱和吸附容量与实际实验结果相似,化学作用限制着材料的吸附,这与铀离子和官能团共用电子的价电子力有关。在含有 Ca^{2+}、Na$^+$、K$^+$、Mg^{2+}竞争离子的铀溶液中,CoFe$_2$O$_4$/MWCNTs 依然保持着 115.5 mg U/g ads 的吸附容量(图 3-9)。CoFe$_2$O$_4$/MWCNTs 复合材料具有较大的比表面积和典型的介孔特性,可促进铀离子在孔隙中的扩散,表面上的羧基是吸附 U(Ⅵ)的有效活性位点,具有应用于海水提铀的潜力。

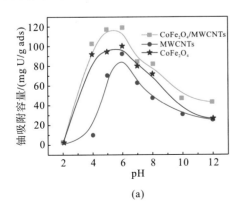

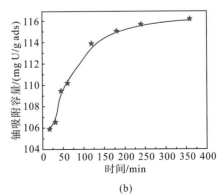

(a)　　　　　　　　　　　　　　(b)

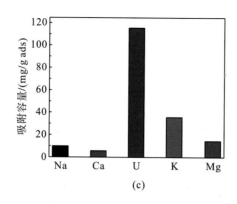

图 3-9　pH(a)、时间(b)和竞争离子(c)对 MWCNTs 吸附性能的影响[9]

3.1.4　石墨烯材料

石墨烯具有独特的物理结构，比表面积大，在电化学储能、太阳能电池、气体吸附等领域有着广泛的应用。易于制备、成本低廉的优势使得石墨烯吸附材料成为水处理研究的热点。氧化石墨烯(GO)是石墨烯的氧化产物，表面上的含氧官能团如羧基(—COOH)和羟基(—OH)可与 U(Ⅵ)形成很好的络合，但由于缺乏靶向官能团，GO 的饱和吸附容量仅为 97.5 mg U/g ads[10]。通过直接引入对铀吸附性能较佳的 AO 基团，可合成结构良好、性能优异的新型氧化石墨烯/偕胺肟水凝胶(GO-AO)[11]。

pH 影响铀在水溶液中的存在形式，从而影响其与材料表面的位点相结合，在 pH≤4.0 时，铀主要以 UO_2^{2+} 的形式存在于溶液中，由于 H^+ 的竞争作用，铀在 GO-AO 表面的结合位点较少，吸附容量较低；随着 pH 的增加，材料表面的肟基质子化作用相对减弱，羟基质子很容易被剥离，从而使负电荷氧上的孤对电子占据铀原子的空轨道，从而增加吸附容量；当 pH 超过 8.0 时，铀主要以负离子[$UO_2(OH)_3$]和[$UO_3(OH)_7$]形式存在，与材料表面的负电荷之间的静电排斥作用增强，导致吸附容量下降。以 500 mg/L 的投料比将 GO-AO 投入 100 mg/L 的铀溶液中进行吸附，吸附速率极快，60 min 内即可吸附 90%以上的铀。铀初始浓度较低时，GO-AO 的吸附容量随着浓度的增加而增加，浓度超过 30 mg/L 后，材料的吸附容量达到饱和，不再发生变化(图 3-10)。在模拟海水中，GO-AO 中偕胺肟基团中氨基氮原子的孤对电子和肟基氧原子共同作用，与线形的 O＝U＝O 形成稳定的螯合物，即使模拟海水中的 U(Ⅵ)浓度为 3.71 μg/L，吸附率仍达到 83%，表现出良好的铀亲和力和选择性(表 3-5)。

GO 由于具有丰富的亲水官能团，在水中的分散性非常好，故在水溶液中的回收极为困难。使用含有大量羟基和氨基的壳聚糖(CS)和具有高亲水性的 GO 进行自组装，得到 GO-CS 气凝胶吸附材料可以解决这种问题[12]。

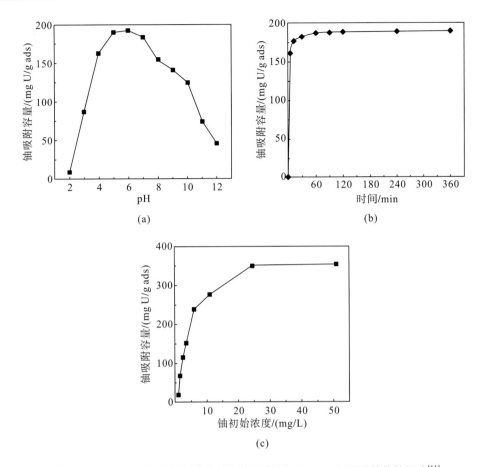

图 3-10　pH(a)、吸附时间(b)和铀初始浓度(c)对 GO-AO 吸附性能的影响[11]

表 3-5　GO-AO 材料的模拟海水吸附实验数据[11]

投料比/(mL/g)	铀浓度/(μg/L)		吸附率/%
	初始	结束	
1000	102.77	1.57	98.47
1000	57.28	0.52	99.10
1000	3.71	0.05	98.65
2000	57.28	1.93	96.63
2000	3.71	0.62	83.29

在 pH 为 8.3 的 U(VI)溶液中，GO-CS 气凝胶保持着较高的吸附速率，3 h 内达到吸附平衡状态，饱和吸附容量为 249.5 mg U/g ads。GO-CS 气凝胶在 10 mg/L 和 100 mg/L 的铀溶液中吸附的最佳 pH 符合真实海水的 pH。向 pH 为 8.3 的铀溶液中加入不同浓度的 NaClO₄ 来模拟海水的高盐度特性，GO-CS 气凝胶始终保持着良好的铀吸附性能。将材料投入不同铀浓度的模拟海水中，GO-CS 气凝胶表现出极佳的选择性，在铀浓度为 3.52 mg/L 的模拟海水中吸附率接近 100%；掺杂了真实海水离子浓度的 Na⁺、K⁺、Ca²⁺、Mg²⁺后，

即使铀浓度为 35 μg/L，吸附率仍达到 97% 以上（图 3-11）。选用 0.1 mol/L 的 HNO₃ 作为 GO-CS 气凝胶的洗脱剂，经过 3 次循环吸附/解吸后，吸附率仍可达 87.5%，具有良好的可重复性。GO-CS 气凝胶既保持了 GO 的高亲水性和吸附速率、CS 对 U(Ⅵ) 的亲和性，又方便了吸附材料的回收和再利用，新型物理结构的吸附材料在海水提铀研究中展现出优异的吸附性能，打开了新的研究思路。

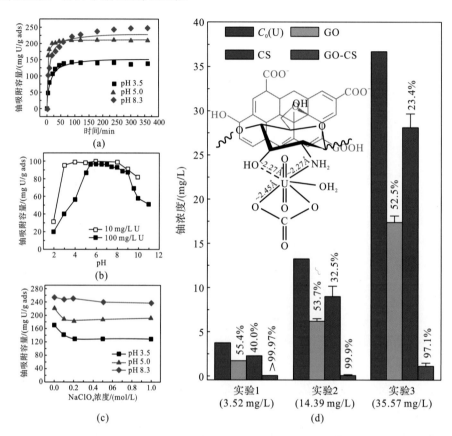

图 3-11　时间(a)、pH(b)和离子强度(c)对 GO-CS 吸附性能的影响；(d) GO-CS 在模拟海水中的吸附结果[12]

(d)中 $C_0(U)$ 代表铀初始浓度

3.2　硅质材料

硅质材料按照所使用材料孔径大小及性质区分，具体可分为介孔硅材料、非介孔硅材料、纳米硅材料及磁性硅材料。不同的硅质材料在结构及性质方面有所区别。

3.2.1　介孔硅材料

介孔硅材料是孔径为 2～50 nm 的一类多孔材料，介孔材料普遍具有极高比表面积、有序的孔道结构、较为狭窄的孔径分布及孔径大小连续可调等特性，常被用作分离重金属离子、有机物、染料、气体、放射性核素及蛋白质等，这也使得其在用于海水提铀方面具有很大潜力。目前所使用的介孔硅材料都是有序的介孔材料，通过表面活性剂作为分子模板合成 M41S 系列介孔材料，其中被证实可用于海水提铀的有 MCM-41 系列（六方相）、MCM-48 系列（立方相）和 MSC-H 系列等，且系列材料可通过不同的有机官能团修饰从而改善其吸附性能，但是此类介孔材料有着明显的缺点：热稳定性和水热稳定性较差。近年来，SBA-15 介孔材料受到广泛关注，该类材料的出现在一定程度上改善了这方面的弱点，相较于 MCM-41 系列材料，SBA-15 具有结构稳定性更高、中空分布更均匀并且孔道互连等优点，但是此类材料对 UO_2^{2+} 的选择性并不高，且吸附动力学较慢，为了提高其吸附选择性，改善吸附能力，获得更快的吸附动力学，进行表面介孔功能化是一种很好的办法。主要可用于改善吸附能力的功能化有机配体包括：偕胺肟基配体、氨基配体、咪唑类配体、磷酸盐配体、亚胺二肟基配体、羧酸基配体和亚氨基二乙酸衍生物类配体等。

主要吸附剂材料 SBA-15 详细合成方法：以三嵌段共聚物 P123 为模板剂、TEOS（正硅酸四乙酯）为硅源，在强酸条件下合成介孔分子筛 SBA-15。具体方法如下。

(1) 称取 4.0 g P123 放入烧杯中，加入 105 mL 水和 20 mL 浓盐酸，40℃恒温搅拌至溶液澄清。

(2) 缓慢滴加 8.6 mL TEOS，继续 40℃恒温搅拌 24 h。

(3) 将所得白色溶胶装入带有聚四氟乙烯内衬的反应釜中，100℃水热晶化 48 h。

(4) 取出后冷却、过滤洗涤至中性，在鼓风干燥箱中 80℃干燥 8~10 h。

(5) 用马弗炉在 550℃煅烧 6 h（升温速率 2℃/min，持续升温 275 min），即可制得 SBA-15 粉末。

介孔硅材料的独特性质使其在吸附实验方面有着不可多得的优势，比其他硅质材料吸附容量更高，但是考察一个材料的优劣也不仅仅只是考虑其吸附能力、吸附动力学、吸附选择性也同样重要，当然不同材料适用于吸附铀酰离子的最适宜温度、pH 和固液比等客观条件是不同的。不同官能团修饰的介孔硅材料其吸附性能相差较大，以下将列举不同表面修饰官能团的介孔硅吸附材料的具体吸附数据。

1. 磷酸基配体

简易制备磷酸基改性介孔二氧化硅材料，一般将十六烷基三甲基溴化铵（CTAB）加入水和氢氧化钠的混合溶液中混合均匀，然后加入 TEOS 和二乙基磷酰乙基三乙氧基硅烷（DPTS），随后离心收集，即可得到磷酸化的介孔二氧化硅材料。

在 pH 在 1.5~8.0 时，磷酸化介孔二氧化硅材料的吸附容量随 pH 的增加而增加，其吸附动力学极快，在 5 min 时可达到饱和吸附 80%以上，并且在 30 min 即可达到饱和吸附。其具体吸附动力学如图 3-12(a) 所示。在 21 mg/L、10 mL 铀溶液中投入 2 mg 吸附剂，30 min 达到吸附平衡，最大吸附容量可达 303 mg U/g ads[13]。该材料吸附性能随 pH 的升高逐渐升高，当 pH 在 6~8 时其吸附率可以达到 90%以上[图 3-12(b)]，说明其具备海水提铀的潜力，但是该材料没有进行过真实海水吸附实验，因此用于海水提铀还有待进一步研究。

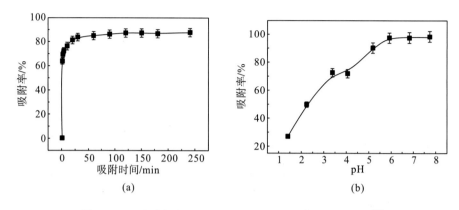

图 3-12　吸附时间(a)、pH(b)对 SBA-15 吸附性能的影响[13]

2. 咪唑类配体

以聚氧丙烯-聚氧乙烯共聚物溶液(P123)为表面活性剂，然后直接接枝合成 SBA-15 介孔二氧化硅，随后将 SBA-15 和 N-(3-三乙氧基硅丙基)-二氢咪唑(NTSP) 在甲苯中回流过滤干燥，可得到二氢咪唑功能化 SBA-15 介孔二氧化硅材料[14, 15]。

使用经过二氢咪唑改性后的介孔二氧化硅材料 DIMS 进行吸附实验，通过在同样条件下与其他介孔分子筛吸附能力的比较，得出 DIMS 具有较优的吸附能力，这是因为 DIMS 相较于其他一些分子筛材料具有更加容易控制的结构和更好的水热稳定性，并且所使用的 SBA-15 较 MCM-41 也具有更厚的硅胶壁，这可以显著改善其水热稳定性。在 pH 的影响研究中发现，随着 pH 从 2 增加到 7，其吸附率逐渐增加，当 pH 增加到 7 时其吸附率达到 97%，这是因为在较低的 pH 时，DIMS 被质子化并带正电荷。由于静电斥力的作用，带正电荷的 U(VI) 离子不受正电荷结合基团的青睐，导致吸附能力较低。随着 pH 的增加，二氢咪唑基团去质子化，结合基团与 U(VI) 之间的静电斥力减弱，甚至消失[图 3-13(a)]。在对吸附动力学的研究中发现，DIMS 对铀的吸附速率非常快，在 1 min 内即可完成 90% 的吸附，并且吸附过程达到平衡只需要 10 min 左右[图 3-13(b)]。相较于平衡时间 20 h 的 MCM-41 和 24 h 的碳纳米管，DIMS 平衡时间是极短的。在对吸附热力学的研究中发现，DIMS 对 U(VI) 的吸附可能涉及两步模式。其中，初始吸附主要发生在 Langmuir 单层模式下，吸附剂表面的 U(VI) 离子与二氢咪唑基团络合。在第一层吸附饱和后，第一层吸附的 U(VI) 离子可作为表面修饰剂进一步吸附 U(VI)，导致吸附等温线出现新的拐点。此时铀酰离子与两个轴向氧原子呈线形排列在赤道平面上，可以继续进行配位。反过来，水相中的铀酰离子和/或 U(VI) 的氢氧根络合物上的氧原子可以与吸附剂上吸附的铀原子发生协同效应或与氢键相互作用[图 3-13(c)]。因此，在第一层吸附后，U(VI) 的吸附容量增加(表 3-6)。在对离子强度的研究中发现在低 NaClO₄ 浓度时，离子强度对 DIMS 中

U(VI)的吸附有很大的影响。随着 NaClO₄ 浓度的增加，吸附能力逐渐降低，这可能是由于离子强度的增加产生了更高的屏蔽效应。Na⁺与 U(VI)离子对 DIMS 吸附剂活性位点的竞争也可能是导致 U(VI)吸附降低的原因；在解吸和重复利用的研究中发现，最佳的解吸溶液为 0.01 mol/L 或者更高浓度的 HNO₃ 溶液，几乎可以将 DIMS 中的 U(VI)完全脱附。重复性实验仅表明重复一次之后其吸附能力几乎没有变化，但需更多的重复实验来确定其重复利用性能。在对竞争离子选择性吸附研究中发现，在 pH 为 3.6 左右时，DIMS 对 U(VI)的吸附能力大于 0.15 mmol/g，而对其他金属离子的吸附能力则小于 0.05 mmol/g；当 pH 增加到 4.8 时，DIMS 对 U(VI)的吸附能力约为 pH=3.6 时的两倍，对除 Cr³⁺外的所有竞争金属离子的选择性明显增强[图 3-13(d)]。该材料在 pH 为中性左右条件下吸附率几乎达到 100%，这说明其具备海水提铀潜力，但是由于目前还没有进行过真实海水吸附实验，因此用于海水提铀还有待进一步研究。

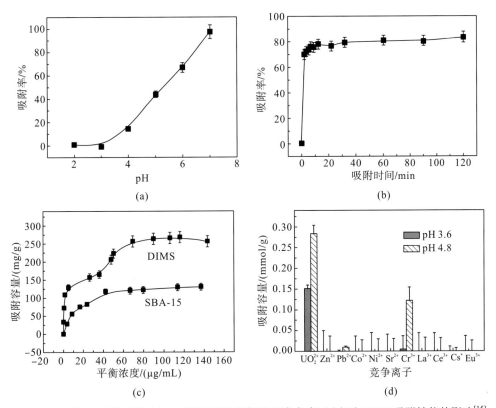

图 3-13　pH(a)、吸附时间(b)、U(VI)初始浓度(c)和竞争离子(d)对 DIMS 吸附性能的影响[15]

表 3-6　DIMS 吸附等温式计算参数[15]

Langmuir 参数			Freundlich 参数		
Q/(mg/g)	b/(mL/mg)	R^2	K_F/(mg/g)	n	R^2
300	11	0.968	71	3.56	0.935

注：Q 代表模拟最大吸附量；b 代表 Langmuir 常数；K_F 和 n 均代表 Freundlich 常数。

偕胺肟基由日本在 20 世纪 80 年代提出，偕胺肟基因具备吸附速率快、吸附容量高、pH 适应范围广且可回收利用率高等优点，从而成为目前研究的热点基团。一方面偕胺肟基可通过去质子化形成偕胺肟酸性阴离子，该离子可通过取代 CO_3^{2-} 与 U(VI) 进行螯合配位，这也间接表明其可与介孔二氧化硅进行配位；另一方面一个偕胺肟基可以在每个吸附的含铀离子上释放两个等价的 H^+[16]；此外还有其他更多的结合机制，如偕胺肟配体与铀酰离子的两个氧原子结合，同时偕胺肟酸性阴离子与另外两个氧原子结合，从而与 O^{2-} 和—NH_2 结合的偕胺肟酸性阴离子形成了一个五元环结构，或者形成戊二酰亚胺二肟的一种复杂结构[17]。

使用偕胺肟基改性介孔二氧化硅材料，首先是将氰基附着于材料上，然后通过胺肟化反应将其变为胺肟基，使铀的结合位点增加，进而提高吸附效果。通过对比发现，胺肟化之后的材料的吸附能力大大增加，详细结果见表 3-7[18]。

表 3-7　偕胺肟基改性介孔二氧化硅胺肟化前后吸附对比表[18]

样品	铀吸附容量/(mg/g)	N 含量/%
S-CP20*	17.5	1.71
S-CP20*-AO	33.3	2.22
S-CP40*	9.3	4.11
S-CP40*-AO	51.1	4.56
S-CP40*E	11.2	4.10
S-CP40*E-AO	57.3	4.61
ZS-CP40*	7.2	3.10
ZS-CP40-AO*	30.4	3.51

注：*E 代表使用酸性乙醇提取的样品；*代表使用纯水提取的样品。

偕胺肟基功能化介孔二氧化硅和戊二酰亚胺二肟功能化介孔二氧化硅虽然比表面积、孔径分布及表面电荷等不同，但是其对 U 的吸附容量却大致相同[19]。详细偕胺肟基吸附结果见 3.2.4 节的磁性介孔硅材料。

3. 亚氨基二乙酸衍生物配体

将 SBA-15 分散于干甲苯中，室温条件下加入[3-(2-氨基乙基)-氨基丙基]三甲氧基硅烷。在 N_2 气氛下进行分离回流，随后经一系列冷却干燥制得 SBA-15-N_2(SBA-15-N_3)。最后将 SBA-15-N_2(SBA-15-N_3)与溴乙酸叔丁酯混合溶于乙腈中，经一系列冷却干燥制得 SBA-15-ED3A(SBA-15-DT4A)，用于吸附铀酰离子[20]。

在不同 pH 条件下铀酰离子与亚氨基二乙酸衍生物形成的络合机制不同[图 3-14(a)]。并不是所有改性吸附材料的吸附动力学都比改性前更高，SBA-15-CyD3A 的吸附动力学较慢，而 SBA-15-ED3A 和 SBA-15-DT4A 则很快。在 UO_2^{2+}、K^+、Ca^{2+}、Mg^{2+}、Cs^+、Sr^{2+}、Ba^{2+} 和 MoO_4^{2-} 共存溶液中进行吸附选择性实验，发现所有功能化 SBA-15 材料的吸附能力都有所提高，与纯 SBA-15 相比，SBA-15-CyD3A 对 U(Ⅵ)的选择性最高，而 SBA-15-ED3A 和 SBA-15-DT4A 对 U(Ⅵ)的吸附能力优于 SBA-15 和 SBA-15-CyD3A，对 Mo(Ⅵ)的吸附能力也较高。这可能是由以下几种原因造成：①亚氨基二乙酸衍生物功能化的 SBA-15 在其他金属离子存在的情况下，UO_2^{2+} 可以与其他金属离子以 1∶1 的比例与 ED3A、DT4A 和 CyD3A 形成配合物；②与单价阳离子 K^+、Cs^+ 相比，二价阳离子 UO_2^{2+}、Ca^{2+}、Mg^{2+}、Sr^{2+}、Ba^{2+} 与亚氨基二乙酸衍生物形成的络合物更稳定；③离子半径越合适，官能团参与金属离子络合的程度更有利于 U(Ⅵ)与配体形成络合物。因此，与 Ca^{2+}、Mg^{2+}、Sr^{2+}、Ba^{2+} 相比，U(Ⅵ)与亚氨基二乙酸衍生物形成更稳定的络合物。对比改性前后 SBA-15 在不同 pH 的 U(Ⅵ)溶液中的吸附结果可知，当 pH 小于 3.0 时，改性前后的 SBA-15 对铀酰离子的吸附均不明显，吸附率随 pH 从 3.0 增加到 5.5 而急剧增加，当 pH 大于 5.5 时，达到饱和吸附。但是改性后的 SBA-15 的吸附 pH 曲线上升较缓，吸附率较高且随 pH 增加而增加，这可能是由于随着 pH 的改变形成了不同种类的离子。在离子强度的研究中发现，随着 $NaNO_3$ 浓度不断增加，材料对铀的吸附不断降低，最后趋近于稳定。在 $NaNO_3$ 浓度较低时，改性前后的 SBA-15 材料受离子强度的影响都较大，而当 $NaNO_3$ 浓度较高时则反而很小。这是因为吸附剂表面的双层厚度和界面电位降低，从而降低了吸附剂对铀的吸附性能。当然，Na^+ 与铀离子之间对吸附位点的竞争增加也可能是导致吸附降低的原因(图 3-15)。吸附热力学的研究是通过对修饰前后四种不同材料各自分别在不同温度下进行实验，发现随着铀浓度的增加，各种材料的吸附能力都有所提高。SBA-15 的铀吸附能力随温度的升高而降低，说明吸附过程为放热过程。而 SBA-15 功能化材料的吸附能力随着温度的升高而增加，说明吸附是一个吸热过程(图 3-16)。该材料在选择性方面有优势，但是由于 pH 受限于弱酸性范围并没有达到海水的弱碱性，因此目前不曾有真实海水提铀的研究，如果进一步研究可以使其在海水 pH 下进行吸附，来探究其海水提铀的潜质。

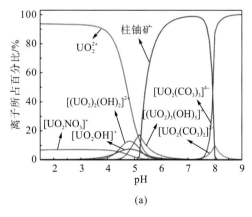

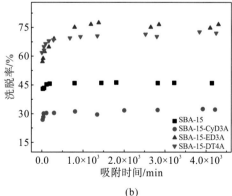

(a)　　　　　　　　　　　(b)

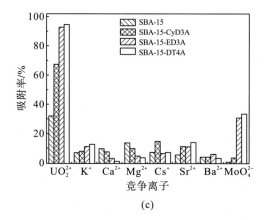

(c)

图 3-14 (a) 不同 pH 条件下铀酰离子络合形式；吸附时间(b)和竞争离子(c)对亚氨基二乙酸衍生物类配体功能化介孔二氧化硅吸附性能的影响[20]

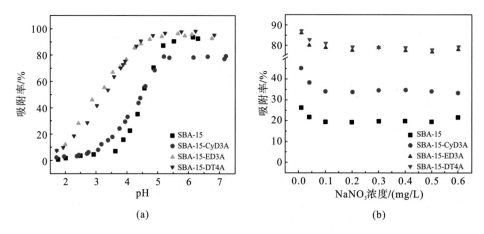

(a)   (b)

图 3-15 pH(a)和离子强度(b)对亚氨基二乙酸衍生物类配体功能化介孔二氧化硅吸附性能的影响[20]

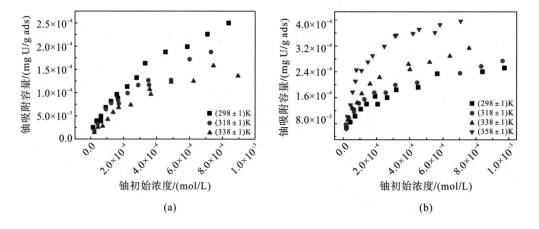

(a)   (b)

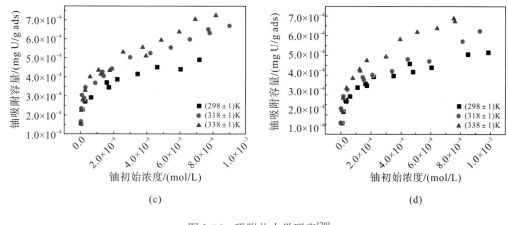

图 3-16　吸附热力学研究[20]

(a) SBA-15；(b) SBA-15-CyD3A；(c) SBA-15-ED3A；(d) SBA-15-DT4A

4. 氨基类配体

氨基功能化或硫醇基团功能化的介孔硅吸附污染物金属离子的研究早已有报道，起初是将氨基功能化后与 Fe^{3+} 配位的材料和硫醇功能化后的材料分别用于吸附 $Cr_2O_7^{2-}$、O^{2-} 和 Hg^{2+} 等。

在常温下将 TEOS、蒸馏水、CTAB 和氢氧化铵作为原料，按照 H_2O：NH_4OH：CTAB：TEOS=525：69：0.125：1 的比例进行实验，然后从碱性溶液中结晶可得到 NH_2-MCM-41 介孔二氧化硅材料，该材料可用于吸附铀酰离子[21-24]。

利用该氨基功能化的 MCM-41 即 NH_2-MCM-41 材料进行一系列的提铀实验，通过优化计算得出，在 pH 为 4.2、温度为 60℃、铀初始浓度为 90 mg/L 且振荡时间为 173 min 时，该材料最佳吸附容量可以达到 435 mg U/g ads。在对 pH 和铀初始浓度的研究中发现，一方面，吸附能力随铀初始溶液 pH（3.5～5.0）的增大而增大，当 pH 高于 5.0 时则开始减小；另一方面，随着铀初始浓度（10～90 mg/L）的增加，在所有 pH 范围内，U(VI) 吸附容量增加。铀初始浓度的增加导致铀吸附容量的增加，在相同的条件下，溶液中 U(VI) 浓度越高，吸附剂的活性位点也就被越多的 U(VI) 占据，吸附过程进行得也就越有效。在低 pH 条件下，UO_2^{2+} 吸附减少是由于吸附剂表面的正电荷增加。NH_2-MCM-41 在 pH 小于 2.8 时完全质子化，预期被吸附的金属离子也是带正电的，因此吸附能力并不高。此外，反应混合物中浓度较高的 H^+ 与正离子争夺吸附位点，进一步降低了对铀的吸收。相反，随着 pH 的增加，NH_2-MCM-41 吸附剂表面的负电荷增加，对带正电的物质吸附更加有利。随着 pH 从 2.0 增加到 6.0，吸附在 NH_2-MCM-41 上的 U(VI) 随之而增加。pH 的不同导致吸附数据的差异可以大致归因于铀酰离子在不同 pH 条件下形成的不同络合离子影响材料对其的吸附效果（图 3-17）。在对温度和铀初始浓度的研究中发现，当铀的初始浓度为 60 mg/L 时，铀的吸附容量随着温度的升高逐渐增加，当温度达到 50℃时开始减少，不同温度与不同初始浓度构成的体系的饱和吸附容量不同，这说明不同的体系给予了铀酰离子吸附不同的化学平衡，而这个化学平衡在温度较高时对铀酰离子的吸附能力较强。为了进一步了解材料的吸附能力，利用 Freundlich、Langmuir 和 Dubinin-Radushkevich（D-R）等温线对平衡数据进行了评估。得出结论是：NH$_2$-MCM-41 吸附剂对 UO$_2^{2+}$ 的吸附符合 Freundlich 吸附等温式，说明该吸附为可逆单层吸附过程，对于介孔二氧化硅材料而言可以称为体积填充，样品的外表面积比孔内表面积小很多，吸附容量受孔体积控制（表 3-8）。该材料在吸附容量方面有着非常好的优势，有用于海水提铀的潜质，但是由于 pH 限制于酸性，因此目前不曾有真实海水吸附铀的研究，但是如果进一步研究可以使其在海水 pH 下进行吸附。

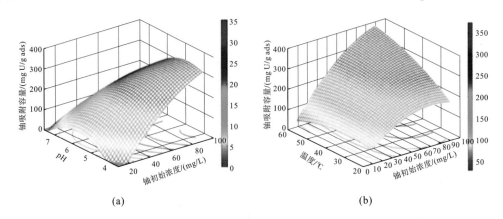

(a)   (b)

图 3-17   pH 和铀初始浓度（a）及温度和铀初始浓度（b）对氨基功能化介孔二氧化硅吸附性能的影响[24]

表 3-8   氨基功能化介孔二氧化硅吸附模型[24]

Langumuir 参数			Freundlich 参数			D-R 参数			
R^2	n_m/(mg/g)	b/(L/mg)	R^2	K_F/(mg/g)	n	R^2	X_m/(mmol/g)	E/(kJ/mol)	K
0.995	625	0.1065	0.9239	86.19	2.21	0.9542	0.0105	12.31	0.003

注：n_m 和 b 均代表 Langmuir 常数；K_F 和 n 均代表 Freundlich 常数；X_m 代表理论吸附量；E 代表平均吸附能；K 代表与吸附能有关的常数。

3.2.2 非介孔硅材料

非介孔硅材料主要是其孔径不在 2～50 nm 范围内的多孔硅材料，此类材料虽然不具有近乎统一的孔径，但是也可以通过其他一些改性方法改进提铀能力，进而进行海水提铀，包括通过偕胺肟基直接功能化二氧化硅、通过共价表面偶氮结合引发剂在硅胶颗粒表面接枝离子印迹聚合物及孔径在 220 nm 左右的硅微球。

1. 偕胺肟基直接功能化二氧化硅

采用预浸法可制备偕胺肟基二氧化硅[25]。首先将制备好的二氧化硅和氨丙基三乙氧基硅烷（APTES）悬浮在甲苯中，氮气气氛下回流搅拌。将收集到的 Si-APTES 分别在甲苯和乙醇中过滤回流，真空干燥。氮气保护下，将粉末与丙烯腈在甲醇溶液中进一步反应，接枝到 Si-APTES 上。再经一系列过滤干燥得到 Si-AN 产品。Si-AN 的胺肟化是在 70℃下将材料浸

泡于 $NH_2OH \cdot HCl$ 和 NaOH 的混合溶液进行的。最后用乙醇提取偕胺肟基功能化的二氧化硅，干燥后即得到偕胺肟基功能化二氧化硅(Si-AO)。通过将功能化的二氧化硅与未进行功能化的二氧化硅进行吸附动力学的对比得出，经偕胺肟基功能化的二氧化硅吸附剂材料具有更快的吸附动力学，未进行功能化的二氧化硅达到吸附平衡往往需要几个小时以上，而功能化之后的二氧化硅达到吸附平衡仅仅需要 20 min 左右(图 3-18)。在对 pH 的研究中发现，在 pH 为 2~6 时，随着 pH 的增大，Si-AO 对铀的吸附容量也不断增大，当 pH超过 6 时，铀吸附容量开始减小。在较低 pH 时，溶液中主要存在几种质子受体，包括 Si-AO、H^+ 和 UO_2^{2+}，阳离子之间的静电斥力导致吸附容量较低，而随着 pH 的增加，质子化的 Si-AO逐渐转化为中性分子，而铀酰离子也转化为 $[UO_2(OH)]^+$，恰好可以与—C(NOH)NH_2 结合形成 $UO_2 \cdot 2[$—C(NO)$NH_2]$，这也就导致 Si-AO 的吸附随 pH 的增大而增大。当 U(VI) 初始浓度为 100 mg/L，pH 为 6 时，该材料达到最大吸附容量，为 94 mg U/g ads。在对铀初始浓度和吸附等温模式的研究中发现，当温度为 298 K 时，随着铀初始浓度从 50 mg/L 增加到 300 mg/L，该材料的吸附容量也不断增加，最大可达到 144 mg U/g ads。随后在 Na^+、K^+、Ca^{2+} 和 Mg^{2+} 共存的条件下进行了选择性吸附实验，可知尽管竞争离子浓度远远大于铀离子的浓度，但是并没有影响吸附剂对铀的吸附作用。对比 Si-AO 与其他几种硅材料吸附剂可以发现，该材料在平衡时间、吸附容量方面有着较大的优势(表 3-9)。但是由于 pH 限制于酸性，当 pH 超过 6 时，吸附率逐渐降低，且没有弱碱性条件下的吸附实验结果，因此该材料是否具有用于海水提铀的潜质还有待进一步验证。

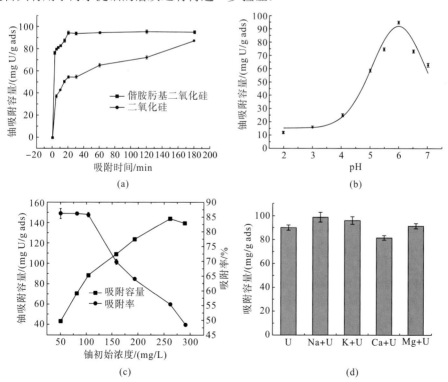

图 3-18 吸附时间(a)、pH(b)、铀初始浓度(c)和竞争离子(d)对 Si-AO 吸附性能的影响[25]

表 3-9　Si-AO 与其他吸附剂吸附能力对比[25]

吸附剂	最佳 pH	吸附容量/(mg U/g ads)	平衡时间/min
偕胺肟功能化硅	6.0	156	20
MCM-41	6.0	95	30
MCM-48	6.0	125	30
硅酸镁空心球	4.0	107	120
天然海泡石	3.0	35	240

2. 离子印迹技术[26]

离子印迹技术以阴、阳离子为模板离子，选用与离子有相互作用力(通常为静电、配位和螯合等作用力)的功能单位，选择合适的交联剂和聚合方法在水溶液中进行聚合，去除模板离子之后便可以获得具有特点基团排列、固定空穴大小和形状的离子印迹聚合物(图 3-19)。

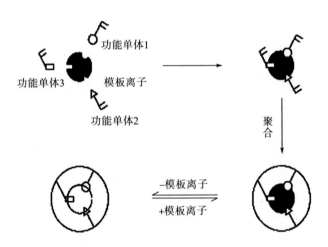

图 3-19　离子印迹技术制备原理图[26]

利用 4,4-偶氮基(4-氰基戊酸氯)(ACPC)将偶氮基引入氨基丙基二氧化硅颗粒表面。其原理是通过氨基与 ACPC 在吡啶的存在下进行反应，然后将改性的二氧化硅颗粒加入硝酸铀酰和二甲基丙烯酸乙二醇(EDMA)的二氯甲烷(DCM)/甲醇(MeOH)溶液中，进行热态水浴反应，利用 Ar 进行吹扫，随后用紫外光源进行照射。为了去除未接枝的聚合物，离心后用 DCM 进行连续洗涤，之后利用浓盐酸对铀酰离子进行浸出，搅拌离心后利用 ICP 法测定上清液中铀酰离子含量，重复上述步骤直至上清液中没有铀酰离子，之后用蒸馏水反复洗涤吸附剂，直至中性，最后用甲醇再洗涤，真空干燥得到离子印迹聚合物包覆的二氧化硅吸附材料[27]。

在使用离子印迹聚合法时，通过利用共价表面偶氮引发剂将甲基丙烯酸-铀酰离子络合物与甲基丙烯酸乙二酯接枝共聚到氨基丙基二氧化硅载体上，制备新型的铀酰选择性离子印迹聚合物包覆吸附剂, 这种接枝方法在理想情况下是表面引发的且聚合物不会在溶液中传播。吸附实验表明: 由于 pH 低于 1.5 时羧基的去质子化能力较弱, 因此吸附剂上没有提取出铀酰离子。在 pH 为 3.0 时观察到铀酰离子的最大吸附。当 pH 较高时, 吸附率降低, 这可能是由于溶液中乙酸盐离子与固定化甲基丙烯酸酯离子竞争铀酰离子。从图中可以看出, 在所有情况下, 离子印迹聚合物对铀酰离子的亲和力都远远高于对照的非离子印迹聚合物(图 3-20)。在吸附动力学实验中通过将 100 mg 吸附剂加入 10 mL 5 μg/L 的铀溶液中进行实验, 结果得出超过 95%的铀酰离子可以在 5 min 内被吸附剂完全吸附。交联酯基的存在导致水很容易扩散到聚合物网络上, 因此其平衡速度极快, 而且离子印迹吸附剂上的铀酰离子与预先确定的空腔之间的络合率很高。对于离子印迹吸附剂而言, 去除模板后产生的空腔在尺寸和几何形状上与印迹离子互补, 这使得具有独特形状的较大的铀酰离子相比其他金属离子具有较大的优势被空腔所固定吸附。多种竞争离子的选择性吸附实验(表 3-10)结论指出, 与其他金属离子相比, 铀酰离子与离子印迹吸附剂的结合存在显著的差异, 且其相对选择性系数(K_d)也是极高的。离子印迹技术应用于提铀是一种非常好的想法, 但是该材料目前被限制于酸性条件, 暂无弱碱性条件下的吸附结果, 因此用于海水提铀还有待进一步研究。

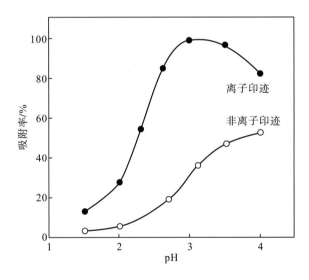

图 3-20　pH 对离子印迹聚合物包覆的二氧化硅吸附性能的影响[27]

表 3-10　吸附剂的吸附选择性[27]

离子	印迹吸附剂		控制吸附剂		k'
	K_d	$K_{印迹}$	K_d	$K_{控制}$	
UO_2^{2+}	4950.0		35.5		
Th^{4+}	10.2	483	30.0	1.2	402.5
Sm^{3+}	<0.5	>10^4	2.6	13.4	>746.3
Ce^{3+}	3.3	1498	4.0	8.9	168.3

离子	印迹吸附剂		控制吸附剂		k'
	K_d	$K_{印迹}$	K_d	$K_{控制}$	
Pb^{2+}	1.6	2994	1.1	32.3	92.7
La^{3+}	2.1	2370	5.2	6.8	348.5
ZrO^{2+}	4.4	1128	7.0	5.1	221.2
Y^{3+}	5.9	835	7.9	4.5	185.5
Cu^{2+}	1.4	3437	1.2	29.6	116.1
Ni^{2+}	1.5	3201	1.7	20.9	153.2
Fe^{3+}	11.1	445	18.9	1.9	234.2
Mn^{2+}	1.2	4026	0.9	39.4	102.2
Co^{2+}, Zn^{2+}, Cd^{2+}	<0.5	>10^4	<0.5	>10^2	

注：$K_{印迹}$代表离子印迹聚合物的选择系数；$K_{控制}$代表控制吸附剂的选择系数，$k'=K_{印迹}/K_{控制}$。

3. 二氧化硅微球吸附实验

聚乙烯基吡咯烷酮(PVP)是一种双亲性、非离子型聚合物，可溶于水和许多非水溶剂中。PVP 首先作为稳定剂或表面活性剂参与聚合反应，然后作为偶联剂参与聚合反应。PVP 对二氧化硅颗粒进行功能化，并在其表面形成亲水性 PVP。在溶胶-凝胶包覆过程中，先将聚苯乙烯先导物溶解，然后用甲苯处理，形成二氧化硅微球。以 PVP 为原料，经乳液聚合及溶胶-凝胶法制备二氧化硅微球[28]。在不同 pH 条件下进行了对铀和钍的吸附实验，得出在 pH 为 3 时，铀的吸附率超过 99%，当 pH 增加时，铀的吸附容量急剧下降；随后再在不同的铀和钍初始浓度、pH 为 3 的条件下进行了吸附实验，实验结果指出在 30 min 内二氧化硅微球即可将 99%以上的 UO_2^{2+} 吸附(图 3-21)。随后使用 30 mL 3 mol/L 的 HNO_3 对铀进行洗脱，可以明显地看出超过 95%以上的铀可以洗脱出来，并且洗脱之后的微球可重复利用，在进行了 30 次的循环之后，该材料的吸附能力仅降低 25%。对于二氧化硅微球材料而言，因其最佳 pH 在 3 左右，所以，虽然针对体系并非海水体系，但是其具有非常高的吸附率和较快的吸附动力学(30 min 吸附 99%以上)，值得进一步探索其使用性能。

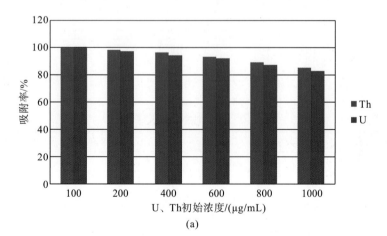

(a)

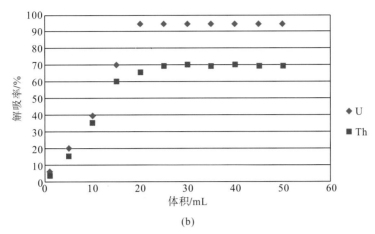

(b)

图 3-21　(a)铀、钍初始浓度对二氧化硅微球吸附性能的影响；(b)二氧化硅微球的洗脱循环[28]

3.2.3　纳米硅材料

纳米材料是一种由基本颗粒组成的粉状、团块状的天然或人工材料，这种基本颗粒的一个或多个维度尺寸在 1~100 nm，并且其总量占整个材料的所有颗粒总数的 50%以上。纳米硅一般具有较高的比表面积和均一的孔径分布，这有助于提高混合吸附剂的吸附能力。

将 MSU-H(纳米多孔硅)加入 CMPEI(聚乙烯亚胺)的聚合物溶液中。将混合溶液在 pH 为 3 或 5 下搅拌，得到的悬浮液通过孔径为 200 nm 的膜过滤，膜上保留的聚合物改性二氧化硅记作 CMPEI/MSU-H，去除游离的 CMPEI 后即可得到经 CMPEI 改性的 MSU-H(图 3-22)。随后采用聚合浓度为 27%的 CMPEI/MSU-H 吸附剂对 U(Ⅵ)进行吸附实验，实验指出当 pH 为 4.0，初始铀浓度为 12.5 mg/L 时，该材料可以在 10 min 内将 99%的 U(Ⅵ)吸附。并且通过与原始 MSU-H 吸附等温线对比得出，CMPEI/MSU-H 在所有测试 pH 中表现出比原始 MSU-H 具有更高的吸附能力。特别是 CMPEI/MSU-H 对 U(Ⅵ)吸附能力随着 pH 的增加而增加，这主要是由于 CMPEI 的化学结构依赖 pH。随着 pH 的增加，亚胺和羧基的去质子性增强(图 3-23)[29]。该材料较快的吸附动力学说明其具备海水提铀的潜力，但是具体结果如何还有待进一步研究。

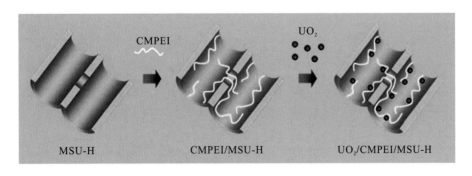

图 3-22　纳米多孔硅制备原理图[29]

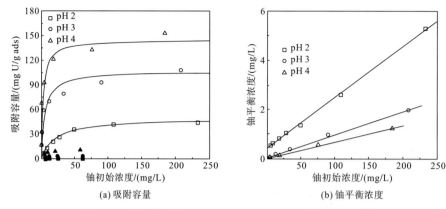

(a) 吸附容量   (b) 铀平衡浓度

图 3-23   铀初始浓度对 CMPEI/MSU-H 吸附性能的影响[29]

MSU-H(■：pH 2.0；● ：pH 3.0；▲ ：pH 4.0)和 CMPEI(27%)/MSU-H(□：pH 2.0；○ ：pH 3.0；△ ：pH 4.0)

碳纳米管可制备出一种层状硅酸盐纳米管[30]材料。其制备方法如下：将 CNT（碳纳米管）加入去离子水、乙醇和 CTAB 的常温溶液中，超声处理后，搅拌加入 NaOH 水溶液，然后滴入 TEOS 搅拌。最后将黑色固体产品收集、煅烧，得到白色 SNT（硅纳米管）。将需要进行实验的金属硝酸盐或者氯化物以适当比例溶于去离子水中，同时将 SNT 均匀超声处理后，分散于去离子水中，混合两种溶液，倒入高压釜中进行反应。随后离心收集产品，冲洗干燥可得到层状硅酸盐纳米管材料（MgSNT）。

层状硅酸盐纳米管材料吸附实验表明，该材料对未经 pH 调整的水中 UO_2^{2+} 的饱和吸附容量最大可以达到 929 mg U/g ads。不同初始铀浓度条件下进行的吸附实验结果如图 3-24 所示，该材料对铀的吸附容量随铀初始浓度的增加逐渐增大，当初始浓度达到 200 mg/L 时，其吸附容量可以达到 800 mg U/g ads 左右；在铀初始浓度为 250 μg/L 和 50 μg/L 的溶液中投入 10 mg MgSNT 材料进行吸附实验，实验得出 94%左右的 UO_2^{2+} 也可以完全被吸附。在含有 255 μg/L 铀的盐湖水中投入 10 mg MgSNT 材料进行吸附 48 h 实验，约 89%的 UO_2^{2+} 完全被吸附。且该材料可以使用 1 mol/L 的盐酸进行解吸，解吸率可以达到 95%以上。该材料虽然进行了盐湖水的吸附实验，但是并没有进行海水中的提铀试验，因此是否可以应用于海水提铀还有待进一步研究。

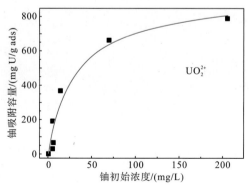

图 3-24   铀初始浓度对 MgSNT 吸附性能的影响[30]

3.2.4　磁性硅材料

磁性吸附材料较传统吸附材料的优点在于便于从水相中分离,传统的吸附法需要回收吸附材料,不经济,也不适合大规模的水处理,而磁性吸附剂便于采用磁场分离。其中,最常用的磁性吸附剂基于 Fe_3O_4 颗粒,这些颗粒在酸性条件下易浸出,在电解质溶液中分散时可能会聚集。为了弥补这些缺点,基于物理涂层的 Fe_3O_4 粒子表面修饰阳离子得到了广泛的研究。在各种核壳结构的微球中,磁性介孔二氧化硅(MMS)因其典型的夹层结构而引起人们的特别关注。介孔硅层除了具有磁响应功能外,还能保护内铁氧体,且还具有比表面积大、孔容大、孔径可调、细胞毒性低等优点[31]。

一种偕胺肟基功能化的磁性介孔二氧化硅材料(MMS-AO)在铀溶液中的吸附容量在前 2 h 内迅速增加,然后趋于平缓,直至达到吸附平衡,并且通过比对确定吸附符合准二阶动力学模型,即吸附为强表面络合或化学吸附而非单纯的传质。具体示意见图 3-25(a)。通过对 pH 影响的研究发现,当 pH 从 2.0 增加到 6.0 时,吸附容量逐渐增大,当 pH 大于 8.0 时,吸附容量逐渐减小,这两种相反的吸附趋势是因为 pH 会影响材料表面性质和溶液中铀种类的相对分布。增加溶液 pH 可以中和络合反应释放的质子,通过偕胺肟基的去质子作用,降低 UO_2^{2+} 与材料表面正电荷的静电斥力,从而增加吸附容量。但是当 pH 大于 8.0 时,吸附容量反而下降,这可能是由于铀的水解作用导致如[$UO_2(OH)_3$]$^-$等其他离子的出现及这些阴离子与材料表面负电荷在高 pH 条件下形成较强的静电斥力影响了吸附容量[图 3-25(b)]。在对该材料选择性吸附实验中选用 Zn^{2+}、Ni^{2+}、Co^{2+}、Pb^{2+}、Cr^{3+}、Eu^{3+}和 Ce^{3+}作为共存竞争离子,初始离子浓度均为 0.2 mmol/L,pH 为 5.0 左右,得出结论:与未经改性的 MMS 对比,MMS-AO 对所有竞争离子的选择性系数明显提高[图 3-25(c)]。从环境可持续性和经济效益的角度来看,吸附剂的再生是评价其应用潜力的关键因素。在再生方面的研究中发现,可以采用酸性溶液作为吸附过后的洗脱液,通过对不同浓度的盐酸洗涤进行考察,最终确定 1 mol/L 或者更高浓度的盐酸为最佳洗脱溶液,在经过多次洗脱之后其吸附容量几乎可以保持不变(图 3-26)。该材料采用较为简易的磁性分离方法对于海水提铀具备一定的潜力,但用于真实海水提铀还有待进一步研究。

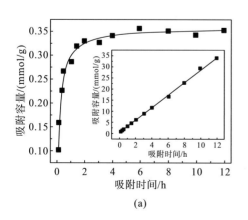

(a)

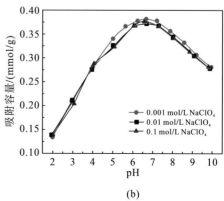

(b)

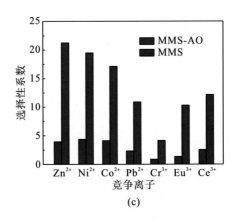

图 3-25 吸附时间(a)、pH(b)和竞争离子(c)对 MMS-AO 吸附性能的影响[31]

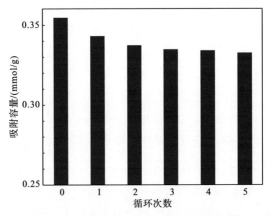

图 3-26 MMS-AO 循环吸附/解吸效率[31]

3.3 无机杂化材料

无机杂化材料主要包括金属氧化物(水合氧化钛、氧化铝和氧化铁等)、层状无机材料(层状硫化物和层状双氢氧化物等)、偕胺肟修饰的无机材料及其他无机杂化材料。

3.3.1 金属氧化物材料

金属氧化物吸附材料普遍具有比表面积大且易制备的特点,近年来不少专家学者将金属氧化物用于海水提铀研究,成果显著。

1. 水合氧化钛吸附材料

1964 年水合氧化钛被确定为一种很有前途的铀吸附剂,它可以通过不同的方法制得,不同制备方法制得的吸附剂的吸附能力不同,各方面性质也略有差异。例如,使用尿素法制备的水合氧化钛在 25℃下对铀酰离子的饱和吸附容量可以达到 660 μg U/g ads;亲水有机黏结剂制备水合氧化钛在流动床实验中经过 60 d 吸附，其吸附容量可以达到 600 μg U/g ads 左右[32]。

水合氧化钛在真实海水条件下可以达到 0.1 mg U/g ads 的吸附能力，这种能力对于实际水平显然是不够的，需要提高 10 倍以上才能降低回收成本[33]。并且水合氧化钛最显著的缺点是其机械抗磨损能力较低，流动吸附时吸附颗粒会被水流击穿，这也是如今研究水合氧化钛吸附材料越来越少的原因之一。

2. 氧化铝吸附材料

利用超临界流体技术制备氧化铝吸附材料[34]。超临界流体技术：当化合物或混合物的温度和压力超过其临界温度和临界压力(T_c 和 P_c)时，单相流体可以称为超临界流体(SCF)。SCF 代表一种介于液体和气体之间的物质状态，它可以溶解和运输试剂及其他物质，并且由于其具备低黏度和高扩散率运输特性，也非常适合处理纳米结构。此外，由于 SCF 只存在一个相，表面不存在张力，这使得其在干燥过程中去除溶剂后可以保持纳米级结构。将 $Al(NO_3)_3 \cdot 9H_2O$ 和 $CO(NH_2)_2$ 溶于蒸馏水中，然后再用 CO_2 气体确保系统压力在 9 MPa(CO_2 的临界压力为 7.38 MPa)条件下将混合溶液转移到一个高压反应器中，160℃下反应，所得沉淀物经过滤后用去离子水洗涤，随后干燥，得到薄水铝石(AlOOH)前体。最后将粉末放入马弗炉中煅烧，即可制得氧化铝纳米薄片。

在对铀酰离子的吸附实验中，将 0.1 g 的吸附剂投入 20 mL 25 mg/L 的铀溶液，进行 2 h 吸附实验，探究 pH 对吸附剂吸附能力的影响。实验得出，强酸性环境不利于铀的吸附，因为吸附位点存在过量的 H^+ 和铀酰离子的竞争。随着 pH 的逐渐增加，吸附率逐渐降低，这是由于材料与碳酸盐形成了类似 $[UO_2(CO_3)_2]^{2-}$ 或 $[UO_2(CO_3)_3]^{4-}$ 等稳定的络合物。该材料最大吸附率出现在 pH 为 (5.0 ± 0.1) 时，达到 $(92.9 \pm 0.5)\%$，最大吸附容量是 (4.66 ± 0.02) mg U/g ads (图 3-27)。该材料由超临界流体技术制备，但是由于 pH 限制于酸性，当 pH 为 8 左右时，其吸附率下降明显，但仍然还有 85% 以上，因此虽然目前不曾有真实海水吸附铀的研究，但是如果进一步研究提高其在弱碱性条件下的吸附效果，用于海水提铀还是有潜质的。

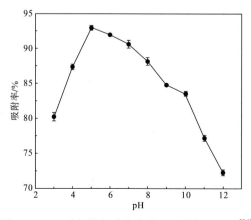

图 3-27 pH 对氧化铝纳米薄片吸附性能的影响[34]

3. 氧化铁吸附材料

　　利用共沉淀法制备腐殖酸(HA)包覆的氧化铁纳米颗粒(Fe$_3$O$_4$ NPs)[35]用于铀吸附实验，测得不同浓度的铀溶液中每克吸附剂的吸附容量(图 3-28)，从图中可以看出，当铀浓度在 20 μg/L 至 2 mg/L 时，该材料都可以很有效地将其吸附。随后为了探寻四种材料的最大吸附容量，在不同初始浓度的铀溶液中对四种纳米颗粒进行了吸附实验，实验得出，Fe$_3$O$_4$、Fe$_3$O$_4$/HA 1、Fe$_3$O$_4$/HA 2 和 Fe$_3$O$_4$/HA 3 的最大吸附容量分别为 5.5 mg U/g ads、10.5 mg U/g ads、18 mg U/g ads 和 39.4 mg U/g ads。这表明增加表面腐殖酸涂层可以增加吸附材料的吸附能力(图 3-29)。在对孟买的不同地点海水样品进行的真实海水吸附实验中，实验条件为：10 mL 海水添加铀至 10 μg/L 浓度，加入吸附剂 20 mg。实验结果表明，与纯 Fe$_3$O$_4$ NPs 相比，包覆了腐殖酸的 Fe$_3$O$_4$ NPs 吸附效果更好。磁性 Fe$_3$O$_4$ NPs 具有非常良好的吸附性能，且能用于实验室真实海水中铀的吸附，克服了其他吸附剂存在的合成困难、分离烦琐、接触时间长和成本较高等缺点，有望在未来投入工程应用。

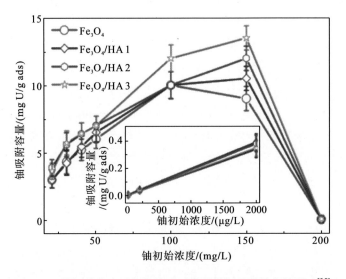

图 3-28　铀初始浓度对氧化铁系列吸附材料吸附性能的影响[35]

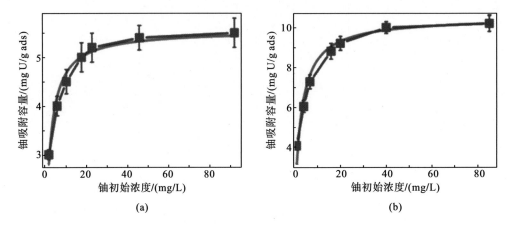

(a)　　　　　　　　　　　　　　　　　　　　(b)

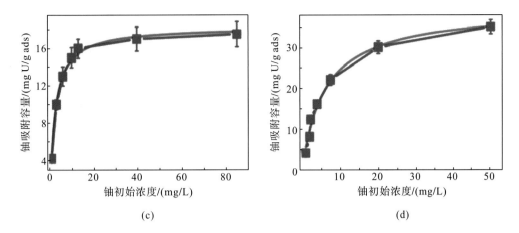

图 3-29　离子浓度对氧化铁系列吸附材料吸附性能的影响[35]

(a) Fe$_3$O$_4$；(b) Fe$_3$O$_4$/HA 1；(c) Fe$_3$O$_4$/HA 2；(d) Fe$_3$O$_4$/HA 3，其中蓝色线为实测值，红色线为拟合值

3.3.2　层状无机材料

1. 层状双氢氧化物

层状无机材料主要包括层状双氢氧化物(LDH)和层状硫化物，层状双氢氧化物具有较高比表面积、高亲水性、多吸附位点，并且合成简单、环保、成本低。其结构式为：$\left[M^{2+}_{1-x}M^{3+}_x(OH)_2\right]^{x+}\left[A^{n-}\right]_{x/n}\cdot mH_2O$，其中，$M^{2+}$ 和 M^{3+} 分别为二价和三价的金属阳离子，A^{n-} 为层间阴离子。对于 LDH 而言，一般不同纳米薄片的大小和堆叠形式会影响其比表面积，这间接决定了其是否有足够的接触铀酰离子的活性反应位点。

将2-巯基乙磺酸溶解于去离子水中(溶液 A)，将 Mg(NO$_3$)$_2$·6H$_2$O 和 Al(NO$_3$)$_3$·9H$_2$O 溶解于去离子水中(溶液 B)，溶液 B 缓慢搅拌加入溶液 A 中，置于高压釜中进行加热，离心、清洗、干燥后得到 2-巯基乙磺酸夹层双氢氧化物(MS-LDH)[36]。MS-LDH 对 U(Ⅵ) 的吸附速率非常快，45 min 内吸收率达到 100%，K_d 值为 2.0×10^8 mL/g，饱和吸附容量达到 657.9 mg U/g ads(表 3-11)。硫原子本身可以与 UO$_2^{2+}$ 形成强烈结合，而且磺酸盐基团的存在也增加了 MS/U(R—SO$_3^-$···UO$_2^{2+}$) 相互作用，金属离子和层间阴离子形成稳定的络合物，提高了材料的吸附容量(图 3-30)。在掺杂 Ca^{2+}、Mg^{2+}、K$^+$ 和 Na$^+$ 竞争离子的铀溶液中，MS-LDH 对 U(Ⅵ) 的吸附选择性高于其余竞争离子(表 3-12)。使用 0.2 mol/L 的 EDTA 作为洗脱剂，对 MS-LDH 表面的铀进行回收，经过 7 个吸附/解吸循环后，回收率仍然保持在 96%～98%，这说明 MS-LDH 可作为一种经济、可用于处理含铀废水的吸附剂。但是目前还没有该材料在弱碱性 pH 条件下的吸附实验结果，因此其是否可以进行海水提铀试验还有待研究者继续进行深入考察。

表 3-11 MS-LDH 吸附能力与其他材料对比表[36]

吸附剂	$K_d/(mL/g)$	$q_m/(mg\ U/g\ ads)$
聚硫化物/层状双氢氧化物	$3.4×10^6$	330.0
FJSM-SnS	$4.3×10^4$	338.4
$K_{2x}Mn_xSn_{3-x}S_6$	$1.8×10^5$	382.0
Fe_3O_4@C@Ni-Al LDH	—	573.0
NH_2 功能化有序硅	—	90.92
磷酸三丁酯包覆羟基磷灰石	—	38.0
经修饰后的 MCM-41 硅微粒	—	58.9~442.3
MS-LDH	$2.0×10^8$	657.9

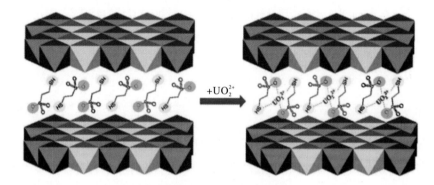

图 3-30 MS-LDH 吸附机理图[36]

表 3-12 MS-LDH 选择性吸附表[36]

元素	$C_o/(mg/L)$	C_f-3h$/(mg/L)$	吸附率/%	$K_d/(mL/g)$
Ca	500.0	423.3	15.3	$3.62×10^2$
U	10.0	0.23	97.7	$8.5×10^4$
Mg	500.0	445.5	10.9	$2.45×10^2$
U	10.0	0.56	94.4	$3.4×10^4$
K	2000.0	1969.2	1.5	31.3
U	10.0	0.006	99.9	$3.3×10^6$
Na	2000.0	1976.4	1.2	23.8
U	10.0	0.001	99.9	$2.0×10^7$
元素	$C_o/(mg/L)$	C_f-1h$/(mg/L)$	吸附率/%	$K_d/(mL/g)$
Ca	10.0	9.12	8.8	96.5
Mg	10.0	8.90	11.1	$1.2×10^2$
K	10.0	9.97	3.0	3.0
Na	10.0	9.99	1.0	1.0
U	10.0	0.001	99.9	$1.25×10^6$

注：C_o 代表初始浓度；C_f 代表吸附后浓度。

将合成的 ZIF-67 粉末与 Mg(NO₃)₂·6H₂O 混合溶解，进行磁力分离可以得到 Mg-Co 层状双氢氧化物(Mg-Co LDHs)[37]。Mg-Co LDHs 适用于酸性条件的铀溶液中，最佳 pH=5 时的吸附容量可以达到 430.7 mg U/g ads。随着 pH 的升高，铀酰离子的水解产物含有更多的羟基，从而导致 Mg—OH 与 Co—OH 位点结合，在 Mg-Co LDHs 材料表面和铀酰离子之间产生阻碍作用，降低了吸附率，pH 为 8 时的吸附容量为 248.9 mg U/g ads。Mg-Co LDHs 在 U(Ⅵ)溶液中吸附 3 h 达到吸附平衡，吸附数据符合准二阶动力学方程，化学吸附是限制吸附过程的主要原因。而且 Mg-Co LDHs 的吸附容量随着溶液中铀初始浓度的提高而增加，吸附等温数据对 Langmuir 模型的拟合程度更高。在掺杂 K⁺、Na⁺、Ca²⁺、Mg²⁺等多种竞争离子、接近真实海水 pH 的体系中，Mg-Co LDHs 始终保持着对铀极佳的吸附选择性(图 3-31)。Mg-Co LDHs 在接近真实海水条件下进行非常有效的吸附，说明其具有进行海水提铀的潜质。

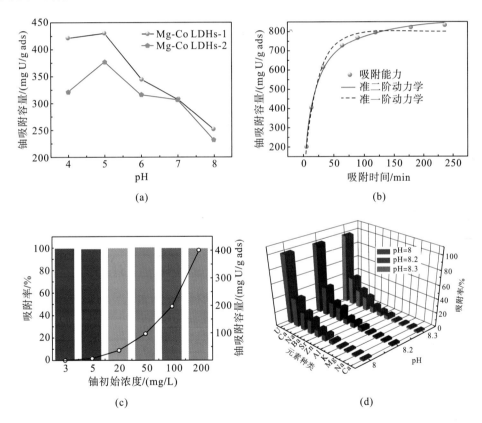

图 3-31　pH(a)、吸附时间(b)、铀初始浓度(c)和竞争离子(d)对 LDH 吸附性能的影响[37]

(c)中线代表吸附容量；柱线代表吸附率

2. 层状金属硫化物

层状金属硫化物 K₂MnSn₂S₆(KMS-1)[38]对铀具有非凡的亲和力和选择性，饱和吸附容量和分配系数值分别可以达到 382 mg U/g ads 和 $1.1×10^4 \sim 1.8×10^5$ mL/g。而且在 pH 为 3~

9 时，KMS-1 始终保持着较高的吸附率(图 3-32)。KMS-1 在铀浓度添加至 1.3 mg/L 的真实海水中进行吸附，吸附率接近 100%，分配系数 K_d 为 $(2\sim3)\times10^4$ mL/g，吸附后的海水中铀浓度仅为 1μg/L。减少铀的添加量，使海水中铀浓度为 3.8 μg/L 时，KMS-1 依然保持着 76.3%～84.2% 的高吸附率(表 3-13)。虽然 KMS-1 的投料比较大，但在真实海水中表现出优异的吸附性能，在海试方面具有一定的可行性。

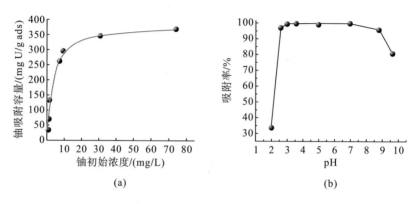

图 3-32　铀初始浓度(a)和 pH(b)对 KMS-1 吸附性能的影响[38]

表 3-13　KMS-1 对 U(VI)的吸附率[38]

样品	pH	投料比/(mL/g)	铀浓度/(μg/L)		吸附率/%
			初始	结束	
0.34 mol/L NaCl 超纯水	3	1000	2500	12.0～22.0	99.1～99.5
0.15 mol/L NaNO₃ 超纯水	6.5	1000	3250	103.0～128.0	96.1～96.8
饮用水	7	100	36	0.5～0.7	98.1～98.6
密歇根湖的水	7.3	100	34.2	0.9～1.1	96.8～97.4
海水(墨西哥湾)	8.2	16～50	1308	1.2～6.5	99.5～99.9
海水(太平洋)	8.2	20～50	1278	1.1～2.0	99.8～99.9
海水(墨西哥湾)	8.2	100	39	5.3～8.5	78.3～86.5
海水(墨西哥湾)	8.2	100	3.8	0.6～0.9	76.3～84.2

　　使用离子交换的方法[39]，将多硫化物阴离子[S_x]插入 LDH 的空隙之间，可制备出一种具有软路易斯结合位点的聚硫/层状双氢氧化物复合材料(S_x-LDH)。制得的 S_4-LDH 和 S_2-LDH 在不同铀溶液中的吸附结果如表 3-14 和表 3-15 所示，铀初始浓度为 1478.2 mg/L 时，两种吸附材料的铀饱和吸附容量分别达到 331.7 mg U/g ads 和 329.72mg U/g ads，减小溶液的铀初始浓度时，两种材料的吸附率和 K_d 值均有所增加，铀初始浓度为 22.1 mg/L 时，S_4-LDH 的 K_d 值最高可达到 3.4×10^6mL/g。

表 3-14　S₄-LDH 对 U(Ⅵ) 的吸附率[39]

铀初始浓度/(mg/L)	pH	吸附后浓度/(mg/L)	pH	铀吸附容量 q_m/(mg/g)	吸附率/%	K_d/(mL/g)
22.1	6.2	0.006	7.4	22.1	99.97	3.4×10^6
48.7	5.8	0.1	6.8	48.6	99.75	3.9×10^5
76.4	5.3	2.6	6.5	73.7	96.52	2.8×10^4
121.4	4.8	9.4	6.1	112.0	92.25	1.2×10^4
242.4	4.6	100.7	5.7	141.7	58.44	1.4×10^4
301.5	4.4	141.3	5.6	160.1	53.12	1.1×10^4
345.2	4.2	161.5	5.5	183.7	53.22	1.1×10^4
547.9	3.9	343.1	4.9	204.8	37.38	6.0×10^2
1478.2	3.5	1146.5	4.0	331.7	22.44	2.9×10^2

表 3-15　S₂-LDH 对 U(Ⅵ) 的吸附率[39]

铀初始浓度/(mg/L)	pH	吸附后浓度/(mg/L)	pH	铀吸附容量 q_m/(mg/g)	吸附率/%	K_d/(mL/g)
48.7	5.8	0.06	6.9	48.64	99.9	8.4×10^5
144.8	5.1	4.7	6.4	140.08	96.8	3.0×10^4
242.4	4.6	94.7	5.8	147.77	61.0	1.6×10^3
345.2	4.2	164.4	5.4	180.85	52.4	1.1×10^3
547.9	3.9	365.4	4.7	182.48	33.3	5.0×10^2
825.5	3.7	646.6	4.3	179.00	21.7	2.8×10^2
1478.2	3.5	1148.4	3.9	329.72	22.31	2.9×10^2

　　向铀溶液中加入大量的 Ca^{2+} 或 Na^+，S₄-LDH 始终保持着对 U(Ⅵ) 的高吸附选择性和吸附效率，即使 $CaCl_2$/U 比为 58828，S₄-LDH 对 U(Ⅵ) 的吸附率仍可达到 75.7%(表 3-16)。在真实海水中添加 9 μg/L 铀时，尽管含有高浓度的其他离子，但经 S₄-LDH 吸附后，海水中的铀浓度也可以降低至 2 μg/L (表 3-17)。S$_x$-LDH 的优异结构使其表现出很强的吸附选择性，并且高含量的竞争离子对 S$_x$-LDH 吸附铀的影响微乎其微。

表 3-16　Ca^{2+} 与 Na^+ 竞争离子对 S₄-LDH 的影响[39]

	Ca/U	pH		Ca 含量/(mg/L)		U 含量/(mg/L)		吸附率/%	K_d/(mL/g)
		初始	结束	初始浓度	吸附后	初始浓度	吸附后		
CaCl₂+U	1483	6.13	6.27	928	902	3.72	0.017	99.5	2.1×10^5
	4856	6.20	6.35	1940	1928	2.38	0.056	97.6	4.1×10^4
	12797	6.26	6.40	3864	3696	1.80	0.081	95.5	2.1×10^4
	21574	6.28	6.41	6748	6608	1.86	0.051	97.3	3.5×10^4
	58828	6.31	6.43	12779	12137	1.29	0.314	75.7	3.1×10^3

续表

Na /U		pH		Na 含量/(mg/L)		U 含量/(mg/L)		吸附率 /%	K_d/(mg/L)
		初始	结束	初始浓度	吸附后	初始浓度	吸附后		
NaCl+U	40000	6.54	6.57	10734	10682	2.73	0.081	97.0	$3.3×10^4$
NaNO₃+U	20000	6.65	6.70	4428	4401	2.36	0.02	99.2	$1.2×10^5$

表 3-17　S₄-LDH 在真实海水和污染海水中的吸附结果[39]

		铀初始浓度/(mg/L)	铀吸附后浓度/(mg/L)	铀吸附率/%
污染海水	Ca^{2+}(359 mg/L)	0.030	0.007	76.7
	K^+(374 mg/L)			
	Mg^{2+}(1020 mg/L)			
	Na^+(8981 mg/L)			
吸附前后 pH		8.30⟶8.31		
真实海水	Ca^{2+}(375 mg/L)	0.009	0.002	77.8
	K^+(396 mg/L)			
	Mg^{2+}(1063 mg/L)			
	Na^+(9279 mg/L)			
吸附前后 pH		8.55⟶8.29		

　　类似的材料还有层状有机-无机杂化酸盐材料$(Me_2NH_2)_{1.33}(Me_3NH)_{0.67}Sn_3S_7·1.25 H_2O$ (FJSM-SnS)[40]。FJSM-SnS 的结构是由 24 个$[Sn_{12}S_{12}]$单元构成孔洞的 2D $[Sn_3S_7]_n^{2-}$阴离子层，$[Me_2NH_2]^+$、$[Me_3NH]^+$和水分子占据层间空间(图 3-33)。灵活的二维框架结构可使吸附的阳离子迅速扩散到材料内部，从而拥有吸附容量大、吸附率高、对铀的选择性好的性能。

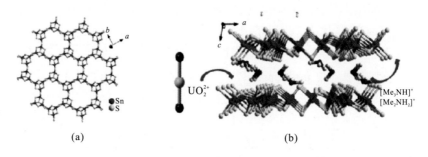

图 3-33　FJSM-SnS 的结构视图(a)和吸附机理示意图(b)[40]

　　离子交换的吸附机理使得 FJSM-SnS 在铀溶液中的吸附速率极高，在 4 h 内即达到吸附平衡，吸附数据符合准二阶动力学模型。FJSM-SnS 对铀溶液 pH 的适用范围较广，在 pH 为 3.8～6.5 时的吸附率均大于 92%，K_d值为$1.32×10^4$～$2.64×10^4$ mL/g；即使在弱碱性溶液中(pH 7.3～8.4)，吸附率仍达到 69%以上，K_d值为$2.29×10^3$ mL/g。FJSM-SnS 的吸附数据对 Langmuir-Freundlich 平衡等温线模型拟合程度较高，UO_2^{2+}均匀吸附在材料表面具有相同吸附活化能的位点上。FJSM-SnS 在添加高浓度 Na^+ 或 HCO_3^- 的铀溶液中，始终保持着对铀较强的选择性和亲和力，在 U(VI) 浓度仅为 2.9 mg/L 的高盐度溶液中，材料的铀吸附率接近 100%，K_d 值超过 $1.00×10^4$ mL/g（图 3-34）。与其他吸附材料相比，FJSM-SnS 对高盐度、低浓度的铀溶液依然可以有效吸附。

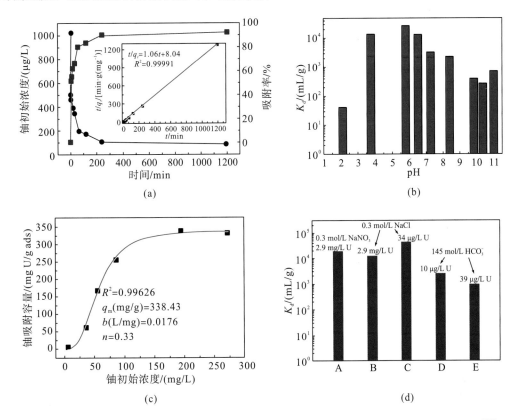

图 3-34 吸附时间(a)、pH(b)、铀初始浓度(c)和阴离子(d)对 FJSM-SnS 吸附性能的影响[40]

偕胺肟聚乙烯基咪唑（PVIAO）和 MoS_2 在正丁胺的催化下，PVIAO 末端的三硫代碳通过氨解反应转化为巯基，在二硫键和库仑力相互作用下接枝在 MoS_2 上，形成二硫化钼接枝化偕胺肟聚乙烯基咪唑吸附材料（MoS_2-PVIAO）（图 3-35）[41]。层状结构的 MoS_2-PVIAO 投入量较多时容易相互折叠导致材料的吸附率降低，通过不同吸附剂用量的吸附实验证明，投料比在 0.20 g/L 时吸附效果最佳。带有正电荷的 PVIAO 能够快速吸引负价态的铀酰络合物，因此 MoS_2-PVIAO 在铀溶液中的吸附速率极快，在 30 s 内达到吸附平衡，而且 PVIAO 的接枝程度越高，材料的吸附容量越大。MoS_2-PVIAO 的吸附数据对准二阶动力学方程拟合程度更高（表 3-18），正价态的吸附材料和负价态铀酰络合物的静电引力及铀和硫之间的共价性致使 MoS_2-PVIAO 的吸附速率常数 $q_{e,cal}$ 较大。Langmuir 模型能更准确地描述 MoS_2-PVIAO 的吸附过程，活性位点均匀分布在材料表面，从而表现出单层吸附，材料的饱和吸附容量可达 348.4 mg U/g ads（表 3-19）。MoS_2-PVIAO 具有良好的耐盐性，即使在高盐度(0.1 mol/L NaCl)的 U(Ⅵ)溶液中，依然保持着 76.8%的吸附率(图 3-36)。

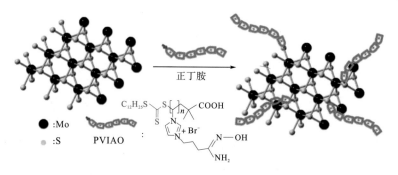

图 3-35   MoS₂-PVIAO 合成示意图[41]

表 3-18   MoS₂-PVIAO 吸附动力学参数[41]

样品	准一阶动力学				准二阶动力学		
	$q_{e,exp}$/(mg/g)	k_1/(min⁻¹)	$q_{e,cal}$/(mg/g)	R^2	K_2/[g/(mg·min)]	$q_{e,cal}$/(mg/g)	R^2
MoS₂	13.57	0.087	13.49	0.905	0.011	14.84	0.998
MoS₂-PVIAO(10.0%)	20.42	0.167	32.81	0.878	0.015	21.44	0.999
MoS₂-PVIAO(17.1%)	58.75	0.105	34.13	0.875	0.005	61.80	0.998

表 3-19   MoS₂-PVIAO 吸附等温线参数[41]

吸附剂	Langmuir 参数			Freundlich 参数		
	b	q_{max}/(mg/g)	R^2	K_F	n	R^2
MoS₂	0.109	57.97	0.963	10.72	2.482	0.843
MoS₂-PVIAO(10.0%)	0.133	178.6	0.967	59.78	4.127	0.954
MoS₂-PVIAO(17.1%)	0.249	348.4	0.964	121.5	3.758	0.962

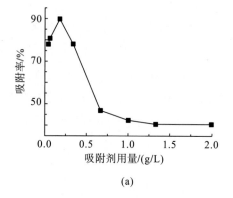

(a)

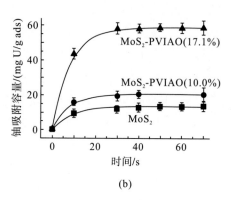

(b)

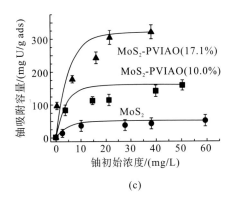
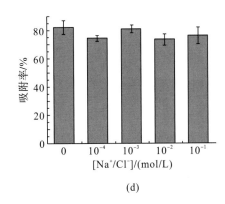

(c)　　　　　　　　　　　　　　　(d)

图 3-36　吸附剂用量(a)、时间(b)、铀初始浓度(c)和离子强度(d)对 MoS₂-PVIAO 吸附性能的影响[41]

　　虽然 MoS₂-PVIAO 材料表面的正电荷可以排斥其他阳离子,但当竞争离子存在时,对 U(VI) 的吸附性能有一定程度的下降,这可能与硫和竞争离子的化学吸附有关(表3-20)。MoS₂-PVIAO 的层状二维结构提供了优异的机械性能和化学稳定性,PVIAO 的正电荷性对负价态的铀酰络合物吸附速率极快,但竞争离子的添加会抑制材料对铀的吸附,该材料适合在没有竞争离子的铀溶液中进行快速吸附。

表 3-20　竞争离子对 MoS₂-PVIAO 吸附性能的影响[41]

编号	盐	浓度/(mol/L)	铀吸附容量/(mg/g)		分配系数 k_d/(L/g)	
			MoS₂	MoS₂-PVIAO	MoS₂	MoS₂-PVIAO
1	无添加	—	15.52	51.66	2.431	142.0
2	$MgCl_2$	5.2×10^{-2}	6.701	39.92	0.856	17.46
3	Na_2SO_4	2.7×10^{-2}	10.31	51.00	1.429	117.3
4	$CaCl_2$	9.9×10^{-3}	9.344	40.57	1.238	17.32
5	KCl	9.7×10^{-3}	13.10	48.38	1.974	63.66
6	KBr	8.0×10^{-4}	11.99	51.18	1.729	128.6
7	H_3BO_3	4.0×10^{-4}	11.41	44.87	1.592	133.4
8	NH_4VO_3	5.1×10^{-5}	14.84	30.22	0.924	43.51

3.3.3　偕胺肟修饰的无机材料

　　偕胺肟基吸附剂在给电子基团[NH₂、HNCH₃、N(CH₃)₂]存在孤对电子的情况下吸附金属离子,与金属离子形成配位键和稳定结构。这些偕胺肟基功能化材料可以通过将丙烯腈基(—CH₂—CH≡CN)引入固体结构,然后将其转化为偕胺肟基[—CH₂—CH—C(NH₂)＝NOH]来合成。研究表明:偕胺肟基具有较强的亲和力,能有效螯合中性或弱碱性溶液中的三碳酸铀酰络合物[UO₂(CO₃)₃]⁴⁻[42,43]。但是偕胺肟基也有明显的缺点,即在对钒离子的选择性上,钒离子与偕胺肟基吸附剂结合非常强烈,需要在强酸性条件下才能将其剥离,这就不可逆转地破坏了功能配体,从而降低了吸附剂的可重复性。在无机材料上接枝偕胺肟基可改善材料自身的缺点，使其在具备自身优点的情况下获得偕胺肟基优点，从而可以应用于吸附铀。

1. 偕胺肟基修饰的零价铁(ZVI)吸附材料

将丙烯腈在 ZVI 表面聚合，随后进行胺肟化处理，即可制得 ZVI/PAO 纳米颗粒用于吸附铀。在对吸附剂吸附动力学的研究中发现：ZVI/PAO 和 PAO 对铀的吸附在初始 3 h 迅速增加，并保持较高水平[44]。在相同的实验条件下，吸附在 ZVI 上的 U(VI)虽然比吸附在 PAO 和 ZVI/PAO 上的要少得多，但几乎所有的铀在接触 1 个月后都被 ZVI 吸附。这是因为在 ZVI/PAO 表面吸附是 PAO 对 U(VI)的快速吸附过程和 ZVI 对可溶性 U(VI)和不可溶性 U(IV)的缓慢还原过程的结合。吸附在 ZVI/PAO 上的铀随着 Fe(II)/Fe(III)释放到水溶液中。Fe(II)/Fe(III)浓度随着接触时间的延长而增加，而 ZVI/PAO 悬浮液中检测到的 Fe(II)/Fe(III)离子较少，证实氧化铁和 PAO 的壳层可以阻止 ZVI 的核心与 U(VI)反应(图 3-37)。且经计算拟合，ZVI/PAO 吸附剂对铀的吸附符合准二阶动力学模型，说明吸附为化学吸附。对吸附等温线的研究也发现，ZVI/PAO 吸附剂对铀的吸附更加符合 Langmuir 模型，这说明吸附是单层均匀吸附。在对 pH 影响研究中发现，在 pH 为 1.0~7.0 时，随着 pH 的增加，铀的吸附显著增加，当 pH>7.0 时，依然可以保持较高水平，在

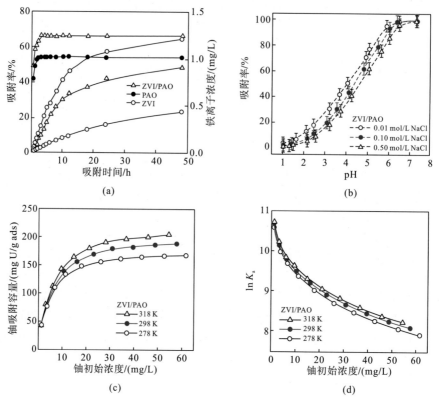

图 3-37 吸附时间(a)、pH(b)及不同温度和铀初始浓度[(c)、(d)]对 ZVI/PAO 吸附性能的影响[44]

(a)中黑色线代表吸附率

pH 约为 7.0 时，ZVI/PAO 能有效吸附 95% U(Ⅵ)。在不同的 NaCl 浓度(如 0.01 mol/L、0.10 mol/L 和 0.50 mol/L)下进行离子强度的影响研究中发现，U(Ⅵ)吸附容量随着离子强度的增大而减小。离子强度对吸附在 ZVI/PAO 表面的 U(Ⅵ)的依赖性可以通过离子强度影响 ZVI/PAO 表面的双电层和 U(Ⅵ)种类的活性来解释，这限制了 U(Ⅵ)从溶液向 ZVI/PAO 表面的迁移，从而影响铀的吸附。热力学参数可以提供吸附过程中能量变化的重要信息，选取 278 K、298 K、318 K 三种不同温度研究环境温度对 ZVI/PAO 吸附铀的影响。随着温度的升高，吸附在 ZVI/PAO 上的铀增加。从实验数据来看，ZVI/PAO 材料具有非常良好的吸附性能且具备可通过磁性分离的优点，但未见竞争离子选择性吸附，对于各种离子共存条件下的吸附结果是否还能如此良好有待考察。

2. 钛钼磷基偕胺肟基 TMP-g-AO 吸附剂[45]

首先利用化学共沉淀法合成钛钼磷基 TMP，之后用硅烷偶联剂 KH-570 修饰 TMP，然后将丙烯腈接枝在 KH-570 修饰后的 TMP-g 表面，最后将丙烯腈转化为偕胺肟基，即可制得钛钼磷基偕胺肟基 TMP-g-AO 吸附剂。对于该材料而言，用量对其吸附能力有着明显的影响：选取 0.01～0.08 g 为吸附剂用量，在温度 298 K，pH 为 8.2 左右进行实验，可知当吸附剂用量低于 0.02 g 时，随着 TMP-g-AO 用量的增加，铀的吸附率迅速增加，且最后几乎保持不变。但是其吸附容量却不断下降，原因是 TMP-g-AO 单位质量吸附的铀离子数量减少。随着 TMP-g-AO 用量的增加，吸附剂表面有效吸附位点增加，从而进一步降低了水溶液中铀(Ⅵ)离子的含量(图 3-38)。在对竞争离子选择性吸附实验中选取 V^{5+}、Fe^{3+}、Ni^{2+}、Cu^{2+}、Pb^{2+}、Zn^{2+} 和 Co^{2+} 作为共存离子，离子浓度根据天然海水中离子浓度设计，V^{5+} 和 Ni^{2+} 浓度与天然海水中几乎一致，其余几种离子浓度大约为天然海水的十倍或者千倍。实验得出，TMP-g-AO 对几种竞争离子的选择性顺序如下：$U^{6+}>Fe^{3+}>Co^{2+}>Pb^{2+}>Ni^{2+}>Zn^{2+}>V^{5+}>Cu^{2+}$，此外，除 Fe^{3+} 和 Co^{2+} 外，竞争离子的选择性系数均大于 2，说明 Fe^{3+} 和 Co^{2+} 可同时吸附在 TMP-g-AO 上。因此，偕胺肟基修饰的 TMP-g-AO 吸附剂在共存的多金属离子下，除了 Fe^{3+} 和 Co^{2+} 外，对铀离子仍有很好的选择性和亲和力。在对吸附时间的影响研究中选取三种不同铀初始浓度(42.3 μg/L、104.8 μg/L 和 226.5 μg/L)进行实验，发现 TMP-g-AO 吸附剂对铀(Ⅵ)离子的吸附包括两个步骤：一个相对快速的步骤和一个紧随而至的缓慢步骤。铀(Ⅵ)离子的吸附速率在前 30 min 迅速增加，然后缓慢增加，直到 300 min 后吸附过程达到平衡。第一个快速的步骤可能是由于表面物理吸附和化学吸附，随后的缓慢步骤可能是由内聚合物链段反应造成的吸附。且经计算拟合得出该吸附符合准二阶动力学模型，说明吸附是化学吸附。铀初始浓度是克服铀在水相和固相中传质阻力的重要驱动力。选择吸附时间为 3 d 以保证吸附达到平衡，吸附能力随铀初始浓度的增加迅速增加，随后达到平衡。且经计算拟合发现，吸附符合 Langmuir 模型，即吸附为表面均匀吸附，这可能是因为吸附剂表面的活性位点是均匀分布的。

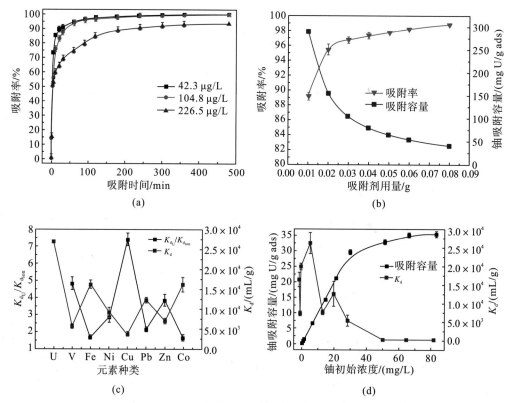

图 3-38 吸附时间(a)、吸附剂用量(b)、竞争离子(c)和铀初始浓度(d)对 TMP-*g*-AO 吸附性能的影响[45]

K_{d_U} 代表对 U 的选择系数；$K_{d_{ion}}$ 代表对其他离子的选择系数

在实际应用中，脱附和再生工艺是评价吸附剂经济性能的重要手段。对于钛钼磷基偕胺肟基 TMP-*g*-AO 吸附剂而言，可以以盐酸为脱附剂。实验结果显示，吸附率和解吸率在 5 个周期后均略有下降。吸附率的下降可能是由于吸附脱附实验的增加，未脱附铀离子由于接触时间不够而占据了吸附位点，而原本该被吸附的铀离子在 TMP-*g*-AO 上的活性位点减少。为了评价 TMP-*g*-AO 在海水中提取铀的潜力，进行天然海水和加铀海水中吸附剂对铀(Ⅵ)的吸附实验。实验使用 0.05 g 吸附剂在 298 K 下进行吸附 3 d，铀离子的浓度分别为 3.65 μg/L 和 61.02 μg/L。实验后铀离子浓度分别下降到 0.66 μg/L 和 1.34 μg/L，铀(Ⅵ)的吸附率分别达到 81.92%和 97.80%。这说明该材料在高盐度和多离子溶液中仍然具有较高的吸附率。

从一系列实验中可以发现，TMP-*g*-AO 吸附剂无论在吸附能力方面还是在选择性、再生等方面都具有非常好的性能，尤其从真实海水吸附实验中可以发现，其具备在海水提铀应用的前景，值得进行更深入的应用研究。

3.3.4 其他无机杂化材料

其他无机杂化材料种类繁多，本小节选取改性羟基磷灰石和磁性纳米颗粒作为代表，详细讲述其他无机杂化材料在海水提铀方面的应用。

1. 羟基磷灰石

羟基磷灰石的主要特点是热稳定性高、溶解度低，且由于其表面官能团可以发生络合反应，具有较强的保留其余离子的能力。而磷酸盐是影响 U(Ⅵ) 在地下吸附和迁移的强络合配体之一，作为一种有机磷萃取剂，三丁基磷酸酯(TBP)对锕系有机磷共聚物具有较高的稳定性常数，且对铀具有高度选择性，因此被认为是核工业和核燃料分离(PUREX 流程)中最受欢迎的萃取剂之一。羟基磷灰石可通过表面功能化制得三丁基磷酸酯包覆羟基磷灰石[46]，使用该材料在不同碳酸盐浓度和不同吸附时间的条件下进行吸附实验，结果指出，随着碳酸盐浓度从 0.001 mol/L 增加到 0.1 mol/L，铀的吸附能力下降了一半以上，这是因为铀与碳酸盐形成了溶液混合物，如碳酸铀酰。随着碳酸铀酰浓度的增加，强负电荷水溶液被羟基磷灰石固体表面的负电荷所排斥，吸附能力降低(图 3-39)。而 TBP 包覆的羟基磷灰石对铀的吸附效果却大大优于纯羟基磷灰石，并且其最佳 pH 为 7，吸附率可以达到 70%，吸附容量达到 38 mg U/g ads。在低 pH 条件下，铀和磷酸盐会形成络合物，大大提高了材料的吸附能力，随着 pH 增加，吸附率不断降低。模拟海水吸附实验表明，经 TBP 改性之后的羟基磷灰石在 pH 为 7 条件下的吸附性能优于纯羟基磷灰石。

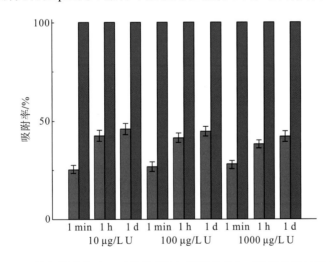

图 3-39　铀初始浓度对三丁基磷酸酯包覆羟基磷灰石吸附性能的影响[46]

2. 多肟功能化磁性纳米颗粒(POMNs)[47-49]

首先制备合成聚甘油功能化磁性纳米颗粒(PGMNs)，然后将其转化为聚甲醛功能化磁性纳米颗粒(PFMNs)，最后通过胺肟化反应将其转化为 POMNs。使用该材料在 pH=8.0 左右进行一系列吸附铀酰离子实验，得出如下结果：为了优化吸附条件，研究了不同 POMNs 含量对铀吸附的影响，选取 POMNs 浓度为 0.02~1 mg/mL，铀溶液浓度 0.01 mmol/L 进行吸附实验。由于溶液中配体的数量与吸附剂用量成正比，铀的吸附率随着 POMNs 浓度的增加而增加(图 3-40)。即使在 0.02 mg/mL 的 POMNs 浓度下，吸附剂也能吸附约 94%的铀(Ⅵ)，说明 POMNs 具有较好的铀吸附率。当 POMNs 浓度为 0.5 mg/mL 时，铀(Ⅵ)的吸附率可以超过 99%。NaCl 浓度对铀吸附率的影响不明显，这可能与配体和铀酰离子络合能力强有关。在对吸附动力学的研究中发现，POMNs 对铀的吸附非常快速，并且可以在 5 min 内就达到吸附平衡。POMNs 的快速吸附可能是由于表面配体与铀的络合较强，以及良好的水分散性，可以增加铀与吸附剂之间的接触，使铀在水溶液中快速吸附。通过对不同铀初始浓度下该材料吸附能力的研究发现，随着铀初始浓度的不断增加，该材料吸附能力不断增强。经计算拟合可知，该材料吸附符合准二阶动力学模型，后续继续进行了吸附等温式分析，结果指出，PGMNs、PFMNs 和 POMNs 都符合 Langmuir 模式，其最大吸附容量分别为 105.6 mg U/g ads、159.2 mg U/g ads 和 141.4 mg U/g ads。

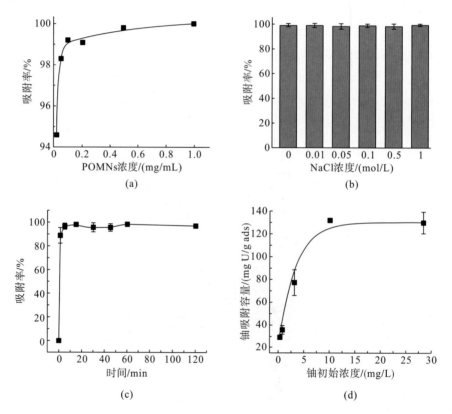

图 3-40　吸附剂用量(a)、离子强度(b)、吸附时间(c)和铀初始浓度(d)对 POMNs 吸附性能的影响[49]

为了考察 POMNs 的可重复性和确定一个有效的洗脱溶液，将 POMNs 投入铀和钒的混合溶液，使用 0.01 mol/L HCl、0.1 mol/L HCl 和 1 mol/L Na$_2$CO$_3$ 进行了四次吸附/解吸过程(图 3-41)。得出结论：当使用 1 mol/L Na$_2$CO$_3$ 进行洗脱时，铀的吸附率可以保持 90%以上，但是钒在四次循环过后只吸附不到 50%；相比之下，用酸性洗脱液进行洗脱，钒的吸附率却可以超过 80%，说明用酸性溶液进行洗脱降低了吸附剂对铀/钒的选择性。为了评价吸附剂对铀的选择性，在模拟海水中进行了选择性吸附实验，竞争离子包括 VO^{2+}、Co^{2+}、Ni^{2+}、Cu^{2+}、Zn^{2+}、Cr^{3+}和 Cd^{2+}，吸附剂包括 PGMNs、PFMNs 和 POMNs。实验结果指出：PGMNs 和 PFMNs 对铀的吸附能力分别是钒吸附能力的 4 倍和 2 倍。然而，它们对其他金属离子的络合能力也很高。而 POMNs 对铀的结合选择性优于其他金属离子。特别是铀的吸附能力约为钒的 7 倍，而氧化转化率仅为 40%左右。显然，固定化多肟可以提高吸附剂的选择性，相较于 PGMNs 和 PFMNs，POMNs 对铀具有更好的选择性。海水中铀的浓度很低，导致吸附剂的吸附率下降，因此低浓度铀的吸附率是评价吸附剂吸附性能的重要参数之一。在铀初始浓度为 12.0 μg/L 的模拟海水中进行模拟吸附实验，吸附率较高，并且在 5 min 内即可到吸附平衡，模拟海水吸附动力学如图 3-41(c) 所示。

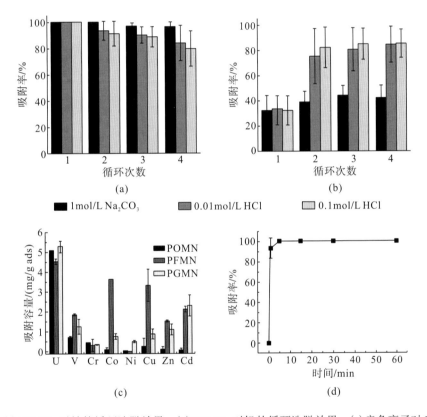

图 3-41　(a) POMNs 对铀的循环洗脱效果；(b) POMNs 对钒的循环洗脱效果；(c) 竞争离子对 POMNs 吸附性能的影响；(d) 吸附时间对 POMNs 在模拟海水中吸附过程的影响[49]

参 考 文 献

[1] Mellah A, Chegrouche S, Barkat M. The removal of uranium(Ⅵ) from aqueous solutions onto activated carbon: Kinetic and thermodynamic investigations. Journal of Colloid and Interface Science, 2006, 296(2): 434-441.

[2] Zhao Y S, Liu C X, Feng M, et al. Solid phase extraction of uranium(Ⅵ) onto benzoylthiourea-anchored activated carbon. Journal

of Hazardous Materials, 2010, 176(1-3): 119-124.

[3] Mayes R T, Górka J, Dai S, et al. Adsorption of U(Ⅵ) from aqueous solution by the carboxyl-mesoporous carbon. Chemical Engineering Journal, 2012, 198-199: 246-253.

[4] Górka J, Mayes R T, Baggetto L, et al. Sonochemical functionalization of mesoporous carbon for uranium extraction from seawater. Journal of Materials Chemistry A, 2013, 1: 3016-3026.

[5] Mayes R T, Górka J, Dai S. Impact of pore size on the sorption of uranyl under seawater conditions. Industrial & Engineering Chemistry Research, 2016, 55(15): 4339-4343.

[6] Husnain S M, Kim H J, Um W, et al. Superparamagnetic adsorbent based on phosphonate grafted mesoporous carbon for uranium removal. Industrial & Engineering Chemistry Research, 2017, 56(35): 9821-9830.

[7] Schierz A, Zanker H. Aqueous suspensions of carbon nanotubes: Surface oxidation, colloidal stability and uranium sorption. Environmental Pollution, 2009, 157(4): 1088-1094.

[8] Shao D D, Jiang Z Q, Wang X K, et al. Plasma induced grafting carboxymethyl cellulose on multiwalled carbon nanotubes for the removal of UO_2^{2+} from aqueous solution. Journal of Physical Chemistry B, 2009, 113(4): 860-864.

[9] Tan L C, Liu Q, Jing X Y, et al. Removal of uranium(Ⅵ) ions from aqueous solution by magnetic cobalt ferrite/multiwalled carbon nanotubes composites. Chemical Engineering Journal, 2015, 273: 307-315.

[10] Xu Y C. Nuclear energy in China: Contested regimes. Energy, 2008, 33(8): 1197-1205.

[11] Wang F H, Li H P, Liu Q, et al. A graphene oxide/amidoxime hydrogel for enhanced uranium capture. Scientific Reports, 2016, 6: 19367.

[12] Huang Z W, Li Z J, Zheng L R, et al. Interaction mechanism of uranium(Ⅵ) with three-dimensional graphene oxide-chitosan composite: Insights from batch experiments, IR, XPS, and EXAFS spectroscopy. Chemical Engineering Journal, 2017, 328: 1066-1074.

[13] Yuan L Y, Liu Y L, Shi W Q, et al. High performance of phosphonate-functionalized mesoporous silica for U(Ⅵ) sorption from aqueous solution. Dalton Transactions, 2011, 40(28):7446.

[14] Wang Y L, Zhu L, Guo B L, et al. Mesoporous silica SBA-15 functionalized with phosphonate derivatives for uranium uptake. New Journal of Chemistry, 2014, 38(8): 3853-3861.

[15] Yuan L Y, Liu Y L, Shi W Q, et al. A novel mesoporous material for uranium extraction, dihydroimidazole functionalized SBA-15. Journal of Materials Chemistry, 2012, 22: 17019.

[16] Newalkar B L, Olanrewaju J, Komarneni S. Application of large pore MCM-41 molecular sieves to improve pore size analysis using nitrogen adsorption measurements. Langmuir, 2001, 13: 6267-6273

[17] Chandra D, Das S K, Bhaumik A. A fluorophore grafted 2D-hexagonal mesoporous organosilica: Excellent ion-exchanger for the removal of heavy metal ions from wastewater. Microporous & Mesoporous Materials, 2010, 128(1-3): 34-40.

[18] Mietek J. Amidoxime-modified mesoporous silica for uranium adsorption under seawater conditions. Journal of Materials Chemistry, 2015, 3: 11650-11659.

[19] Vivero-Escoto J L, Carboni M, Abney C W, et al. Organo-functionalized mesoporous silicas for efficient uranium extraction. Microporous and Mesoporous Materials, 2013, 180: 22.

[20] Wang Y L, Song L J, Zhu L, et al. Removal of uranium(Ⅵ) from aqueous solution using iminodiacic acid derivative functionalized SBA-15 as adsorbents. Dalton Transactions, 2014, 43(9): 3739-3749.

[21] Lam K F, Fong C M, Yeung K L. Separation of precious metals using selective mesoporous adsorbents. Gold Bulletin, 2007,

40(3): 192-198.

[22] Yokoi T, Tatsumi T, Yoshitake H. Fe^{3+} coordinated to amino-functionalized MCM-41: An adsorbent for the toxic oxyanions with high capacity, resistibility to inhibiting anions, and reusability after a simple treatment. Journal of Colloid & Interface Science, 2004, 274(2): 451-457.

[23] Mercier L, Pinnavaia T J. Heavy metal ion adsorbents formed by the grafting of a thiol functionality to mesoporous silica molecular sieves: Factors affecting Hg(II) uptake. Environmental Science and Technology, 1998, 32(18): 2749-2754.

[24] Sert Ş, Eral M. Uranium adsorption studies on aminopropyl modified mesoporous sorbent (NH$_2$-MCM-41) using statistical design method. Journal of Nuclear Materials, 2010, 406(3): 285-292.

[25] Yin X J, Wang Y, Bai J, et al. Amidoximed silica for uranium(VI) sorption from aqueous solution. Journal of Radioanalytical & Nuclear Chemistry, 2015, 303(3): 2135-2142.

[26] 吴海锋, 裘俊红. 离子印迹技术研究进展. 浙江水利科技, 2013, 41(4): 7-10.

[27] Shamsipur M, Fasihi J, Ashtari K. Grafting of ion-imprinted polymers on the surface of silica gel particles through covalently surface-bound initiators: A selective sorbent for uranyl ion. Analytical Chemistry, 2007, 79(18): 7116-7123.

[28] Basu H, Singhal R K, Pimple M V, et al. Synthesis and characterization of silica microsphere and their application in removal of uranium and thorium from water. International Journal of Environmental Science and Technology, 2015, 12(6): 1899-1906.

[29] Lee H I, Kim J H, Kim J M, et al. Application of ordered nanoporous silica for removal of uranium ions from aqueous solutions. Journal of Nanoscience & Nanotechnology, 2010, 10(1): 217-221.

[30] Qu J, Li W, Cao C Y, et al. Metal silicate nanotubes with nanostructured walls as superb adsorbents for uranyl ions and lead ions in water. Journal of Materials Chemistry, 2012, 22(33): 17222.

[31] Zhao Y G, Li J X, Zhang S W, et al. Amidoxime-functionalized magnetic mesoporous silica for selective sorption of U(VI). RSC Advances, 2014, 4(62): 32710.

[32] Kanno M. Present status of study on extraction of uranium from sea water. Journal of Nuclear Science and Technology, 1984, 21(1): 1-9.

[33] Davies R V, Kennedy J, Mcilroy R W, et al. Extraction of uranium from sea water. Nature, 1964, 203(4950): 1110-1115.

[34] Yu J, Bai H B, Wang J, et al. Synthesis of alumina nanosheets via supercritical fluid technology with high uranyl adsorptive capacity. New Journal of Chemistry, 2013, 37: 366-372.

[35] Singhal P, Jha S K, Pandey S P, et al. Rapid extraction of uranium from sea water using Fe$_3$O$_4$, and humic acid coated Fe$_3$O$_4$, nanoparticles. Journal of Hazardous Materials, 2017, 335: 152-161.

[36] Siabi H, Yamini Y, Shamsayei M. Highly efficient capture and recovery of uranium by reusable layered double hydroxide intercalated with 2-mercaptoethanesulfonate. Chemical Engineering Journal, 2017, 337: 609-615.

[37] Li R N, Che R, Liu Q, et al. Hierarchically structured layered-double-hydroxides derived by ZIF-67 for uranium recovery from simulated seawater. Journal of Hazardous Materials, 2017, 338: 167-176.

[38] Manos M J, Kanatzidis M G. Layered metal sulfides capture uranium from seawater. Journal of the American Chemical Society, 2012, 134(39): 16441-16446.

[39] Ma S L, Huang L, Ma L J, et al. Efficient uranium capture by polysulfide/layered double hydroxide composites. Journal of the American Chemical Society, 2015, 137(10): 3670-3677.

[40] Feng M L, Sarma D, Qi X H, et al. Efficient removal and recovery of uranium by a layered organic-inorganic hybrid thiostannate. Journal of the American Chemical Society, 2016, 138(38): 12578-12585.

[41] Shen L, Han X L, Qian J, et al. Amidoximated poly(vinyl imidazole)-functionalized molybdenum disulfide sheets for efficient sorption of a uranyl tricarbonate complex from aqueous solutions. RSC Advances, 2017, 7(18): 10791-10797.

[42] Shen J N, Yu J, Chu Y X, et al. Preparation and uranium sorption performance of amidoximated polyacrylonitrile/organobentonite nano composite. Advanced Materials Research, 2012, 476-478: 2317-2322.

[43] Mehio N, Johnson J C, Dai S, et al. Theoretical study of the coordination behavior of formate and formamidoximate with dioxovanadium (V) cation: Implications for selectivity towards uranyl. Physical Chemistry Chemical Physsics, 2015, 17(47): 31715-31726.

[44] Wang X K, Shao D, Wang X, et al. Zero valent iron/poly(amidoxime) adsorbent for the separation and reduction of U(VI). RSC Advances, 2016, 6(57): 52076-52081.

[45] Zeng J Y, Zhang H, Sui Y, et al. New amidoxime-based material TMP-g-AO for uranium adsorption under seawater conditions. Industrial & Engineering Chemistry Research, 2017, 56: 5021-5032.

[46] Kim H J, Um W, Kim W S, et al. Synthesis of tributyl phosphate-coated hydroxyapatite for selective uranium removal. Industrial & Engineering Chemistry Research, 2017, 56(12): 3399-3406.

[47] Zhao L, Chano T, Morikawa S, et al. Hyperbranched polyglycer-grafted superparamagnetic iron oxide nanoparticles: Synthesis, characterization, functionalization, size separation, magnetic properties, and biological applications. Advanced Functional Materials, 2015, 22(24): 5107-5117.

[48] Zhao L, Takimoto T, Ito M, et al. Chromatographic separation of highly soluble diamond nanoparticles prepared by polyglycerol grafting. Angewandte Chemie International Edition, 2011, 50(6): 1388-1392.

[49] Xu M Y, Han X L, Hua D B. Polyoxime-functionalized magnetic nanoparticles for uranium adsorption with high selectivity over vanadium. Journal of Materials Chemistry, A, 2017, 5: 12.

第4章　新型材料海水提铀与方法

近十年来，随着材料制备及分析技术的发展，多孔有机聚合物、基因工程蛋白等新材料逐渐被提出，并用于海水提铀领域，得到了各国科研工作者的广泛关注。这些材料由于具备特殊的结构而被赋予许多特定性能，如多孔有机聚合物的孔隙结构使其具有大比表面积、高结合位点密度的特征，而离子印迹材料和基因工程蛋白材料则具有优异的亲铀性能，这些性质极大地提高了功能材料的吸附容量、吸附速率和选择性，有望成为海水提铀传统聚合物吸附剂的有效替代。另外，结合功能化电极材料的电吸附法也是一种高效的海水提铀分离方法。然而，这些材料和方法在早期海水提铀中并未被系统研究过，技术不够成熟，也未在海水环境进行过性能测试，因此还需要更深入的研究才能真正用于海水提铀工程。

4.1　金属有机框架材料

金属有机框架(metal-organic frameworks，MOFs)材料是一种由有机配体和金属节点通过配位作用形成的具有周期性网络结构的多孔晶体材料，它具有比表面积大、孔隙率高、密度低、孔道可调、结构与功能多样性等特点，在吸附、分离、催化等多个领域具有优异的性能和应用前景。但 MOFs 作为固相材料在吸附应用方面仍有很大的局限性。首先，金属中心与有机配体间的配位键较弱，化学稳定性较差，甚至已有科研工作者通过 MOFs 模板中有机配体的取代反应实现多孔无机材料的制备；其次，复杂结构 MOFs 材料的合成很困难，现阶段工业级别的大规模制备通常只使用已商业化的简单配体；最后，MOFs 材料颗粒较小，也没有制备 MOFs 块状材料的方法，因此无法在海水中得到有效部署，通常需要较大的基体支撑，而这会导致比表面积减小。

近年来，已有多种 MOFs 材料在海水提铀中得到了应用，并取得了优异的结果，使得 MOFs 材料在海水提铀方面具有巨大的应用前景，吸引各国科学家的广泛关注和深入研究。这些 MOFs 材料可大致归为两类：一是功能化 MOFs，在 MOFs 结构中引入功能基团，提供铀结合位点，提高提铀性能；二是未功能化 MOFs，无特定结合位点，利用二级结构单元参与配位。

4.1.1　功能化金属有机框架材料

功能化 MOFs 材料通过化学接枝方法引入特定功能基团，从而实现铀的吸附，它结合了功能基团的亲铀性和 MOFs 框架的有序性双重优点。其中一类功能化 MOFs 材料是将功能基团直接预接枝在有机配体上，随后与金属节点配位制备而成。这种方法可根据不同需求将各种功能基团引入 MOFs 中，且功能基团均匀地分布在孔道中，大大提高了材料的提铀性能。在未功能化 UiO-68-NH$_2$(MOF-1)的基础上，使正交二乙氧基磷酰基预接枝到配体中，可获得一种新型的磷酸盐功能化 MOFs 材料 UiO-68-P(O)(OEt)$_2$(MOF-2)，这种材料的磷酰基指向正四面体结构中心，利用磷酰基实现提铀功能[1]。然而由于 Zr 与磷酸盐的强配位作用，Zr-MOF 与磷酰配体的直接合成不稳定，因此可采用 Me$_3$SiBr 处理形成羟基磷酸盐衍生物，获得稳定的 UiO-68-P(O)(OH)$_2$(MOF-3)，如图 4-1 所示。

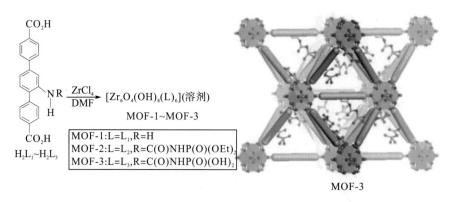

图 4-1　MOF-1～MOF-3 合成及结构示意图[1]

　　未功能化 MOF-1 在含铀溶液中没有吸附效果，而功能化 MOF-2 和 MOF-3 吸附性能明显提高，在含铀溶液中的吸附容量均超过了 100 mg U/g ads。然而，磷酰基功能化的 MOFs 提铀性能会受到海水盐度的影响，MOF-2 和 MOF-3 在模拟海水中的吸附容量均有所下降，吸附等温线如图 4-2 所示。由密度泛函理论(DFT)计算可知 MOFs 四面体结构中相邻的两个磷酰氧间距为 4.5～4.8Å①，恰好可与铀形成 2∶1 的单齿配位，这与 MOF-2 材料在水溶液及模拟海水中配位比分别为 2∶1 和 2.3∶1 的实际结果相吻合。

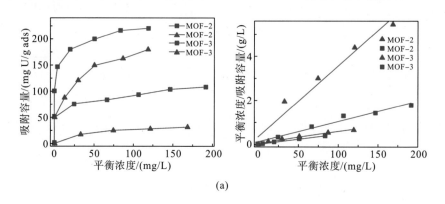

(a)

---

① 1Å = 0.1nm。

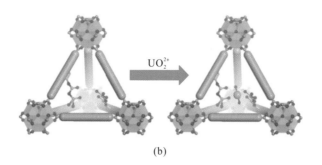

(b)

图 4-2　（a）MOF-2 和 MOF-3 在含铀的水溶液（正方形）和模拟海水（三角形）中的吸附等温线及 Langmuir
模型等温线；（b）MOF-2 和 MOF-3 与铀酰离子配位示意图[1]

　　另一类功能化 MOFs 材料则是采用后制备法通过功能化改性直接在 MOFs 结构中引入高性能配位基团，进一步扩展了 MOFs 材料在海水提铀中的应用。这类材料往往选择多价金属为结构单元，利用金属节点的不饱和性，引入功能基团，其中典型的代表是在 Cr-MOF MIL-101 中引入氨基及其衍生物，制备获得一系列新型功能化 MOFs[2]。其中，MIL-101 采用传统水热法制备；MIL-101-NH$_2$ 由 MIL-101 在氧化性强酸中引入硝基，随后经原位反应还原为氨基；MIL-101-ED 和 MIL-101-DETA 的合成则是利用 Cr 位点的不饱和性与 ED 或 DETA 进行缩合，其功能化改性过程如图 4-3 所示。

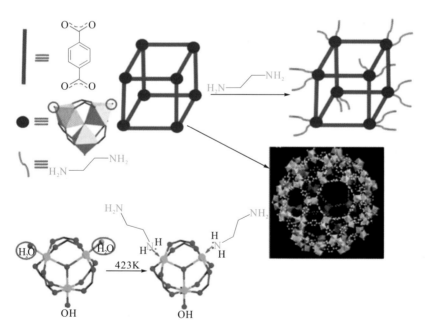

图 4-3　MIL-101-ED 合成示意图[2]

　　与预接枝制备方法相比，这种方法获得的 MOFs 材料无法将所有金属节点全部功能化，MIL-101-NH$_2$、MIL-101-ED 和 MIL-101-DETA 的金属节点功能化覆盖率分别为

1.63mmol/g、1.28 mmol/g 和 0.72 mmol/g，这对 4 种 MOFs 材料的提铀性能有很大的影响。MIL-101、MIL-101-NH₂、MIL-101-ED 和 MIL-101-DETA 四种材料的饱和吸附容量分别为 20 mg U/g ads、90 mg U/g ads、200 mg U/g ads 和 350 mg U/g ads，且吸附速率很快，可在 2 h 内达到吸附平衡。吸附性能的差异与 MOFs 材料中氨基位点的结合难易程度有很大的关系，MIL-101-DETA 中自由氨基含量为 1.42 mmol/g，高于 MIL-101-ED 的自由氨基含量（1.28 mmol/g），因此前者的吸附性能更好，而 MIL-101-NH₂ 中的氨基含量虽高（1.63 mmol/g），但易受苯环的空间位阻影响，且与 MOF 结构中的羧基易形成分子内氢键，从而使其有效配位点减少，另外芳香胺的活性往往比脂肪胺弱，因此MIL-101-NH₂ 的吸附性能反而较差（图 4-4）。

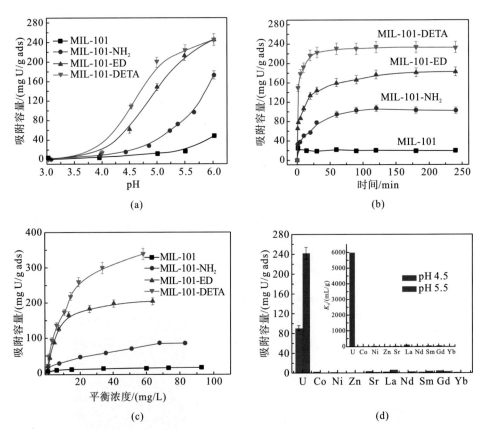

图 4-4 (a) pH 对吸附的影响；(b) 四种 MOFs 材料吸附动力学；(c) 四种 MOFs 材料吸附等温线；
(d) MIL-101-DETA 在含 0.5 mmol/L 竞争金属离子溶液中的吸附选择性[2]

这种氨基功能化 MOFs 材料具有良好的稳定性，材料在吸附前后未发生变化。但在循环使用时，MIL-101-ED 和 MIL-101-DETA 的吸附容量都下降了约 30%，这是由 Cr 位点上的—NH₂ 被 H₂O 部分取代引起的。另外，MIL-101-DETA 在含 0.5 mmol/L 竞争金属离子的混合溶液中，材料对铀的 K_d 约为 6000 mL/g，对其他竞争离子的 K_d<100 mL/g（图 4-4）。

　　然后对这种铬基 MOF 功能化材料 MIL-101-ED 在更接近海水 pH 的体系中进行了提铀性能测试[3]，MIL-101-ED 材料在 pH 为 8 时吸附容量为 150 mg U/g ads。

　　后制备法的另一种思路则是在有机配体上进行功能化改性，将功能基团引入 MOFs 结构中。与预接枝法相比，这种方法往往先选择一种具有可改性位点的有机配体，并与金属节点配位形成 MOF 材料，再经功能化改性，在有机配体上引入特定基团。以 2-溴对苯二甲酸为桥连配体，先制备 Zr-MOF UiO-66-Br，随后经氰化作用制得 UiO-66-CN，再经偕胺肟化获得 UiO-66-AO 功能材料[4]，如图 4-5 所示。多晶 X 射线衍射仪(PXRD)分析、N_2 吸附和 SEM 分析都说明后制备法过程及真实海水吸附前后材料结构无明显变化，具有良好的稳定性，FTIR、能量色散 X 射线谱、元素分析等表明偕胺肟功能基团的成功改性，计算可得 AO 接枝率为 19.1%。

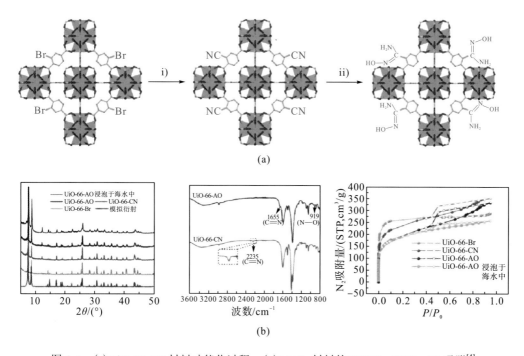

图 4-5　(a)UiO-66-AO 材料功能化过程；(b)MOFs 材料的 PXRD、FTIR、N_2 吸附[4]

　　UiO-66-AO 功能材料在 pH 为 7～9 时，吸附容量基本不变，达到饱和吸附，说明 UiO-66-AO 材料适用于弱碱性天然海水中，如图 4-6 所示。UiO-66-AO 材料比表面积大，具有优异的吸附动力学性能，在天然海水中吸附的速率非常快，前 30 s 内吸附率超过了 50%，在 120 min 内可完成吸附。这种 AO 功能化 MOFs 在不同铀浓度海水溶液中均具有良好的吸附性能，在 50～1000 μg/L 铀浓度内吸附率均大于 93.7%。另外，在 500 μg/L 铀浓度的海水溶液中循环使用 3 次后，材料的吸附性能降低到 80%。这种 UiO-66-AO 材料在天然海水中的真实提铀性能测试表明，1 mg 功能材料在渤海湾海水中吸附 3 d 后的吸附容量为 2.68 mg U/g ads。通过对比铀酰水合物及材料吸附铀后的扩展 X 射线吸收精细结构

(extended X-ray absorption fine structure，EXAFS) 谱图，推测 UiO-66-AO 与铀酰离子形成 U-O$_{eq}$ 六配位，且没有 η^2 配位形式。

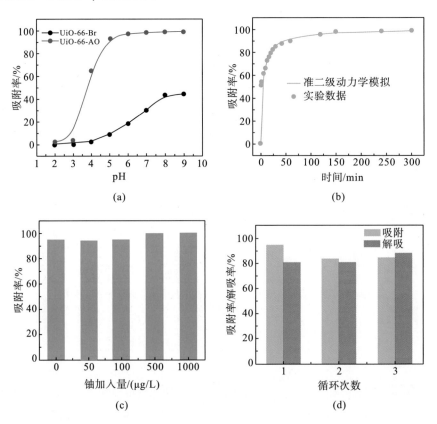

图 4-6　(a) pH 对功能材料提铀性能的影响；(b) 功能材料在天然海水中的动力学研究；(c) 功能材料在不同浓度海水溶液中的提铀性能；(d) 功能材料在 500 μg/L 海水溶液中的循环使用性[4]

4.1.2　未功能化金属有机框架材料

未功能化 MOFs 材料也被用于海水提铀的研究中，但相关机理研究较少，推测其提铀机理为金属节点中的金属氧键与铀酰离子发生配位。以 1,3,5-苯三羧酸 (H$_3$BTC) 为桥连配体制备的 Cu-MOF HKUST-1 是一种典型的未功能化 MOFs 材料[5]，其在 pH 为 2～8 的铀溶液中基本完全吸附，在 pH 为 8 时，吸附率为 99.1%，pH 提高到 10 时，吸附率降低到 68.9%，如图 4-7 所示，不同 pH 条件下铀的种态不同，导致材料的吸附性能有较大的差异。材料在 25℃、35℃和 45℃下的 Langmuir 模型吸附等温线研究得到其饱和吸附容量分别为 787 mg U/g ads、826 mg U/g ads 和 840 mg U/g ads，动力学研究则表明材料具有优异的吸附动力学性能，在 60 min 内可达到饱和吸附。推测其提铀机理为材料中两个八面体铜原子与四个羧基及两个水分子配位构成浆轮状二级结构单元，提供铀吸附位点。另外，负电荷羧基与正电荷铀酰离子之间的静电作用也影响着材料的吸附性能，这与实际结果相吻合，当溶液 pH 为弱碱性时，铀主要以$[UO_2(CO_3)_2]^{2-}$和$[UO_2(CO_3)_3]^{4-}$形式存在，与二级结构单元静电排斥，因此材料的吸附性能显著下降。

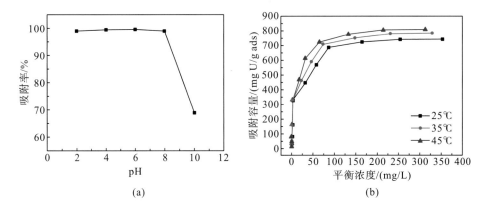

(a)　　　　　　　　　　　　(b)

图 4-7　(a)pH 对 HKUST-1 材料吸附性能的影响；(b)HKUST-1 材料在不同温度下的吸附等温线[5]

还有几种类似的未功能化 MOFs 材料应用于海水提铀，这几种材料都以 H_3BTC 为桥连配体，仅改变金属中心原子或原子簇，从而获得不同的 MOFs 材料。采用 Y 为金属中心构成二级结构单元合成的未功能化 Y-MOF-76[6]（图 4-8），该材料具有优异的吸附动力学性能，在 300 min 内可达到吸附平衡，体扩散、表面扩散和粒子内扩散等传质过程是影响材料吸附速率的主要因素。将该材料以 0.4 g/L 比例投入铀溶液中吸附 5 h，经 Langmuir 模型计算得到其饱和吸附容量为 298 mg U/g ads。吸附选择性研究发现该材料对海洋中部分元素（如 Pb、Zn、Sr、Ni 等）有较好的选择性。然而，该材料在高 pH 体系下吸附性能会严重降低，推测这可能是由材料本身较小的孔径（6.6 Å×6.6 Å）、表面电荷变化及溶液中铀的种态变化等综合因素造成的。

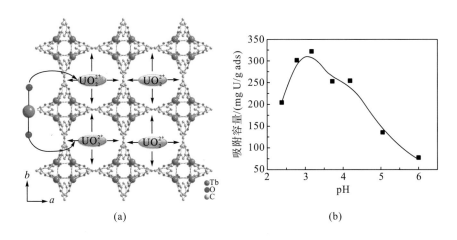

(a)　　　　　　　　　　　　(b)

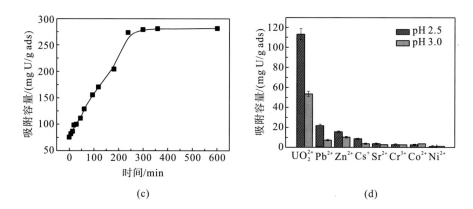

(c)　　　　　　　　　　　　(d)

图4-8　(a) Tb-MOF-76 结构；(b) pH 对 Y-MOF-76 吸附性能的影响；(c) Y-MOF-76 的吸附动力学；
(d) Y-MOF-76 的吸附选择性[6]

以 4,4′,4″-(1,3,5-三嗪-2,4,6-三亚氨基) 三苯甲酸(H₃TATAB) 为桥连配体合成的 Tb-MOF
也可用于铀吸附及荧光传感器[7]。在这种材料中，两个八面体 Tb 原子与羧基形成 $Tb_2(CO_2)_4$
的二级结构单元，经苯环桥连形成三维网络结构，在此结构中具有 27 Å×23 Å 的一维孔道，
其中含有大量的氨基和嗪基位点，如图4-9所示。该MOF材料在浓度分别为5 mg/L 和 50 mg/L
的铀溶液中的吸附率均超过 98%，吸附速率也很快，在 1 h 左右可达到吸附平衡，Langmuir
模型吸附等温线计算得到该材料的饱和吸附容量为 179.08 mg U/g ads，而在三次循环后材料
的吸附性能仍能保持 99.5%，洗脱率高于 87.6%。

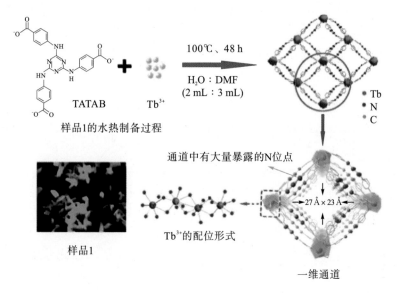

图4-9　Tb-MOF 的合成示意图[7]

MOFs 是一种新型的海水提铀功能材料，其可通过引入正交官能团(如磷酰基、偕胺
肟基等)，也可以直接利用二级结构单元自身的配位能力进行制备，表 4-1 总结了一些海

水提铀 MOFs 材料的吸附性能。MOFs 材料在低 pH 下大多具有良好的吸附性能，然而在高 pH 和高碳酸盐浓度条件下，MOFs 材料会分解，稳定性降低，因此需要进一步提高 MOFs 材料在真实海水提铀应用中的稳定性。另外，已有的 MOFs 材料吸附选择性研究往往没有包含海水中浓度较高的离子(如 Na^+、K^+、Ca^{2+}、Mg^{2+} 等)和强竞争性离子(如 V^{5+}、Fe^{3+}、Cu^{2+} 等)，因此需深入研究 MOFs 材料在真实海水条件下的吸附选择性。

表 4-1　海水提铀 MOFs 材料的吸附性能

MOFs 材料	饱和吸附容量/(mg U/g ads)	实验条件	文献
功能化 MOFs			
UiO-68(Zr)-PO₄Et₂	217	pH=2.5	[1]
	152	pH=5	
	188	模拟海水 [b]，pH=2.5	
UiO-68(Zr)-PO₄H₂	109	pH=2.5	
	104	pH=5	
	32	模拟海水，pH=2.5	
MIL-101(Cr)	20	pH=5.5	[2]
MIL-101(Cr)-NH₂	90	pH=5.5	
MIL-101(Cr)-ED	200	pH=5.5	
	200[a]	100 mg/L U，pH=4.5	[3]
MIL-101(Cr)-DETA	350	pH=5.5	[2]
UiO-66(Zr)-AO	23.9[a]	9.55 mg/L U，pH=7～9	[4]
	0.5[a]	500 μg/L U，渤海海水，pH=8.23	[4]
	2.68	m/V=1 mg/L，渤海海水，3 d	[4]
Zn(L)(HBTC)	115	pH=2	[8]
	0.53	6 μg/L U，模拟海水，pH=7.8	
未功能化 MOFs			
HKUST-1(Cu)	744	pH=6，25℃	[5]
	810	pH=6，45℃	
MOF-76(Y)	298	pH=3	[6]
MOF-76(Tb)	n.g.		
Tb-MOF	179	pH=4	[7]
UiO-66(Zr)	110	pH=5.5	[9]
UiO-66(Zr)-NH₂	115	pH=5.5	
Co-SLUG-35	118	pH=9	[10]
	1.05	5.35 μg/L U，海水，pH=8.3	
ZIF-67(Co)	1639	pH=4	[11]

注：a 为非饱和吸附；b 模拟海水：0.41 mol/L NaCl、28.2 mmol/L Na_2SO_4、9.9 mmol/L KCl、2.3 mmol/L $NaHCO_3$、53.3 mmol/L $MgCl_2·6H_2O$ 和 10.3 mmol/L $CaCl_2·2H_2O$；n.g. 未报道提铀性能。

4.2　共价有机框架材料

共价有机框架(covalent organic frameworks，COFs)材料是一类具有周期性和结晶性的有机多孔聚合物，其框架由轻质元素(C、H、O、N、B、Si 等)通过共价键作用形成，因而具有很多优点：①结晶性、周期性好，COFs 中刚性单元整齐排列形成统一的微孔，其结构呈长程有序性，孔径均匀；②孔隙率高、比表面积大，文献报道的多数 COFs 比表面积均超过了 1000 m^2/g，最高已经超过 4000 m^2/g，与 MOFs 相当；③密度低，COFs 框架中不含金属元素，因此其密度比 MOFs 低得多，COF-108 的密度仅为 0.17 g/cm^3；④结构可调性，可通过改变有机连接单元或引入特定官能团调控孔结构和表面化学性质，获得特殊的功能材料；⑤热稳定性好。因此，COFs 材料近年来被广泛应用于分离、气体储存和催化等领域，学者们也尝试将其应用于海水提铀。

采用均苯三甲酰氯和对苯二胺以 2∶3 摩尔比制备 COF-SCU1，随后经微波处理获得含大量氰基功能团的超微孔碳基 CCOF-SCU1(图 4-10)[12]。该材料比表面积为 507 m^2/g，且主要是微孔结构($d\approx$0.4 nm)，在含 11 种竞争离子(La^{3+}、Ce^{3+}、Nd^{3+}、Gd^{3+}、Sm^{3+}、Ba^{2+}、Mn^{2+}、Co^{2+}、Sr^{2+}、Ni^{2+}和Zn^{2+})的模拟核废水溶液中，铀吸附容量为 50 mg U/g ads。

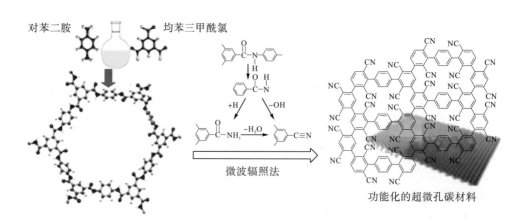

图 4-10　CCOF-SCU1 制备示意图[12]

COF-COOH 型材料[13]是采用均苯三甲酰氯和对苯二胺以 4∶3 摩尔比制备的，这种 COF 材料结构中有过量的羧基基团(羧基含量为 7.58 mmol/g)，最后将 2-(2,4-二羟基苯)-苯并咪唑(HBI)通过酯化反应接枝到 COF-COOH 表面，得到苯并咪唑功能化的 COF-HBI 材料，如图 4-11 所示。COF-HBI 材料的饱和吸附容量为 211 mg U/g ads，且该材料具有优异的吸附动力学性能，在前 5 min 对铀的吸附率可达到 90%，30 min 左右即可达到吸附平衡。另外，这种 COF-HBI 材料具有较好的吸附选择性，对 Ba、Mn、Co、Sr、Ni、Zn 等吸附性能很弱，如图 4-12 所示。

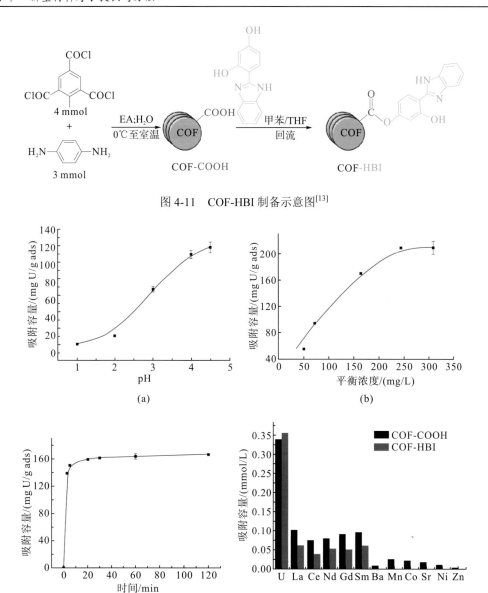

图 4-11　COF-HBI 制备示意图[13]

图 4-12　(a) pH 对 COF-HBI 吸附性能的影响；(b) COF-HBI 的吸附等温线；(c) COF-HBI 的吸附动力学；
(d) COF-HBI 的吸附选择性[13]

　　TCD-COFs 材料则是在结构中引入共轭碳-碳三键，利用碳-碳三键的易功能化特性，克服有机节点的对称性限制，提高功能基团的利用率，使 COFs 更易实现特定功能化改性，并大大简化了制备方法，扩展了 COFs 材料的应用前景。以均苯三甲酰氯和 2,4-己二炔为原料采用微波辐照法合成 TCD-COF 框架，再将丙二腈功能化到 TCD 的炔基中得到 TCD-CN，经偕胺肟化制备出 TCD-AO[14]，如图 4-13 所示。TCD 中的炔基也可被氧化形成羟基功能化材料 TCD-OH。

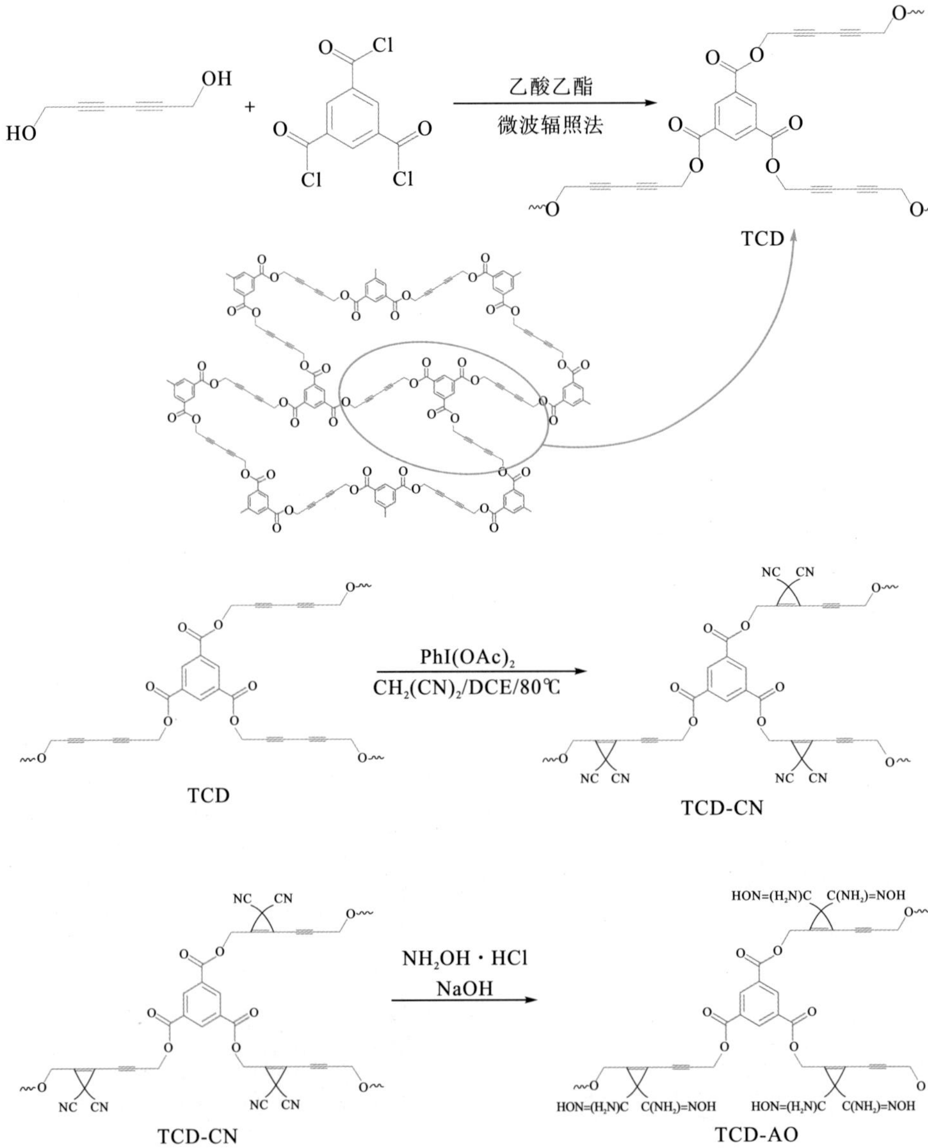

图 4-13　TCD-AO 的制备示意图[14]

这种 TCD-COFs 及其衍生物在铀溶液中的吸附性能如图 4-14 所示。结果表明：①材料吸附速率快，在铀溶液中前 5 min 吸附率可达 85%，30 min 即可完成吸附；②吸附等温线表明，TCD 的饱和吸附容量为 140 mg U/g ads；③在含上述 11 种竞争离子的溶液中，材料有良好的选择性，TCD-OH 的吸附容量和吸附选择性能最好，然后依次为 TCD-AO、TCD-CN 和 TCD。

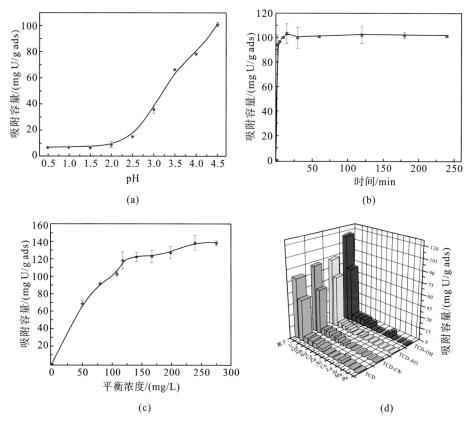

图 4-14　(a) pH 对 TCD 吸附性能的影响；(b) TCD 的吸附动力学；(c) TCD 的吸附等温线；(d) TCD 及其衍生物的吸附选择性[14]

二维 COF-TpDb-AO 材料是先以 2,5-二氨基苯甲腈(Db)和三醛基间苯三酚(Tp)制备获得框架，随后将氰基偕胺肟化制备获得[15]，这种材料在二维空间呈周期性延伸形成约 15.8 Å 的一维孔隙通道，c 轴则以 AA 重叠堆积结构排列形成约 3.4 Å 的通道，这些通道为金属离子提供了良好的扩散路径，如图 4-15 所示。另外，改性官能团在 COF 框架上的周期性分布也提高了其与金属离子的配位效率。这种二维的 COFs 材料具有很大的比表面积，COF-TpDb 和 COF-TpDb-AO 的 BET 比表面积分别为 1164 m^2/g 和 826 m^2/g。

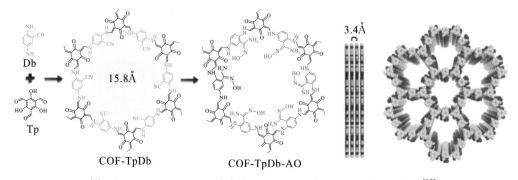

图 4-15　COF-TpDb-AO 的合成及 2D COF 的重叠堆积结构示意图[15]

这种有序的多孔结构大大地提高了COFs材料的提铀性能，和官能团含量相近的非晶形无序多孔材料POP-TpDb-AO相比，COFs材料由于其更大的比表面积和有序的孔道结构而具有更优异的提铀性能，在铀溶液中的饱和吸附容量较多孔有机聚合物(porous organic polymers，POPs)材料更高，两者的饱和吸附容量分别为408 mg U/g ads 和355 mg U/g ads，COFs材料的吸附速率更快，在30 min 内吸附率可达到95%，而POPs材料则需要90 min，如图4-16所示。COFs材料的一维有序孔道结构可以使官能团被更有效地利用，有利于官能团与铀酰离子配位，POPs的无序孔结构则更容易被堵塞，使官能团有效利用率降低，从而影响其吸附性能。这一点在低浓度铀吸附中尤为明显，COFs材料具有更陡的吸附曲线，说明其对铀具有更高的亲和性。

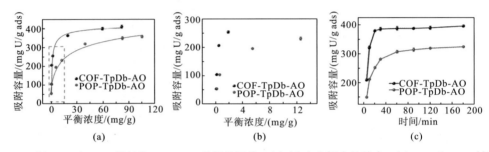

图4-16   (a)COF和POP材料的Langmuir吸附等温线；(b)(a)中方框内的放大；(c)COF和POP材料的吸附动力学[15]

另外，与比表面积相近的多孔PAF-1-CH$_2$AO材料相比，COFs由于其更高的官能团含量而具有更优异的提铀性能，PAF材料在铀溶液中的吸附率达到95.8%时需3 h，同时较低的官能团含量使其饱和吸附容量更小，仅为283 mg U/g ads。综上可知，有序孔结构的快速传质及官能团的高密度和高利用率使COFs材料成为一种具有出色性能的吸附材料。

二维COF-TpDb-AO材料在真实水体中也得到了提铀应用，结果如图4-17所示，在含1000 μg/L U的饮用水、井水和河水中，COFs材料单次吸附可在30 min 内使U浓度低于0.01 μg/L；在含20 mg/L U的海水样品中，COFs材料的吸附容量可达到127 mg U/g ads，整个吸附过程在90 min 内完成。

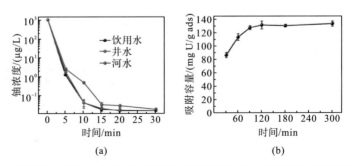

图4-17   (a)COFs材料在含1000 μg/L U的不同水体中的吸附性能；(b)COFs材料在含20 mg/L U的海水中的吸附性能[15]

尽管 COFs 材料真正应用于海水提铀还需深入研究并优化其在海水环境中的吸附表现，如高离子强度、pH 为 8、多种竞争离子等，但这是一次对海水提铀高性能新材料的重要探索。

4.3 多孔有机聚合物材料

POPs 是由有机结构单元通过共价键作用而形成的具有多孔结构的新型聚合物材料。通常 POPs 材料内部呈微孔-介孔多级孔结构，并可根据实际需求改变有机单元的长度、官能团、拓扑结构而获得特定功能材料。这些材料具有结构和功能可调、比表面积大、物理化学性质稳定等优点，近年来在吸附、分离、催化、化学传感和光电器件等领域得到了广泛的应用。目前，POPs 材料可大致分为两类：一类是晶型的 POPs，如 COFs 等；另一类是无定形的 POPs，如自具微孔聚合物(polymer of intrinsic microporosity，PIMs)、共轭微孔聚合物(conjugated microporous polymers，CMPs)、超交联聚合物(hyper-crosslinked polymers，HCPs)、多孔芳香框架等。为与 COFs 材料进行区分，本节将 POPs 材料限于无定形 POPs。与 MOFs 和 COFs 材料相比，POPs 材料具有非晶态和无规则孔结构，因此性质更难理解，合成也更难控制。通常情况下，这些多孔聚合物是由多位点结构单元通过逐步增长或链增长的方式，使聚合链不断交联形成三维网络结构。

超交联聚合物(HCPs)是通过聚合物链的超支化来阻止链间的密堆积，得以构造微孔结构。这种材料可利用多孔结构提高功能基团利用率，提高提铀性能。采用氯甲基苯乙烯(VBC)为单体与交联剂二乙烯基苯(DVB)进行聚合得到介孔-微孔多级孔聚合物，随后以氯甲基苯乙烯作为 ATRP 引发剂，将丙烯腈(AN)接枝到聚合物中，最后再将聚丙烯腈转化为聚偕胺肟，获得 POPs 功能材料[16]，如图 4-18 所示。这种功能材料在 6 mg/L U 的模拟海水中吸附容量可达到 80 mg U/g ads，而在真实海水中吸附容量则为 1.99 mg U/g ads。

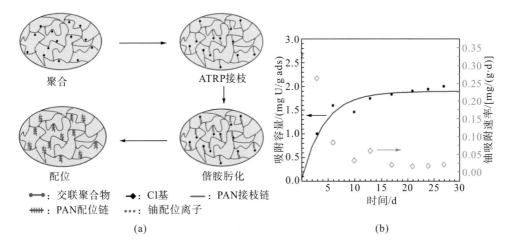

图 4-18 (a)偕胺肟功能化材料制备示意图；(b)功能材料在真实海水中的吸附性能[16]

　　亲水性功能基团的引入一方面可以改善 POPs 功能材料的亲水性，另一方面也提供了与偕胺肟的协同作用，从而可以提高功能材料的提铀性能。采用 3,5-二乙烯基苯甲腈、4-氨基-3,5-二乙烯基苯甲腈和 2-氨基-3,5-二乙烯基苯甲腈为单体可制备 POP-CN、POP-pNH$_2$-CN 及 POP-oNH$_2$-CN 多孔聚合物，随后经偕胺肟化得到 POP-AO、POP-pNH$_2$-AO 及 POP-oNH$_2$-AO[17]，如图 4-19 所示。这些材料内部均呈微孔-介孔多级孔结构，比表面积分别为 696 m^2/g、397 m^2/g 和 415 m^2/g。

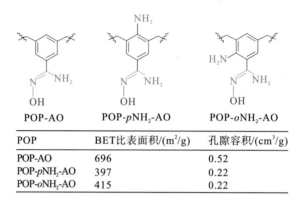

POP	BET比表面积/(m^2/g)	孔隙容积/(cm^3/g)
POP-AO	696	0.52
POP-pNH$_2$-AO	397	0.22
POP-oNH$_2$-AO	415	0.22

图 4-19　偕胺肟功能化多孔材料的结构示意图及其多级孔结构[17]

　　三种功能材料 POP-AO、POP-pNH$_2$-AO 和 POP-oNH$_2$-AO 在铀溶液中饱和吸附容量分别为 440 mg U/g ads、580 mg U/g ads 和 530 mg U/g ads，且具有非常快的吸附速率，1 h内均能完成 90%饱和吸附容量，其中 POP-oNH$_2$-AO 的速率最快，在 20 min 内即可达到95%饱和吸附容量。在 10.3 mg/L U 的模拟海水中，POP-oNH$_2$-AO 材料的吸附性能最佳，可在 5 h 内达到平衡，吸附容量为 290 mg U/g ads，POP-pNH$_2$-AO 和 POP-AO 的吸附容量则分别为 250 mg U/g ads 和 200 mg U/g ads，如图 4-20 所示。

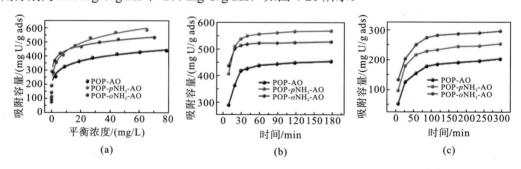

图 4-20　(a)三种偕胺肟功能材料的吸附等温线；(b)三种材料在 7.56 mg/L U 的水溶液中的吸附动力学；(c)三种材料在 10.3 mg/L U 的模拟海水中的吸附动力学[17]

　　这三种材料在真实海水溶液中的吸附性能均有所降低，在 10.3 mg/L U 的海水溶液中，POP-oNH$_2$-AO 材料的吸附性能略有下降，吸附容量为 276 mg U/g ads，而 POP-pNH$_2$-AO

和 POP-AO 的吸附性能则有 20%～30%的损失，分别为 202mg U/g ads 和 143 mg U/g ads。另外，将 5 mg 吸附材料在 5 加仑(1 加仑＝3.79L)真实海水中吸附 56 d，POP-*o*NH₂-AO 的吸附容量为 4.36 mg U/g ads，而 POP-*p*NH₂-AO 和 POP-AO 的吸附容量则略低，分别为 2.27 mg U/g ads 和 1.32 mg U/g ads。造成这种差异的主要原因是 POP-*o*NH₂-AO 材料中邻位氨基的供电子特性及易形成第二配位层氢键的特性使材料具有更强的铀配位能力。

多孔芳香框架材料是根据金刚石拓扑结构提出的，将苯环取代金刚石中的碳原子，通过共价键作用而形成具有大比表面积的多孔聚合物材料。这种材料往往具有超高的比表面积，且具有很好的化学稳定性和热稳定性。多孔芳香框架材料在海水提铀领域的应用需要预先进行修饰改性，引入特定功能基团。利用四(4-碘苯基)甲烷的偶联聚合反应得到 PPN-6 框架结构，接着将氯甲基引入框架中，以氯作为 ATRP 的引发位点接枝丙烯腈，最后将氰基转化为偕胺肟基，获得 PPN-6-PAO 功能材料[18]，如图 4-21 所示。材料在 3% KOH 水溶液处理后，置于 pH 为 8、含 6 mg/L U 的模拟海水中，24 h 后吸附容量为 64.1 mg U/g ads；而在加了 80 µg/L U 的真实海水中吸附 42 d 后吸附容量为 4.81 mg U/g ads 如图 4-22 所示。

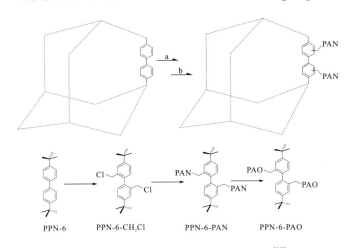

图 4-21　PPN-6-PAO 材料的制备示意图[18]

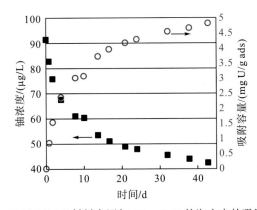

图 4-22　PPN-6-PAO 材料在添加 80 µg/L U 的海水中的吸附性能[18]

偕胺肟基也可直接修饰在 PPN-6 框架上，从而获得偕胺肟功能化的多孔材料 PAF-1-CH₂AO[19]，材料的孔道中含有大量的铀结合位点，如图 4-23 所示。

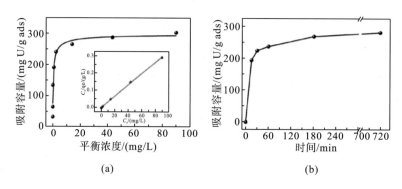

图 4-23　PAF-1-CH₂AO 功能材料的制备示意图[19]

PAF-1-CH₂AO 材料在铀溶液中饱和吸附容量为 304 mg U/g ads，且在 3 h 内可完成 95% 以上的吸附，如图 4-24 所示。此外，材料吸附铀后可用 1 mol/L Na₂CO₃ 溶液洗脱，两次循环后材料的吸附性能无明显下降。将材料置于含 7.05 mg/L 铀的模拟海水中，材料的吸附容量为 40 mg U/g ads。

图 4-24　PAF-1-CH₂AO 材料的吸附等温线和吸附动力学[19]

4.4　离子印迹聚合物材料

离子印迹聚合物是以特定离子为模板离子，与功能单体通过静电、配位等作用力，在交联剂的作用下聚合形成功能材料，最后再洗脱模板离子，从而得到具有稳定结构的离子印迹聚合物，这种材料具有稳定的空穴及结合位点，对目标离子的识别具有很高的选择性。

表面离子印迹介孔 SiO₂ 材料可在强酸及放射性介质中实现铀的分离[20]，这种材料以 UO₂²⁺ 为模板离子，与正硅酸乙酯(TEOS)、三嵌段共聚物(P123，PEG-PPG-PEG)和二乙基磷酰乙基三乙氧基硅烷(DPTS)通过共缩聚反应合成介孔 SiO₂ 材料，随后通过乙醇-盐酸混合溶液洗脱铀酰模板离子及 P123 制孔剂，从而获得离子印迹介孔 SiO₂(UIMS)，如图 4-25 所示。

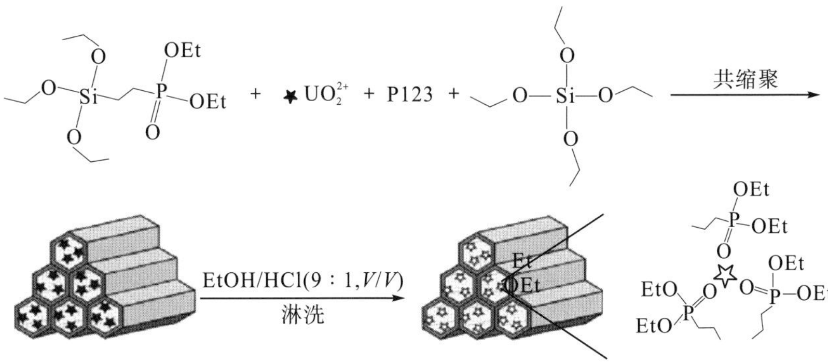

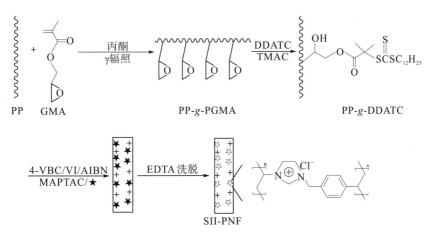

图 4-25　离子印迹介孔 SiO$_2$ 制备示意图[20]

这种 UIMS 材料中含有大量的印迹位点，因而对铀酰离子具有高选择性。UIMS-4 对 U 的 K_d 为 412 mL/g，而 Na$^+$、Cs$^+$、Co^{2+}、Ba^{2+}、Ni^{2+}、Zn^{2+}、Cr^{3+} 和 Zr^{4+} 则有少量被物理吸附在印迹位点中，其 K_d 为 10～35 mL/g。然而部分镧系金属离子(如 Nd^{3+}、Sm^{3+}、Gd^{3+}、La^{3+} 和 Eu^{3+})由于其水合离子直径与 UIMS-4 的平均孔径相近(1.06 nm)，且与 P═O 基有较好的亲和性，因此容易被材料所吸附，其 K_d 为 35～128 mL/g。UIMS-4 吸附铀后可用乙醇-盐酸混合溶液进行洗脱，5 次循环后吸附性能基本保持不变，FTIR 分析也表明离子印迹材料结构基本无变化，具有优异的循环使用性能。

离子印迹聚合物材料还可以聚丙烯无纺布为基材，以 [UO$_2$(CO$_3$)$_3$]$^{4-}$ 为模板离子，通过 4-氯甲基苯乙烯和 1-乙烯基咪唑的共聚反应制备功能材料，然后再利用乙二胺四乙酸二钠溶液洗脱模板离子，获得表面离子印迹的聚丙烯无纺布材料(SII-PNF)[21]，如图 4-26 所示。

图 4-26　表面离子印迹聚丙烯无纺布的制备示意图[21]

在 2×10^{-5} mol/L 铀溶液中，离子印迹材料 SII-PNF1 可在 15 h 内达到吸附平衡，而非印迹材料则至少需要 35h，离子印迹材料 SII-PNF1 的饱和吸附容量可达到 133.3 mg U/g ads。另外，离子印迹材料 SII-PNF1 对铀具有优异的选择性，针对海水中铀的主要竞争离子如 V^{5+}、Co^{2+}、Ni^{2+}、Cu^{2+} 和 Zn^{2+}，SII-PNF1 的 K_d(U) 为 K_d(V) 的 2.03 倍，其他竞争离子

的 K_d 则远小于 $K_d(U)$（表 4-2）。SII-PNF1 材料在模拟海水中吸附 7 d 后，吸附容量可达到 1.8 mg U/g ads，吸附铀后可采用乙二胺四乙酸溶液洗脱，经 5 次吸附/解吸循环后材料吸附性能基本不变，SEM 照片也证明材料表面保持较好，基本无损伤。

表 4-2　离子印迹 SII-PNF1 及非印迹 SNI-PNF 材料的铀选择性吸附性能[21]

样品	竞争离子	初始浓度 /(mol/L)	分配系数 K_d^a /(L/g)		选择系数 β^b		β_r^c
			SII-PNF1	SNI-PNF	SII-PNF1	SNI-PNF	
1	U(VI)	1.26×10^{-6}	201	22.8			
2	V(V)	2.94×10^{-6}	98.8	55.3	2.03	0.412	4.92
3	Co(II)	4.58×10^{-6}	9.02	0	22.2		
4	Ni(II)	2.60×10^{-6}	10.8	0	18.6		
5	Cu(II)	2.78×10^{-6}	8.07	4.63	24.8	4.93	5.04
6	Zn(II)	2.54×10^{-6}	4.12	0	48.7		
7	Fe(III)	3.57×10^{-6}	8.42	6.03	23.9	3.78	6.32

a: $K_d=[(C_0-C_e)/C_e]\times V/M$，其中，$C_0$(mg/L) 和 C_e(mg/L) 分别为初始和吸附后的铀溶液浓度，M(g) 为吸附剂质量，V(L) 为溶液体积；b: $\beta=K_d(U)/K_d(M)$，其中，$K_d(U)$ 和 $K_d(M)$ 分别为 U 及竞争离子的分配系数；c: $\beta_r=\beta_{imprinted}/\beta_{nonimprinted}$，其中，$\beta_{imprinted}$ 和 $\beta_{nonimprinted}$ 分别为 SII-PNF1 及 SNI-PNF 的选择系数。

离子印迹聚合物还可与多孔有机聚合物 PAFs 结合在一起，使其具有离子印迹的高选择性和多孔材料的高效性双重优点，提高材料的提铀性能。首先采用硝酸铀酰、水杨醛肟、甲基丙烯酸和乙烯基吡啶合成铀分子印迹聚合物(MIPs)，随后用 MIPs 部分取代对二乙烯基苯，与 1,3,5-三(4-溴苯基)苯通过 Heck 反应合成 MIPAFs 功能材料[22]，如图 4-27 所示。

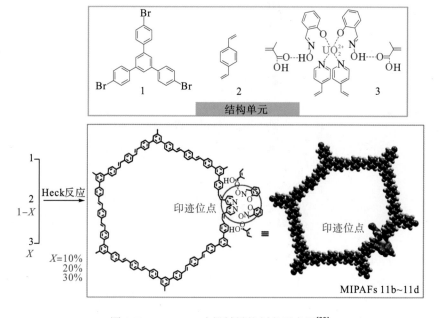

图 4-27　MIPAFs 功能材料的制备示意图[22]

材料在 20 mg/L 铀溶液中的吸附容量为 37.28 mg U/g ads，且在 40 min 内即可完成吸附过程。MIPAFs 材料还具有优异的吸附选择性，在含 7.05 mg/L 铀和 13 种干扰离子（9500 mg/L Na^+、1130 mg/L Mg^{2+}、360 mg/L Ca^{2+}、350 mg/L K^+、7 mg/L Sr^{2+}、7 mg/L Ag^+、7 mg/L Sc^{2+}、7 mg/L Cd^{2+}、7 mg/L V^{3+}、8000 mg/L Cl^-、2400 mg/L SO_4^{2-}、7 mg/L MoO_4^{2-}、7 mg/L WO_4^{2-}）的模拟海水中，材料对铀的吸附容量为 35.44 mg U/g ads，对干扰离子的选择系数均高于 171（UO_2^{2+}/V^{3+}）。MIPAFs 材料由于其结构中有大量的印迹位点，同时多孔结构又提供了高效的金属离子扩散通道，使印迹位点的利用率大大提高，因而具有优异的吸附性能和选择性能。另外，MIPAFs 材料可以通过后加工技术制备成复合纤维、薄膜和涂层等，是海水提铀领域中具有潜在应用前景的一种新型功能材料。

4.5 生物蛋白材料

利用生物化学技术设计具有特殊性质的基因工程蛋白，是一种全新的方法，有可能为海水提铀功能材料带来颠覆性的变化。筛选超铀配位蛋白的理论方法，如图 4-28 所示，具体步骤如下：①确定铀酰离子的 3 种配位模型；②从蛋白质数据库（Protein Data Bank）中筛选所有含有 60～200 个氨基酸链长的支架蛋白（共 12173 个）；③选任一支架蛋白，对其所有含氧基团和含氢基团建立数据库；④采用 URANTEIN 计算方法根据含氧基团和含氢基团数据库筛选铀配位点，结果发现有 5000 多种可能性；⑤最后根据结构稳定性、配位点的空间位阻和结合位点可接触性等条件进一步筛选，获得了 10 种可行的支架蛋白，其中 9 种支架性能良好，而有 4 种对铀酰离子有选择性，K_d 可低至 100 nmol/L[23]。

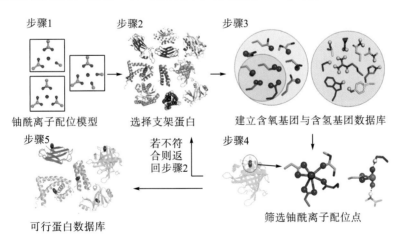

图 4-28 超铀蛋白的理论筛选和设计方法[23]

从以上筛选结果中，选取一种嗜热自养甲烷杆菌经基因修饰后可获得超铀蛋白（SUP），该野生型蛋白经突变后对铀酰离子结合能力提高了 6 个数量级，如图 4-29 所示，pH 为 8.9 的条件下其分配系数为 $7.4×10^{-15}$ mol/L（约 $6.7×10^{-11}$ mL/g）。将该 SUP 固化在巯基树脂上，在含 17 种竞争离子的海水中对铀酰离子具有优异的选择性，大部分金属离子即使过量 10^6 倍也无法干扰铀酰离子配位。Cu^{2+} 和 VO^{2+} 是仅有的与 SUP 有一定配位能力的金属，但它们在海水中的浓度不足以与铀酰离子竞争。将 6000 倍铀酰离子当量的 SUP 放入模拟海水中，30 min 内即可完成 90% 的铀吸附。较强的提铀性能和快的吸附速率证明基因工程超铀蛋白是可用于海水提铀的一种材料。

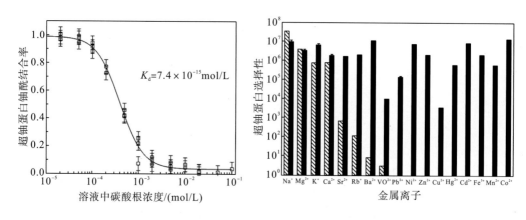

图 4-29　超铀蛋白(SUP)对铀的结合能力和选择性[23]

在应用上，以四臂聚乙二醇-马来酰亚胺(PEG-MAL$_4$)为交联剂，与超铀蛋白共价结合获得水凝胶，接着采用微流体技术，可将 SUP 水凝胶加工固化成半径为 165 μm 的微胶珠[24]，如图 4-30 所示，SUP 依然保留着铀配位能力，在水溶液中的吸附能力与理论值相近。然而在高浓度铀溶液中，发现存在 SUP 与铀的 1.5∶1 配位，说明 SUP 中还存在额外的第二配位点。采用这些 SUP 微胶珠放置于添加了 3.3 μg/L 的真实海水中，吸附容量为 0.0092 mg U/g ads。

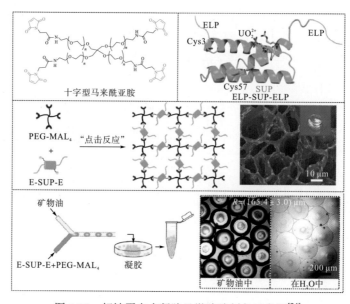

图 4-30　超铀蛋白水凝胶及微胶珠制备示意图[24]

尽管基因蛋白材料的研究还处于起步阶段，但是通过在无损提铀、实验规模及部署方法等几个方面的深入研究和优化，在海水提铀领域也是一种可行且具有巨大潜力的材料。

4.6　电吸附分离方法

电吸附一般定义为在带电电极表面由电位控制引起的吸附，通过相反电荷离子或带电粒子在电极表面的吸附富集从而实现分离。其中一类电化学吸附分离法仅靠电场作用，使带电离子富集在电极表面。首先将活性炭粉末与聚偏氟乙烯混合形成活性炭浆，接着将活性炭浆涂层在不锈钢网表面，经固化获得活性炭电极，最后再通过真空干燥去除残余溶剂[25]。这种活性炭电极在外加电压为+0.4 V(vsAg/AgCl)时，在海水中的吸附性能最佳，300 min 时的吸附容量为 3.4 mg U/g ads，且吸附仍未达到平衡。

这种活性炭电极的电吸附方法具有非常好的经济性，以每年 1200 t 提铀量为标准，活性炭电极单次利用率的提铀成本为 5.53×10^{8} 美元，这比偕胺肟吸附材料的成本高得多。但活性炭电极的循环使用率达到 6 次时，提铀成本显著降低，约为 9.16×10^{7} 美元，循环使用次数进一步增加则会持续降低提铀成本，如图 4-31 所示，而偕胺肟材料 6 次循环的提铀成本则为 3.97×10^{8} 美元。

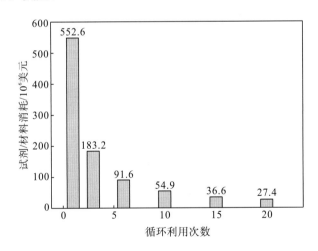

图 4-31　活性炭电极吸附法每年提铀 1200 t 的成本[25]

另一类电化学吸附分离法则与之不同，除了外加电场作用外，对炭电极还可进行偕胺肟功能化改性，提供化学吸附位点，提高提铀性能。该方法利用电场引导铀酰离子移动，增加其与吸附材料接触的概率，利用电沉积来中和带电铀酰离子从而避免同电荷粒子的库仑排斥，另外利用半波整流交流电吸附方法(HW-ACE)来避免吸附过程中的杂质吸附或水电解的副作用，提高吸附性能，原理如图 4-32 所示[26]。

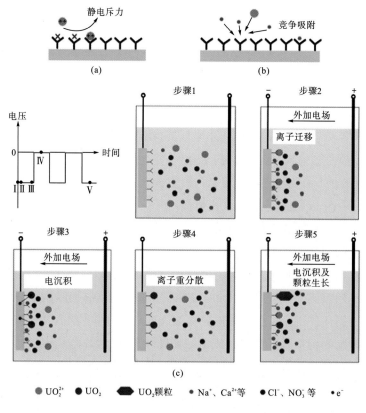

图 4-32　HW-ACE 吸附方法的流程图[26]

　　采用 HW-ACE 方法在铀浓度分别为 150 μg/L、1.5 mg/L、15 mg/L、400 mg/L、1000 mg/L 及 2000 mg/L 的海水溶液中，与物理化学吸附方法相比，HW-ACE 方法的吸附性能更好，且随着铀浓度增大，这种差距也越大(图 4-33)，尤其是铀浓度高于 1000 mg/L 后，物理化学吸附达到平衡，吸附容量约为 200 mg U/g ads，而 HW-ACE 方法则基本完全吸附，且一直未达到平衡，在 2000 mg/L 铀溶液中吸附容量为 1932 mg U/g ads。HW-ACE 方法的吸附速率更快，是物理化学吸附速率的 4 倍，另外循环使用性能也更加优异，10 次循环利用后仍能保持 99% 的吸附性能，而物理化学吸附方法则会降低到 47.3%。

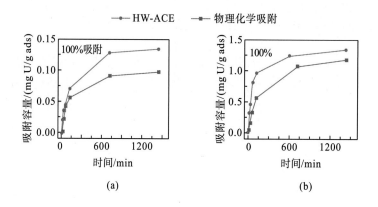

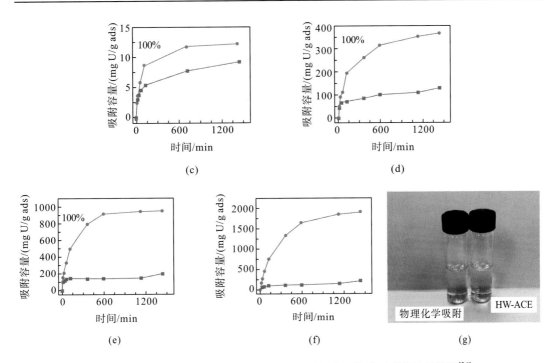

图 4-33　在不同铀浓度海水中 HW-ACE 方法与物理化学吸附方法的比较[26]

(a) 150 μg/L；(b) 1.5 mg/L ；(c) 15 mg/L；(d) 400 mg/L；(e) 1000 mg/L；(f) 2000 mg/L；(g) 物理化学吸附与 HW-ACE

　　电极功能化改性还可采用浸渍涂覆的方法，采用壳聚糖改性石墨电极[27]，这种方法结合了石墨电极的高电导率及壳聚糖的提铀位点特性。该方法主要包含两个步骤：①电场作用下，溶液中的离子迁移到电极表面，铀酰离子与电极表面的壳聚糖发生配位；②通过电沉积过程，铀酰离子还原成电中性(如 UO_2 等)，并沉积在电极表面。这种迁移和电沉积过程在电场作用下持续进行，UO_2 不断聚集形成大颗粒附着在电极表面，如图 4-34 所示。

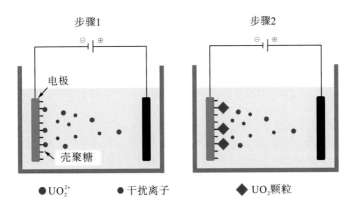

图 4-34　基于壳聚糖改性石墨电极的电化学吸附示意图[27]

　　铀的循环伏安曲线有两个明显的氧化还原峰，其对应的电化学反应过程分别为：

$UO_2^{2+} + e^- \longrightarrow UO_2^+$ 和 $2UO_2^+ \longrightarrow UO_2^{2+} + UO_2$。在铀浓度为 1000 mg/L 的海水溶液中进行 24 h 的吸附后,与传统吸附相比,电化学吸附后的铀溶液颜色发生了明显的变化,这在一定程度上证明了电化学吸附具有更优异的吸附性能。而吸附后的 SEM 及 X 射线衍射 (X-ray diffraction,XRD)分析进一步证明了电化学吸附中铀酰离子被还原成电中性,并不断聚集长大,最终形成 UO_2 大颗粒吸附在电极表面,随后 UO_2 逐渐被氧化为更稳定的 U_3O_8,如图 4-35 所示。

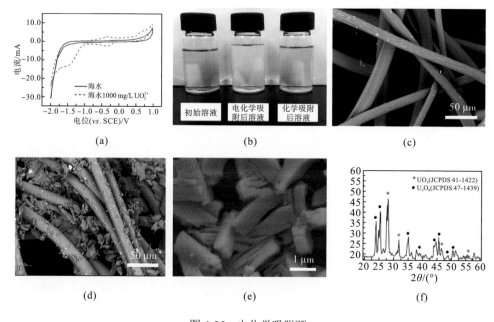

图 4-35　电化学吸附[27]

(a)铀溶液的循环伏安曲线;(b)电化学及传统吸附前后的铀溶液照片;(c)传统吸附后的电极 SEM 照片;(d)电化学吸附后的 电极 SEM 照片;(e)电极表面颗粒的 SEM 照片;(f)电极表面颗粒的 XRD 分析

在铀浓度分别为 5 mg/L、50 mg/L、500 mg/L 和 1000 mg/L 的海水溶液中,电化学方法比传统吸附法有更高的吸附容量,传统吸附法的饱和吸附容量约为 180 mg U/g ads,而电化学法则始终未达到吸附饱和,在 1000 mg/L 的铀溶液中吸附容量达到了 1533 mg U/g ads。另外,电化学方法也具有更好的吸附动力学,吸附速率比传统吸附法快 3 倍。

参 考 文 献

[1] Carboni M, Abney C W, Lin S, et al. Highly porous and stable metal-organic frameworks for uranium extraction. Chemical Science, 2013, 4: 2396-2402.

[2] Bai Z Q, Yuan L Y, Shi W Q, et al. Introduction of amino groups into acid-resistant MOFs for enhanced U(VI) sorption. Journal of Materials Chemistry A, 2015, 3: 525-534.

[3] Zhang J Y, Zhang N, Zhang L J, et al. Adsorption of uranyl ions on amine functionalization of MIL-101(Cr) nanoparticles by a

facile coordination-based post-synthetic strategy and X-ray absorption spectroscopy studies. Scientific Reports, 2015, 5: 13514-13523.

[4] Chen L, Bai Z L, Wang S, et al. Ultrafast and efficient extraction of uranium from seawater using an amidoxime appended metal-organic framework. ACS Applied Materials & Interfaces, 2017, 9: 32446-32451.

[5] Feng Y F, Jiang H, Wang Y R, et al. Metal-organic frameworks HKUST-1 for liquid-phase adsorption of uranium. Colloids and Surfaces A: Physicochemical and Engineering Aspects, 2013, 431: 87-92.

[6] Yang W L, Bai Z L, Shi W Q, et al. MOF-76: From a luminescent probe to highly efficient U(Ⅵ) sorption material. Chemical Communications, 2013, 49: 10415-10417.

[7] Liu W, Dai X, Wang S, et al. Highly sensitive and selective uranium detection in natural water systems using a luminescent mesoporous metal-organic framework equipped with abundant lewis basic sites: A combined batch, X-ray absorption spectroscopy, and first principles simulation investigation. Environmental Science and Technology, 2017, 51: 3911-3921.

[8] Wang L L, Luo F, Luo M B, et al. Ultrafast, high-performance, and no pretreatment extraction of uranium from seawater by both acylamide- and carboxyl-functionalized metal-organic framework. Journal of Materials Chemistry A, 2015, 3: 13724-13730.

[9] Luo B C, Yuan L Y, Chai Z F, et al. U(Ⅵ) capture from aqueous solution by highly porous and stable MOFs: UIO-66 and its amine derivative. Journal of Radioanalytical and Nuclear Chemistry, 2016, 307: 269-276.

[10] Li J Q, Gong L L, Luo F, et al. Direct extraction of U(Ⅵ) from alkaline solution and seawater via anion exchange by metal-organic framework. Chemical Engineering Journal, 2017, 316: 154-159.

[11] Su S Z, Che R, Wang J, et al. Zeolitic imidazolate framework-67: A promising candidate for recovery of uranium(Ⅵ) from seawater. Colloids and Surfaces A: Physicochemical and Engineering Aspects, 2018, 547: 73-80.

[12] Bai C C, Li J, Ma L J, et al. In situ preparation of nitrogen-rich and functional ultramicroporous carbonaceous COFs by "segregated" microwave irradiation. Microporous and Mesoporous Materials, 2014, 197: 148-155.

[13] Li J, Yang X Y, Ma L J, et al. A novel benzimidazole-functionalized 2-D COF material: Synthesis and application as a selective solid-phase extractant for separation of uranium. Journal of Colloid and Interface Science, 2015, 437: 211-218.

[14] Bai C Y, Zhang M C, Ma L J, et al. Modifiable diyne-based covalent organic framework: A versatile platform for in-situ multipurpose functionalization. RSC Advances, 2016, 6: 39150-39159.

[15] Sun Q, Aguila B, Ma S Q, et al. Covalent organic frameworks as a decorating platform for utilization and affinity enhancement of chelating sites for radionuclide sequestration. Advanced Materials, 2018, 30: 1705479-1705487.

[16] Yue Y, Mayes R T, Dai S, et al. Seawater uranium sorbents: Preparation from a mesoporous copolymer initiator by atom-transfer radical polymerization. Angewandte Chemie: International Edition, 2013, 52: 13458-13463.

[17] Sun Q, Aguila B, Ma S Q, et al. Bio-inspired nano-traps for uranium extraction from seawater and recovery from nuclear waste. Nature Communications, 2018, 9: 1644-1652.

[18] Yue Y F, Zhang C X, Dai S, et al. A Poly(acrylonitrile)-functionalized porous aromatic framework synthesized by atom-transfer radical polymerization for the extraction of uranium from seawater. Industrial & Engineering Chemistry Research, 2016, 55: 4125-4129.

[19] Li B Y, Sun Q, Ma S Q, et al. Functionalized porous aromatic framework for efficient uranium adsorption from aqueous solutions. ACS Applied Materials & Interfaces, 2017, 9: 12511-12517.

[20] Yang S, Qian J, Hua D B, et al. Ion-imprinted mesoporous silica for selective removal of uranium from highly acidic and radioactive effluent. ACS Applied Materials & Interfaces, 2017, 9: 29337-29344.

[21] Zhang L X, Yang S, Hua D B, et al. Surface ion-imprinted polypropylene nonwoven fabric for potential uranium seawater extraction with high selectivity over vanadium. Industrial & Engineering Chemistry Research, 2017, 56: 1860-1867.

[22] Yuan Y, Yang Y J, Zhu G S, et al. Molecularly imprinted porous aromatic frameworks and their composite components for selective extraction of uranium ions. Advanced Materials, 2018, 30: 1706507-1706513.

[23] Zhou L, Bosscher M, He C, et al. A protein engineered to bind uranyl selectively and with femtomolar affinity. Nature Chemistry, 2014, 6: 236-241.

[24] Kou S Z, Yuan Z G, Sun F. Protein hydrogel microbeads for selective uranium mining from seawater. ACS Applied Materials & Interfaces, 2017, 9: 2035-2041.

[25] Ismail A F, Yim M. Investigation of activated carbon adsorbent electrode for electrosorption-based uranium extraction from seawater. Nuclear Engineering and Technology, 2015, 47: 579-587.

[26] Liu C, Hsu P, Cui Y, et al. A half-wave rectified alternating current electrochemical method for uranium extraction from seawater. Nature Energy, 2017, 2: 17007-17014.

[27] Chi F T, Zhang S, Wen J, et al. Highly efficient recovery of uranium from seawater using an electrochemical approach. Industrial & Engineering Chemistry Research, 2018, 57: 8078-8084.

第 5 章　海水提铀的机理

海水提铀的机理主要包括吸附剂及其功能基团与海水中铀的结合机理、吸附过程机理和选择性配位机理等。海水提铀的机理研究对于提铀材料设计、功能基团设计和吸附剂结构设计等具有重要的意义。海水中铀的化学形态可能是碳酸铀酰离子或三碳酸铀酰钙,提铀过程中钙离子和碳酸根离子都需要被吸附剂的功能基团所取代,吸附过程非常复杂。同时,海水中其他共存离子(Ca^{2+}、Mg^{2+}、VO_3^-、Fe^{3+}、Cu^{2+}、Ni^{2+}、Pb^{2+}等)的浓度很高,会对铀酰离子的富集和提取产生干扰,因此海水提铀工作具有很大的挑战性[1]。

偕胺肟基高分子材料是海水提铀中应用最为广泛的吸附剂,尤其是采用聚乙烯为基材辐照接枝聚丙烯腈,然后用盐酸羟胺与氰基反应得到偕胺肟基功能基团。偕胺肟基吸附剂使用前多用碱液进行处理[2],根据碱处理条件不同,氰基功能基团可以转化为主要官能团(图 5-1):偕胺肟、戊二酰亚胺二肟(glutaroimidedioxime);以及次要官能团:水解的酰亚胺-肟(imide-oximes)、2,6-二亚胺哌啶-1-醇(2,6-diiminopiperidin-1-ol)、酰胺和羧酸(图 5-2)等。与主要官能团相比,次要官能团与铀酰离子结合能力较弱。而偕胺肟化和碱液处理过程中生成的酰胺和羧酸可能通过改善高分子吸附剂的亲水性使吸附剂具有更快、更有效的吸附能力。

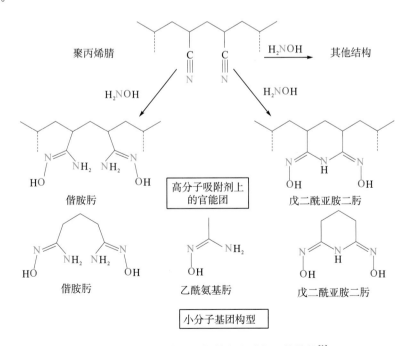

图 5-1　偕胺肟基吸附剂的合成过程及其结构[1]

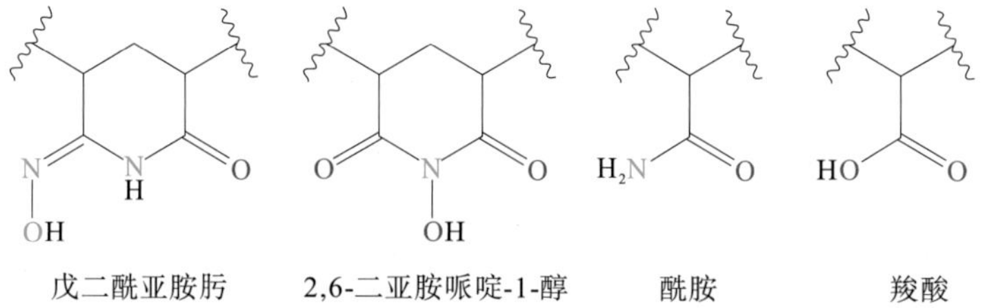

图 5-2　偕胺肟基吸附剂上存在的次要官能团[1]

其他金属离子(包括铀酰离子)与偕胺肟基配体有多个配位模式(图 5-3):N-O 螯合、η^1-O 配位、η^1-N 配位和 η^2-N,O 配位,前三种配位模式较普遍,而 η^2-N,O 配位模式比较少见。然而研究表明偕胺肟基配体与铀酰离子可能以 η^2 模式配位。

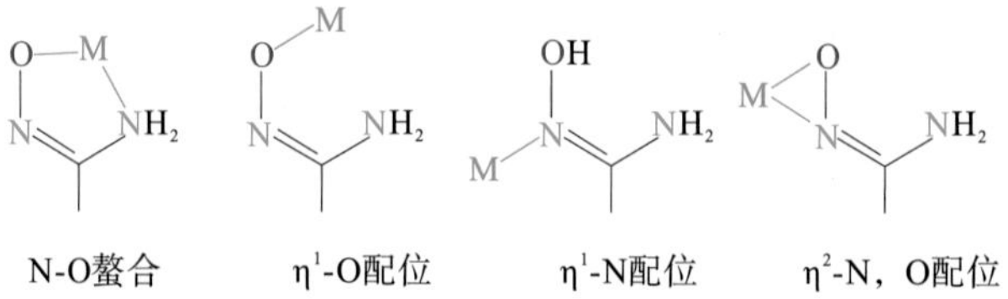

图 5-3　偕胺肟基配体与金属离子常见的配位模式[1]

相对于钒、铁等金属离子,偕胺肟基吸附剂对铀酰离子(UO_2^{2+})的选择性相对较低。海洋实验表明,偕胺肟基吸附剂对金属离子吸附容量的相对顺序(摩尔分数)为:钒(14.9%,摩尔分数,后同)>>铁(1.6%)>铀(1.0%),其中吸附钒的物质的量约为铀的 15 倍。此外,从偕胺肟基吸附剂上洗脱 V(V)比洗脱铀及其他阳离子的条件苛刻得多,并且洗脱过程很容易破坏吸附剂的结构。图 5-4 是偕胺肟基配体对铀、铁、钒的配位模式,偕胺肟基配体对钒的高选择性的原因可能是戊二酰亚胺二肟与非氧化 V(V)离子配合物的形成。

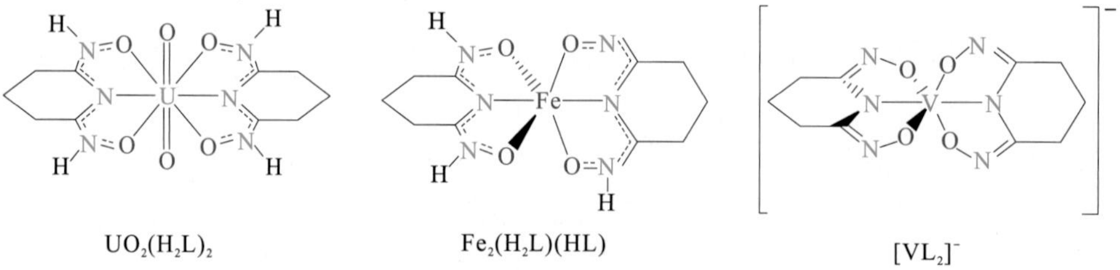

图 5-4　戊二酰亚胺二肟的金属配合物结构[1]

随着现代分析手段的进步,目前多采用理论模拟和实验验证相结合的方法研究配体与铀酰离子之间的配位机理。采用密度泛函和分子动力学等理论模拟研究配位结构、配位过渡态搜寻、成键轨道分析等。也可采用多种实验研究手段进行研究,如电位滴定法、微量热法、结晶法、中子反射法等,测量配位过程中的配位常数、配位焓等热力学和动力学参数。可以深入原子、分子层面,从微观角度探索配位热力学和动力学过程的机理。

5.1　理论模拟方法

5.1.1　密度泛函理论模拟

近年来,随着量子化学理论及计算方法的迅速发展,同时计算机运算速度的大幅提升,量子化学在海水提铀理论研究中得到了广泛应用。量子化学研究范围包括:稳定和不稳定分子的结构与性能之间的关系;分子与分子之间的相互作用;分子与分子之间的相互碰撞和相互反应等问题。与实验研究方法相比,量子化学方法研究海水提铀机理具有许多优点,如节省大量的人力物力,避免与放射性元素的接触,研究速度较快、精确度高、客观性强,能够很好地验证实验数据,能研究反应过程中的过渡态,精确判断反应中间步骤。在海水提铀机理研究中应用较多的是密度泛函理论模拟研究,该方法可研究分子结构、分子轨道、反应热力学、过渡态搜寻等物理量。

密度泛函理论模拟计算所用软件有很多,其中 Gaussian 是发展较完善、计算精度较高的软件之一。Gaussian 可计算过渡态能量和结构、键和反应能量、分子轨道、原子电荷和电位、振动频率、红外和拉曼光谱、热力学性质、反应路径等,计算可以对体系的基态或激发态执行,因此 Gaussian 软件可以用来研究取代基的影响、化学反应机理、势能曲面和激发能等。同样利用 Gaussian 软件可以研究铀与配体的配位机理。采用 B3LYP 泛函[3-5],铀原子采用有效芯势(effective core potential,ECP)代替 60 个核电子计算标量相对论效应(scalar relativistic effects),该基组中的价电子由收缩的[8s/7p/6d/4f]表示,碳、氮、氧、氯和氢等原子使用 6-31+G(d,p)基组,不考虑自旋-轨道相互作用(spin-orbit interactions),自洽场(self-consistent field,SCF)参数通常设置为紧密、四次收敛的、非对称的[5],采用密度泛函理论计算进行几何优化后,通过频率计算可以得到反应过程中的焓变(ΔH),由式(5-1)得

$$\Delta H = E_{(配合物)} - E_{(供体)} - E_{(受体)} + \Delta E_{零点能} + \Delta E_{热量} + \Delta(PV) \tag{5-1}$$

其中,Δ 为从反应物到产物各参数的变化;T 为 298.15 K;$\Delta(PV) = RT = -0.593$ kcal/mol。

通过上述计算方法和参数设定,密度泛函理论模拟可计算铀酰离子与偕胺肟基配位的几何结构、配位方式和配位热力学等参数。在一系列的[UO$_2$(AO)$_x$]$^{2-x}$ 配合物中增加水分子数以满足 U(Ⅵ)赤道配位数(通常为 4～6),形成三种配合物:1 个铀酰离子(UO_2^{2+})与 1 个偕胺肟基配体(AO)的阳离子配合物[UO$_2$(AO)(OH$_2$)$_3$]$^+$;1 个 UO_2^{2+} 与 2 个 AO 配体的中性配合物[UO$_2$(AO)$_2$(OH$_2$)]、[UO$_2$(AO)$_2$(OH$_2$)$_2$]和[UO$_2$(AO)$_2$(OH$_2$)$_3$];1 个 UO_2^{2+} 与 3 个 AO 配体的阴离子配合物[UO$_2$(AO)$_3$]$^-$。图 5-5 是配合物[UO$_2$(AO)(OH$_2$)$_3$]$^+$、[UO$_2$(AO)$_2$(OH$_2$)$_2$]和[UO$_2$(AO)$_3$]$^-$的几何优化构型,直观地展示出了偕胺肟基配体与铀的配合方式。表 5-1 是配合物形成过程中的焓变 ΔH,在恒压反应条件下,反应热等于反应前后体系的焓变。ΔH 为正值,说明是吸热反应,ΔH 越大说明反应吸热越多,ΔH 越小说明反应吸热越少。结合构型Ⅲ(η^2 型)的配合物比结合构型Ⅰ或Ⅱ(N-O 螯合构型)的配合

物能量上更稳定。$[UO_2(AO)_x]^{2-x}$ 配合物中 AO 的化学计量数虽不同，但都有相同的趋势，即无论 AO 的数量、配体水分子的数量和配合物的电荷如何，η^2 构型是偕胺肟配体与铀酰离子配位的优势构型。理论模拟数据也可与相应配合物的晶体结构参数相互结合，进一步研究配合物结构[3]。

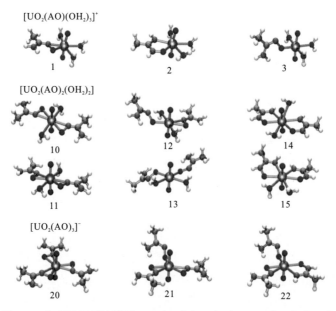

$[UO_2(AO)(OH_2)_3]^+$

$[UO_2(AO)_2(OH_2)_2]$

$[UO_2(AO)_3]^-$

图 5-5　密度泛函理论模拟 $[UO_2(AO)(OH_2)_3]^+$、$[UO_2(AO)_2(OH_2)_2]$
和 $[UO_2(AO)_3]^-$ 配合物的优化几何构型[3]

表 5-1　$[UO_2(AO)_x(OH_2)]^{2-x}$ 配合物的配位稳定常数[3]

化学计量数	AO 结合构型 [a]	$\triangle H^b$/(kcal/mol)	$\triangle H_{aq}^b$/(kcal/mol)	赤道面配位
				电子数
\multicolumn{5}{c}{$[UO_2(AO)(OH_2)_3]^+$}				
1	III	0	0	5
2	II	4.5	3.13	5
3	I	11.6	9.63	4
\multicolumn{5}{c}{$[UO_2(AO)_2(OH_2)]$}				
4	III/III	0	0	5
5	III/III	4.5	6.15	5
6	II/II	6.4	3.26	5
7	II/II	7	3.59	5
8	I/III	7.4	0.7	4
9	II/II	11.8	5.96	5

续表

$[UO_2(AO)_2(OH_2)_2]$				
10	III/III	0	0	6
11	III/III	2.4	2.22	6
12	I /III	2.6	6.8	5
13	I / I	5.7	14.93	4
14	II / II	12	16.19	6
15	II / II	16.1	11.69	6
16	II / II	16.7	12.01	6
$[UO_2(AO)_2(OH_2)_3]$				
17	I /III	0	0	6
18	I / I	1.2	1.97	5
19	I / I	2	3.81	5
$[UO_2(AO)_3]^-$				
20	III/III/III	0	0	6
21	I /III/III	4.1	7.47	5
22	I / II /III	11.2	8.08	5

a: 见图 5-5；b: ΔH 和 ΔH_{aq} 分别是气相和水溶液中每种化学计量的最低能量配置的焓。

　　自然键轨道(NBO)分析方法可得到所计算分子中的原子布居数、分子轨道的类型和构成及分子内和分子间超共轭相互作用等。布居是指电子在各原子轨道上的分布，分析布居可了解分子中原子的成键情况。与传统的 Mulliken 布居分析不同，NBO 分析显示出更高的数值稳定性，并能更好地描述有较高离子特征的化合物中的电子分布，克服了 Mulliken 布居分析方法的弱点。NBO 分析中自然原子轨道的布居数(占据数)是通过单中心角对称密度矩阵块在构建好的自然原子轨道(NAO)基础下对应的本征值而获得的。自然分子轨道的布居数(占据数)则是角对称密度矩阵块经分块对角化后对应的本征值，其物理意义是自然原子轨道或分子键轨道中的电子占据数。密度泛函理论计算气态和溶剂模型中 AO 与 UO_2^{2+} η^2 构型配位，得到零点能(ZPE)、结合焓(ΔH)和吉布斯自由能(ΔG)。同时根据分子轨道分析得知，主要成键轨道来自 O—N 的 π 轨道和 O 的孤对电子与 U 的 σ(f) 轨道成键(图 5-6)。使用 NBO 分析还可以计算 Wiberg 键指数(WBI)，当 WBI 值为 $0.1 \sim 0.5$ 时，为离子键特性；而共价键的 WBI 值约为 1。AO 通过 O、N 与 U 结合，分别产生 0.885、0.576 的 WBI 值，WBI 值之和为 1.461，说明 AO 与 UO_2^{2+} 成键具有一定的共价键的特性[6]。

　　哈米特方程(Hammett 方程)是一个描述反应速率及平衡常数与反应物取代基类型之间线性自由能关系的方程。所研究的反应物有苯甲酸及间位、对位取代的苯甲酸衍生物。通过测定苯甲酸衍生物的 pK_a 值，可获得它们的取代基常数 σ，也就是对取代基电子效应的量度。采用哈米特方程可以得到 σ_{para}(对位)和 σ_{meta}(间位)两个参数，这两个参数值可以说明取代基的吸电子或给电子的性质。吸电子取代基增加电离常数，因此 σ 是正值；给电子取代基减小电离常数，因此 σ 是负值。

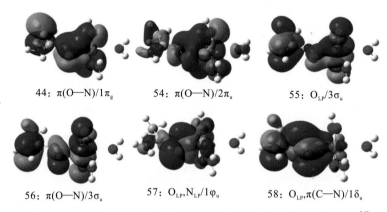

44：$\pi(O—N)/1\pi_g$　　　54：$\pi(O—N)/2\pi_u$　　　55：$O_{LP}/3\sigma_u$

56：$\pi(O—N)/3\sigma_u$　　　57：$O_{LP},N_{LP}/1\varphi_u$　　　58：$O_{LP},\pi(C—N)/1\delta_u$

图 5-6　NBO 分析所得配合物 $[UO_2(AO)(H_2O)_3]^+$ 的部分分子轨道[6]

通过将反应的平衡常数 $\lg(K/K_0)$ 对 σ 作图，所得直线的斜率 (ρ) 可以表示反应受取代基影响的灵敏度，从而提供了速率控制步骤中反应中心的电荷变化的信息。偕胺肟基团附近取代基的电子效应也可能会影响其与铀酰离子的配位性能。通过计算一系列邻位取代的偕胺肟基衍生物与铀酰离子形成配合物的配位常数 K，结果表明邻位取代偕胺肟基衍生物与铀酰离子的平衡常数 $\lg(K/K_0)$ 与 Hammett σ_{para} 值之间呈线性关系（图 5-7）。σ 是正值说明取代基是吸电子基（如 NO_2、CF_3、F），σ 是负值说明取代基是给电子基[如 OH、NH_2、$N(H)CH_3$、$N(CH_3)_2$]，同时还可反映取代基给电子与吸电子的强弱。U＝O 键的键长随着邻位取代基 R 基团给电子的能力的增强而增长，O＝U＝O 键角随着 R 基团给电子的能力的增强而减小（表 5-2）。取代基 R 基团给电子能力越强，偕胺肟基配体与铀酰离子之间的结合力越强；取代基 R 基团吸电子能力越强，偕胺肟基配体与铀酰离子之间结合力越弱（表 5-3）。

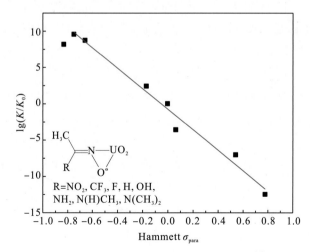

图 5-7　$\lg(K/K_0)$ 对 Hammett σ_{para} 直线图[6]

线性相关系数 $R^2=0.9773$，插图为不同取代基偕胺肟配体，UO_2^{2+} 与配体以 η^2 配位，同时结合三个水分子

表 5-2　邻位取代的偕胺肟基衍生物与铀酰离子形成配合物的部分键长和键角（∠U＝O 角）[6]

取代基	U=O/Å	∠U=O/(°)	U—OH$_2$/Å	U—O$_{oxime}$/Å	U—N/Å	N—O/Å	N=C/Å
—NO$_2$	1.772	176.88	2.458	2.34	2.44	1.306	1.284
—CF$_3$	1.778	177.25	2.481	2.287	2.408	1.351	1.269
—F	1.775	176.68	2.467	2.313	2.414	1.331	1.28
—H	1.78	175.95	2.481	2.282	2.392	1.351	1.276
—OH	1.783	176.05	2.493	2.26	2.372	1.363	1.282
—NH$_2$	1.786	174.32	2.497	2.255	2.349	1.383	1.3
—N(H)CH$_3$	1.787	172.92	2.492	2.252	2.344	1.387	1.306
—N(CH$_3$)$_2$	1.789	173.25	2.498	2.251	2.339	1.378	1.309

表 5-3　不同取代基的 Hammett σ_{para}、$\lg(K/K_0)$、ΔG、Wiberg 键指数、总相互作用能（E_{int}）、
轨道相互作用能（E_{orb}）及与铀酰离子结合的不同取代基偕胺肟基配体的空间相互作用能（E_{steric}）[6]

取代基	σ_{para}	$\lg(K/K_0)$	$\Delta G/$(kcal/mol)	WBI	$E_{int}/$(kcal/mol)	$E_{orb}/$(kcal/mol)	$E_{steric}/$(kcal/mol)
—NO$_2$	0.78	-12.45	-27.34	1.09	-35.52	-71.99	36.47
—CF$_3$	0.54	-7.01	-34.56	1.16	-44.62	-77.55	32.93
—F	0.06	-3.55	-39.14	1.21	-49.48	-82.44	32.96
—H	0.00	0.00	-43.85	1.26	-53.58	-87.83	34.25
—OH	-0.17	2.44	-47.08	1.31	-58.25	-92.33	34.08
—NH$_2$	-0.66	8.76	-55.47	1.40	-62.83	-104.42	41.59
—N(H)CH$_3$	-0.75	9.51	-56.45	1.42	-64.38	-100.76	36.38
—N(CH$_3$)$_2$	-0.83	8.13	-54.63	1.44	-68.75	-104.01	35.26

给电子取代基对偕胺肟基配体的配位能力有增强作用，配体结构如图 5-8 所示，与铀酰离子配位，通过密度泛函理论模拟得到热力学参数列于表 5-4 中。如表 5-4 所示，AO5、AO6、AO1 与 UO$_2^{2+}$ 反应的焓变为正值，说明为吸热反应；与此相反，AO3、AO4 与 UO$_2^{2+}$ 反应的焓变为负，为放热反应。前线轨道理论认为分子中有类似于单个原子的"价电子"的存在，分子的价电子就是前线电子，因此在分子间的化学反应过程中，最先作用的分子轨道是前线轨道，起关键作用的电子是前线电子。这是因为分子的最高占据分子轨道（HOMO）对前线电子的束缚较为松弛，具有电子给予体的性质，而最低未占分子轨道（LUMO）则对前线电子的亲和力较强，具有电子接受体的性质，这两种轨道最易互相作用，在化学反应过程中起着极其重要的作用。NBO 分析表明配合物[UO$_2$(AO$_m$)$_n$(NO$_3$)]$^+$(m=1～6，n=1～3)中配体 AO$_m$(m=1～6)的 HOMO 能量依次增加。图 5-8 中给电子配体的 HOMO 能量越高，轨道的相互作用（配体的 HOMO 与铀的 LUMO）越强，因此成键相互作用越强[7]，反之越弱。

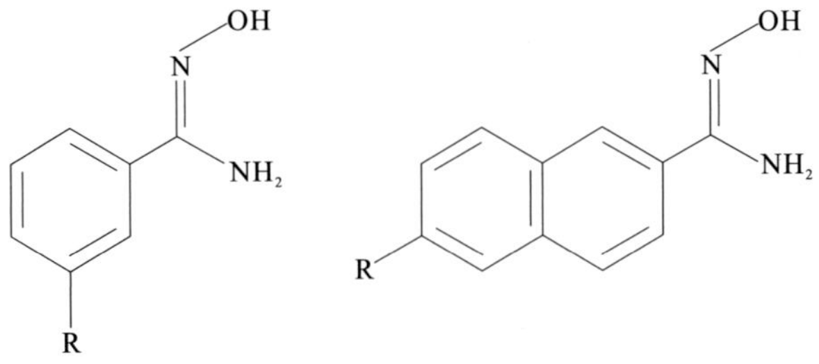

AO1：R=OCF₃

AO2：R=H

AO3：R=NO₂

AO5：R=H

AO4：R=OCH₃

AO6：R=NO₂

图 5-8 间位、对位不同取代芳烃偕胺肟基配体的结构[7]

表 5-4 配合物 $[UO_2(AO_m)_n(NO_3)]^+$（$m=1\sim6$，$n=1\sim3$）形成过程中的焓变、HOMO 能和电荷[7]

配体	$\Delta H/$ (kcal/mol)			HOMO 能/eV	电荷
	$n=1$	$n=2$	$n=3$		
AO5	8.15	11.64	13.70	−5.59	0.497
AO6	4.83	8.66	11.88	−5.57	0.518
AO1	4.08	5.91	7.27	−5.40	0.509
AO2	0.00	0.00	0.00	−5.12	0.518
AO3	−3.07	−2.15	−1.74	−5.11	0.536
AO4	−7.50	−6.50	−6.40	−4.96	0.559

偕胺肟基配体取代碳酸根配体与铀酰离子配位过程的结构变化也可采用密度泛函理论模拟进行研究，并可与 EXAFS 光谱数据相互比较。$[UO_2(CO_3)_{3-x}(AO)_x]^{(4-x)}$ 配合物的结构如图 5-9(a) 所示[4, 8-10]，偕胺肟与铀酰离子以 η^2 模式配位，结构参数列于表 5-5。通过 DFT/B3LYP 计算，发现随着 AO 配位数的增加，铀原子与轴向氧(U—O$_{ax}$)的键长略微减小，表明偕胺肟基配体与碳酸根的结合能力相当；在赤道面上，U—N(AO)键长明显大于 U—O(AO)，这可能是由于中心铀原子与肟氧的结合强度大于其与肟氮的结合强度；中心铀原子-配体(U—L$_{eq}$)在赤道面上的平均键长减小了 0.01～0.03Å，这可能是由于铀原子中心附近的电荷分布减少了。图 5-9(b) 是基于优化结构模型的 EXAFS 振动谱，随着 AO 取代 CO_3^{2-}，出现几个显著的变化：峰 A 位置移向高 K 值；峰 A 与峰 B 之间的峰谷显著增加，这与峰 B 强度的增强相对应；峰 C 强度降低。从密度泛函理论模拟结果和 EXAFS 振动谱的变化可以看出，AO 配体可以取代$[UO_2(CO_3)_3]^4$ 配合物中的 CO_3^{2-}，以 η^2 配位模式与铀酰离子配位。

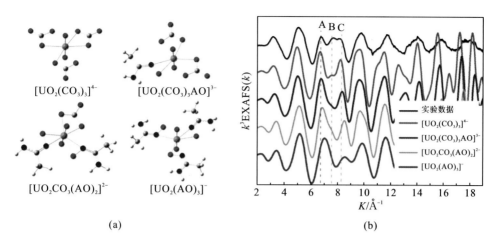

图 5-9　(a) AO 配体逐步取代碳酸根形成 $[UO_2(CO_3)_{3-x}(AO)_x]^{(4-x)-}$ 配合物的结构模型；(b)
$[UO_2(CO_3)_{3-x}(AO)_x]^{(4-x)-}$ 在铀 L_3-edge 的 k_3 加权 EXAFS 光谱[4]

表 5-5　理论模拟 $[UO_2(CO_3)_{3-x}(AO)_x]^{(4-x)-}$ 配合物中铀和配体之间的键长：
$R(U-O_{ax})$ (轴向氧)、$R(U-L_{eq})$ (赤道配体) 和 $R(U-C)$ [4]

配合物	$R(U-O_{ax})$/Å	$R(U-L_{eq})$/Å	平均 R 值 $(U-L_{eq})$/Å	$(U-C)$/Å	CNÅ
$[UO_2(CO_3)_3]^{4-}$	1.827 1.828	U—Oc: 2.440, 2.440, 2.441, 2.441, 2.441, 2.4742	2.44	2.905 2.905 2.906	6
$[UO_2(CO_3)_2(AO)]^{3-}$	1.826 1.827	U—Oc: 2.415, 2.422, 2.415, 2.417 U—O$_{AO}$: 2.372 U—N: 2.444	2.414	2.877 2.877	6
$[UO_2CO_3(AO)_2]^{2-}$	1.825 1.823	U—Oc: 2.394, 2.394 U—O$_{AO}$: 2.355, 2.354 U—N: 2.448, 2.441	2.398	2.85	6
$[UO_2(AO)_3]^-$	1.819 1.82	U—O$_{AO}$: 2.330, 2.332, 2.332 U—N: 2.447, 2.447, 2.449	2.39		6

注：O_C 和 O_{AO} 分别指铀酰离子、碳酸根配体和 AO 配体中的配位氧原子，CN 代表配位数。

　　偕胺肟基与羧酸根共聚到基材上可提高吸附剂对铀的吸附容量和吸附速率。羧酸根在吸附过程中起到了至关重要的作用，有研究表明含羧酸根单体和含氰单体以 40：60 比例发生接枝聚合所得的高分子吸附剂吸附铀效果最佳[11, 12]。亲水基团如羧基中的氢离子可以促进 $[UO_2(CO_3)_3]^{4-}$ 中碳酸根解离，从而使 AO 更易与铀酰离子配位[11, 13, 14]。如图 5-10 所示，R′为 CH_3，含有偕胺肟基 (AO^-)、羧基 (Ac^-) 和戊二酰亚胺二肟 (HA^-) 功能基团。

AO^-/Ac^- 和 HA^-/Ac^- 表示含复合官能团的吸附剂与铀酰离子相互作用，AO^- 基团与 UO_2^{2+} 主要以 O 单齿或 N-O η^2 构型配位，Ac^- 基团与 UO_2^{2+} 主要是 O 单齿和 O-O 二齿配位，而 HA^- 与 UO_2^{2+} 主要是 O-N-O 三齿配位。$U—O(AO^-)$ 的键长比 $U—N(AO^-)$ 的键长短，说明 $U—O(AO^-)$ 形成更强的键。配体到铀原子的电荷转移，HA^- 最多而 Ac^- 最少，说明 HA^- 与 UO_2^{2+} 有较强的相互作用。在 $[UO_2(CO_3)_3]^{4-}+R'HAO \longrightarrow [UO_2(CO_3)_2(R'AO)]^{3-}+HCO_3^-$ 反应过程中，决速步可能是碳酸根从铀酰离子解离的同时偕胺肟基团与铀酰离子配位。具有 AO^-/Ac^- 和 HA^-/Ac^- 复合官能团的吸附剂比 AO^- 和 HA^- 单官能团的吸附剂更易与铀酰离子配位，在热力学上更有利，因此羧基与偕胺肟基的共存可以增强吸附剂对铀的吸附性[5]。

过渡态理论(transition-state theory, TST)是由 Eyring、Polanyi 等在统计力学和量子力学的基础上提出来的，又称为活化配合物理论或绝对反应速率理论。过渡态理论认为反应物分子不仅仅是通过相互之间简单的碰撞而形成产物的，多数情况下需要经过一个过渡态，然后才能转化为生成物。过渡态是指反应物分子在自由能面上，反应路径中的能量最高点时所形成的一定构型的状态。采用过渡态理论研究 AO^-/Ac^- 和 HA^-/Ac^- 复合官能团吸附剂与 $[UO_2(CO_3)_3]^{4-}$ 相互作用过程中的过渡态。势能分布如图 5-11 所示，决速步骤为偕胺肟基团与铀酰离子的配位，同时碳酸根与铀酰离子解离，期间羧基上氢离子协助碳酸根迁移，降低了配位反应过程中的能垒，总自由能势垒为 20.1kcal/mol。

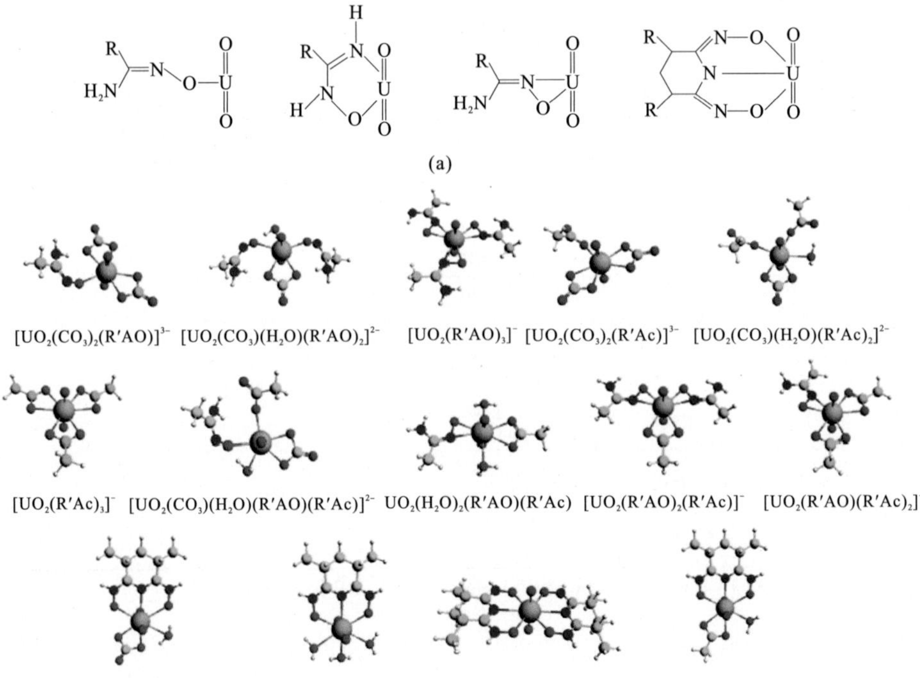

(a)

$[UO_2(CO_3)_2(R'AO)]^{3-}$　$[UO_2(CO_3)(H_2O)(R'AO)_2]^{2-}$　$[UO_2(R'AO)_3]^-$　$[UO_2(CO_3)_2(R'Ac)]^{3-}$　$[UO_2(CO_3)(H_2O)(R'Ac)_2]^{2-}$

$[UO_2(R'Ac)_3]^-$　$[UO_2(CO_3)(H_2O)(R'AO)(R'Ac)]^{2-}$　$UO_2(H_2O)_2(R'AO)(R'Ac)$　$[UO_2(R'AO)_2(R'Ac)]^-$　$[UO_2(R'AO)(R'Ac)_2]^-$

$[UO_2(H_2O)(R'_2HA)(CO_3)]^-$　$[UO_2(H_2O)_3(R'_2HA)]^+$　$UO_2(R'_2HA)_2$　$UO_2(H_2O)(R'_2HA)(R'Ac)$

(b)

图 5-10　(a)铀酰离子与偕胺肟基配体可能的结合方式；(b)密度泛函理论模拟所得铀酰离子与 $R'AO^-$、$R'Ac^-$、$R'_2HA^-(R'=CH_3)$ 和 CO_3^{2-} 的几何优化结构[5]

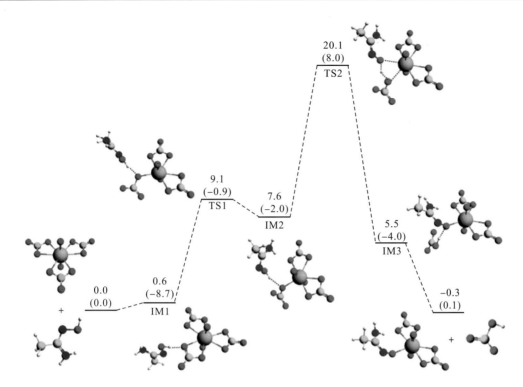

图 5-11　$[UO_2(CO_3)_3]^{4-} + R'HAO \longrightarrow [UO_2(CO_3)_2(R'AO)]^{3-} + HCO_3^-$ 反应过渡态和中间态的能量分布图[5]

相对吉布斯自由能(相对电子能量)单位是 kcal/mol，IM 和 TS 分别表示中间体和过渡态

AO 与钒离子(VO^{2+}、VO_2^+) 也能形成较稳定的配合物，因而海水提铀中钒离子是主要的竞争离子之一。密度泛函理论模拟偕胺肟基配体与 VO^{2+}、VO_2^+ 两种钒离子可能的结合构型如图 5-12 和图 5-13 所示[15, 16]。图 5-12 中配合物 4[$VO(AO)(H_2O)_2$]$^+$ 和配合物 8[$VO(AO)(H_2O)_3$]$^+$，图 5-13 中配合物 9[$VO_2(AO)(H_2O)$]、配合物 16[$VO_2(AO)(H_2O)_2$] 和配合物 21[$VO_2(AO)(H_2O)_3$]是能量最低的稳定构型，钒离子与偕胺肟基配体以 N-O 螯合构型配位。图 5-14 为钒离子与 AO 配位反应过程的过渡态，过渡态研究显示钒离子(VO^{2+} 和 VO_2^+) 与 AO 配位过程中可能发生胺氮和肟氮之间质子转移的互变异构重排，重排后能量约降低 11 kcal/mol，形成的配合物更稳定。因此，胺氮和肟氮之间的质子转移可能是形成最稳定的钒离子(VO^{2+} 和 VO_2^+)/AO 配合物的关键。VO^{2+}/AO η^2 构型的配合物 6 比 N-O 螯合构型的配合物 4 能量高(约 12 kcal/mol)，能量越高越不稳定。因此 AO 可能采用 N-O 螯合构型与钒离子(VO^{2+} 和 VO_2^+)配位，而 AO 与 UO_2^{2+} 可能采用 η^2 构型进行配位[4, 17]。因而，AO 与铀和钒的最稳定配位方式是不同的，在设计配体时可以运用这种配位方式的区别来设计对铀高选择性配体。

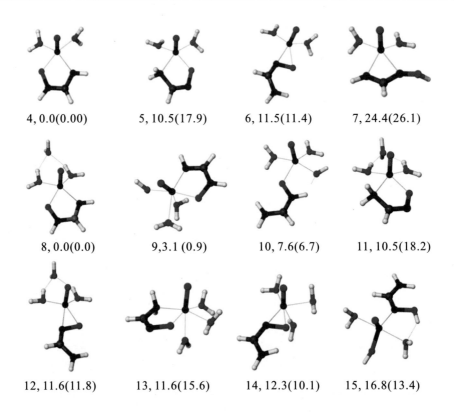

4, 0.0(0.00)　　　5, 10.5(17.9)　　　6, 11.5(11.4)　　　7, 24.4(26.1)

8, 0.0(0.0)　　　9,3.1 (0.9)　　　10, 7.6(6.7)　　　11, 10.5(18.2)

12, 11.6(11.8)　　　13, 11.6(15.6)　　　14, 12.3(10.1)　　　15, 16.8(13.4)

图 5-12　密度泛函理论模拟水溶液(气相) $[VO(AO)(H_2O)_2]^+$ 和 $[VO(AO)(H_2O)_3]^+$

配合物的结构与相应吉布斯自由能(能量，单位均为 kcal/mol)[15]

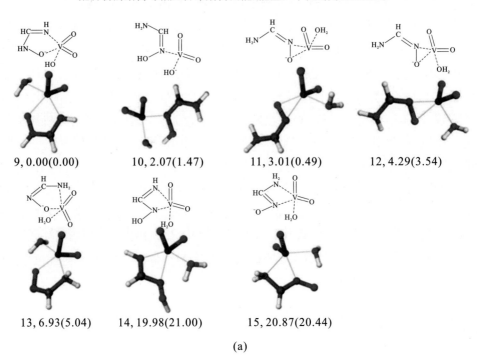

9, 0.00(0.00)　　　10, 2.07(1.47)　　　11, 3.01(0.49)　　　12, 4.29(3.54)

13, 6.93(5.04)　　　14, 19.98(21.00)　　　15, 20.87(20.44)

(a)

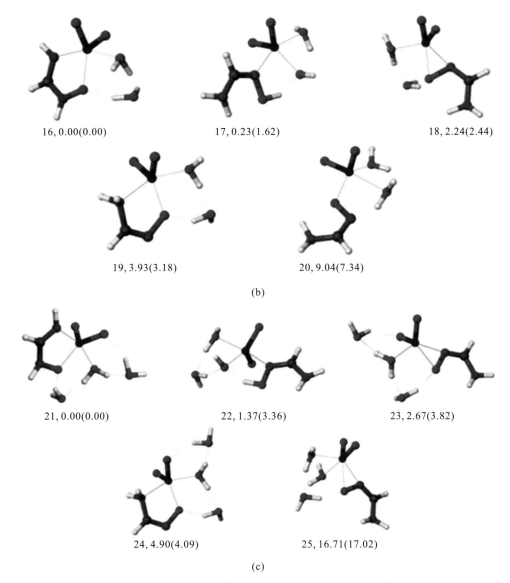

16, 0.00(0.00)　　　　17, 0.23(1.62)　　　　18, 2.24(2.44)

19, 3.93(3.18)　　　　20, 9.04(7.34)

(b)

21, 0.00(0.00)　　　　22, 1.37(3.36)　　　　23, 2.67(3.82)

24, 4.90(4.09)　　　　25, 16.71(17.02)

(c)

图 5-13　配合物 $[VO_2(AO)(H_2O)]$ (a)、配合物 $[VO_2(AO)(H_2O)_2]$ (b) 和配合物 $[VO_2(AO)(H_2O)_3]$ (c) 在气态和水溶液状态下的优化结构及相对能量(能量，单位均为 kcal/mol) [16]

　　根据偕胺肟化反应条件不同，偕胺肟基团可能形成环状三齿配体戊二酰亚胺二肟 (H_3IDO)，H_3IDO 可能与 VO_2^+ 形成较为稳定的结构[18]。图 5-15 是 VO_2^+ 与 H_3IDO 和 AO 形成配合物的结构，配合物的稳定常数 $\lg \beta_{\text{理论}}$ 列于表 5-6。当 $[H_3IDO]/[V]$ 浓度比为 1∶1，pH 为 4～14 时，形成 H_3IDO 完全去质子化的配合物 $[VO_2(IDO)]^{2-}$ 和 $[V(IDO)_2]^-$，并且形成独特的非氧化五价钒 (V^{5+}) 离子与 H_3IDO 配合物[19]。H_3IDO 与 Fe(III)、Cu(II)、Pb(II) 和 Ni(II) 金属离子也可形成配合物，与 U(VI) 相比较，得出选择性顺序可能为 Fe(III) > U(VI)≈Cu(II) > Pb(II) > Ni(II)[20]。

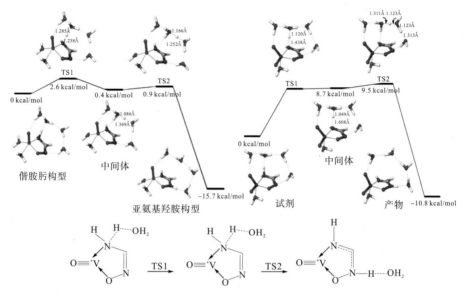

图 5-14　水分子在辅助偕胺肟基异构重排结构图[15,16]

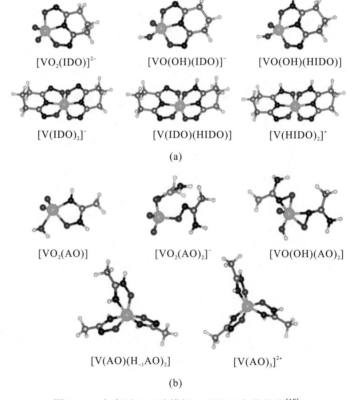

(a)

(b)

图 5-15　密度泛函理论模拟 V(V)配合物优化[18]

(a)V(V) 与 H₃IDO 形成的配合物；(b)V(V)与偕胺肟(HAO)形成的配合物，

不同颜色的球代表不同原子：青色 V(V)，红色 O，海军蓝 N，灰色 C，白色 H

表 5-6　V(V)与 H₃IDO 和 HAO 配体配位反应的理论模拟和实验所得稳定性常数(lgβ)[18]

水相反应	lgβ 理论[a]	lgβ 实验[b]
戊二酰亚胺二肟配体		
$H_2VO_4^- + H^+ + HIDO^{2-} \rightleftharpoons [VO_2(IDO)]^{2-} + 2H_2O$	22.9	21.2 ± 0.4
$H_2VO_4^- + 2H^+ + HIDO^{2-} \rightleftharpoons [VO(OH)(IDO)]^- + 2H_2O$	25.6	n.a
$H_2VO_4^- + 3H^+ + HIDO^{2-} \rightleftharpoons [VO(OH)(HIDO)] + 2H_2O$	29	n.a.
$H_2VO_4^- + 2H^+ + 2HIDO^{2-} \rightleftharpoons [VO(IDO)_2]^{3-} + 3H_2O$	n.a.	35.9 ± 0.8
$H_2VO_4^- + 4H^+ + 2HIDO^{2-} \rightleftharpoons [V(IDO)_2]^- + 4H_2O$	53.5	53.0 ± 0.4
$H_2VO_4^- + 5H^+ + 2HIDO^{2-} \rightleftharpoons [V(IDO)(HIDO)] + 4H_2O$	54.9	n.a.
$H_2VO_4^- + 6H^+ + 2HIDO^{2-} \rightleftharpoons [V(HIDO)_2]^+ + 4H_2O$	51.7	n.a.
偕胺肟基配体		
$H_2VO_4^- + 2H^+ + AO^- \rightleftharpoons [VO_2(AO)] + 2H_2O$	17.7	n.a.
$H_2VO_4^- + 2H^+ + 2AO^- \rightleftharpoons [VO_2(AO)_2]^- + 2H_2O$	25.5	n.a.
$H_2VO_4^- + 3H^+ + 2AO^- \rightleftharpoons [VO(OH)(AO)_2] + 2H_2O$	28.5	n.a.
$H_2VO_4^- + 4H^+ + 3AO^- \rightleftharpoons [V(AO)(H_{-1}AO)_2] + 4H_2O$	43.4	n.a.
$H_2VO_4^- + 6H^+ + 3AO^- \rightleftharpoons [V(AO)_3]^{2+} + 4H_2O$	39.5	n.a.

a：温度 25℃，离子强度 $I = 0$ mol/L；b：温度 25℃，离子强度 $I = 0.5$ mol/L。

因此，密度泛函理论模拟可以研究偕胺肟基配体与铀酰离子的配位机理。几何优化后得到最佳配位模型，NBO 分析可得到偕胺肟基配体与铀酰离子的成键特点。偕胺肟基配体的取代基可以影响其与中心铀原子配位的电子云密度，从而影响偕胺肟基配体与铀原子配位的强弱。与偕胺肟基共聚的单体羧基，可以提高吸附剂的亲水性，而且过渡态理论研究表明，羧基的 H^+ 可以协同碳酸根的离去，从而提高偕胺肟与铀的配位。偕胺肟基团中胺氮和肟氮之间的质子转移可能是形成最稳定的钒离子(VO^{2+} 和 VO_2^+)/AO 配合物的关键，这与铀酰离子配位模式不同。如果体系存在 H_3IDO 配体，可与五价钒离子形成结合力较强的非氧化钒离子(V^{5+})配合物。

5.1.2　分子动力学理论模拟

分子动力学模拟是指对于原子核和核外电子所构成的多体系统，用计算机模拟原子核的运动过程，求解运动方程(如牛顿方程、哈密顿方程或拉格朗日方程)，从而计算系统的结构和性质，其中每一个原子核被视为在全部其他原子核和电子作用下运动，通过分析系统中各粒子的受力情况，用经典或量子的方法求解系统中各粒子在某时刻的位置和速度，以确定粒子的运动状态，进而计算系统的结构和性质。分子动力学求解牛顿方程的方法，一般有 Verlet 算法、跳蛙法(leap-frog method)、Beemen 方法和预估校正法(predictor-corrector method)。分子动力学可以获得粒子运动前后步的连续具体位置，可以细致分析多种微观规律。

分子动力学模拟首先要选择合适的模拟模型，合理的模拟势函数直接决定着计算结果的可靠性，并且还要大致估算计算的可行性，因为系统原子量过大会使得计算时间过长，而且分子运动过慢的话也会使计算时间更长。开始计算时，需要确定模拟盒子内的粒子数目以保证密度合理，设定粒子初始位置和速度、计算温度、边界条件、积分步长及适宜的系统等。由初始状态开始运行后，系统不断地根据选择的算法自行调整系统总动能，直至达到热平衡(thermal equilibrium)后，计算机开始存储各离子的运动轨迹和速度以供分析。最后，根据分子动力学模拟得到的轨迹文件，选择需要研究的物理量，如径向分布函数、原子密度图谱、均方位移等进行分析。

采用经典动力学方法可以研究在水溶液和 0.1 mol/L NaCl 溶液中 UO_2^{2+} 与 3 个碳酸根，2 个钙离子结合的过程[21]。图 5-16 是结合过程势能的变化，从势能变化可以看出，在纯水中形成 $Ca_2[UO_2(CO_3)_3]$ 速度比在 NaCl 溶液中形成 $Ca_2[UO_2(CO_3)_3]$ 快。对于带负电的配合物 $[(UO_2)(CO_3)_3]^{4-}$ 和 $Ca[(UO_2)(CO_3)_3]^{2-}$ 的配位结构受 Na^+ 的影响，可能会使碳酸根与 U(Ⅵ) 单齿配位，从而使水分子进入 U(Ⅵ) 的第一配位层。而中性配合物 $Ca_2(UO_2)(CO_3)_3$ 的结构不受 NaCl 的影响，Ca^{2+} 的存在可能增加碳酸铀酰离子的稳定性，因而可以阻碍水分子及 Na^+ 等对结构的影响，如 5.2 节中指出 $Ca_2[UO_2(CO_3)_3]$ 可能是海水中铀的主要存在形态。图 5-17 是偕胺肟基配体取代碳酸根的动力学过程代表性图片，选用偕胺肟和戊二肟(HB) 两种配体，配体结构如图 5-18 所示。$Ca_2[UO_2(CO_3)_3]$ 配合物中的 Ca^{2+} 可以促进配体 HAO、B^{2-} 和 HB 取代 CO_3^{2-}，配体 B^{2-}、HB^- 比 AO^- 更容易发生取代反应[22, 23]。

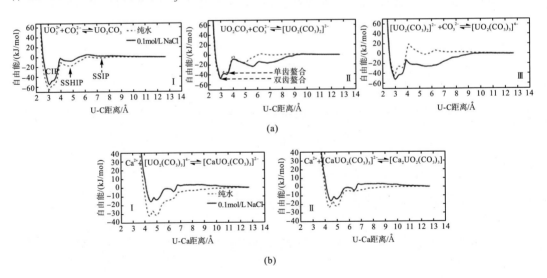

图 5-16 平均势能曲线[21]

(a) Ⅰ、Ⅱ和Ⅲ分别是第 1 个、第 2 个、第 3 个 CO_3^{2-} 与 UO_2^{2+} 结合的势能曲线，沿着反应坐标定义为接近 CO_3^{2-} 的 U 原子和 C 原子之间的距离；(b) Ⅰ 和 Ⅱ 分别是第 1 个和第 2 个 Ca^{2+} 与 $[UO_2(CO_3)_3]^{4-}$ 结合过程，沿着反应坐标 U 与 Ca^{2+} 之间的距离，

红色曲线代表在纯水溶液中，蓝色曲线代表在 0.1 mol/L NaCl 溶液中

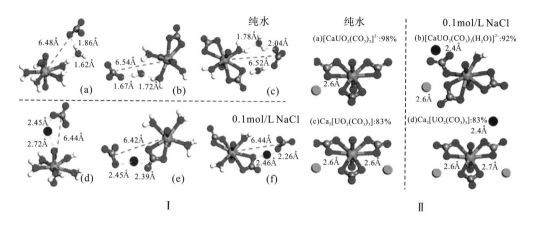

图 5-17　分子动力学模拟过程中代表性图片[21]

I. 纯水中：(a) CO_3^{2-} 和 UO_2^{2+}，(b) CO_3^{2-} 和 UO_2CO_3，(c) CO_3^{2-} 和 $[UO_2(CO_3)_2]^{2-}$；0.1 mol/L NaCl 溶液中：(d) CO_3^{2-} 和 UO_2^{2+}，(e) CO_3^{2-} 和 UO_2CO_3，(f) CO_3^{2-} 和 $[UO_2(CO_3)_2]^{2-}$。II.(a)纯水中 Ca^{2+} 和 $[UO_2(CO_3)_3]^{2-}$；(b)NaCl 溶液中 Ca^{2+} 和 $[UO_2(CO_3)_3]^{2-}$；(c)纯水中 2 个 Ca^{2+} 和 $[UO_2(CO_3)_3]^{2-}$；(d)NaCl 溶液中 2 个 Ca^{2+} 和 $[UO_2(CO_3)_3]^{2-}$

不同颜色球代表不同原子，浅蓝色 U、红色 O、灰色 C、深蓝色 Na、白色 H、绿色 Ca

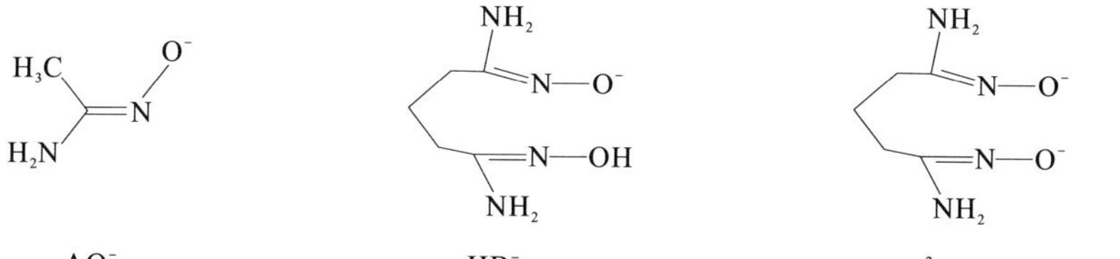

图 5-18　偕胺肟(AO⁻)、单脱质子的戊二肟(HB⁻)和双脱质子的戊二肟(B²⁻)三种配体的结构[22]

5.2　实验研究方法

5.2.1　电位滴定法

电位滴定法是在滴定过程中通过测量电位变化来确定滴定终点的方法。与直接电位法相比，电位滴定法不需要准确地测量电极电位值，电极温度、液体接界电位的影响并不重要，其准确度优于直接电位法。普通滴定法依靠指示剂颜色变化来指示滴定终点，如果待测溶液有颜色或浑浊时，终点的指示就比较困难，或者根本找不到合适的指示剂。电位滴定法在滴定到达终点前后，待测离子浓度往往连续变化 n 个数量级，引起电位的突跃，被测成分的含量通过消耗滴定剂的量来计算。

根据所使用的指示电极不同，电位滴定法可以分为酸碱滴定、氧化还原滴定、配位滴定和沉淀滴定。酸碱滴定时使用 pH 玻璃电极为指示电极，氧化还原滴定时可以用铂电极作指示电极。配位滴定中，若用 EDTA 作滴定剂，可以用汞电极作指示电极。沉淀滴定中，若用硝酸银滴定卤素离子，可以用银电极作指示电极。在研究海水提铀的机理中多用

电位滴定法测定配体的质子化常数、铀酰离子与配体的稳定常数等。同时采用非线性回归
程序 Hyperquad 可对配体的质子化常数和铀酰离子配合物的稳定常数进行拟合[24, 25]。配合
物的稳定常数越大，表示形成配合物的倾向越大，配合物越稳定。

电位滴定法还可与时间分辨激光荧光光谱(TRLFS)、紫外-可见分光光度法(UV-VIS)
联合测定溶液中铀的存在形态。TRLFS 是 20 世纪 80 年代初发展起来的一项超微量分析
技术，它具有灵敏度高、稳定性好及应用范围广等多方面优点。它不但能够通过最佳的取
样门抑制噪声，以获得较好的信噪比，而且可利用适当的初始延迟时间，使来自有机分子
的残余荧光、溶剂的拉曼谱、光源的散射光得以消除。实验证明，时间分辨与脉冲激光技
术的结合，对于超痕量分析方法的研究是很有意义的。紫外可见分光光度法则可根据金属
离子溶液在紫外可见范围内的光的吸收来测定溶液中金属-离子浓度的变化。海水的盐度
高和基体复杂的特点使得海水中铀元素形态很难直接测定。铀酰离子在海水中的形态分布
受酸度、Ca^{2+}、Mg^{2+} 及盐度等的影响。采用 TRLFS 对海水中铀的存在形态进行研究。中
性和弱碱性 (pH=7.4～9.0) 溶液中 U(VI) 的优势形态可能为 $Ca[UO_2(CO_3)_3]^{2-}$ 和
$Ca_2[UO_2(CO_3)_3](aq)$（图 5-19），稳定常数分别为 $lg\ \beta_0^{113}$=27.27±0.14 和 $lg\ \beta_0^{213}$=29.81±
0.19[26]，前者比后者的稳定常数小，因而后者比前者更稳定。用微量热法测定了两个连续
化合物 $Ca[UO_2(CO_3)_3]^{2-}$ 和 $Ca_2[UO_2(CO_3)_3](aq)$ 的配位焓（表 5-7）。$Ca-UO_2-CO_3$ 和
$Mg-UO_2-CO_3$ 配合物的稳定常数可分别采用钙离子选择电极电位法和光吸收分光光度法
进行测定[25]。海水条件下 U(VI) 的优势形态可能为中性 $Ca_2[UO_2(CO_3)_3](aq)$，且
$Ca_2[UO_2(CO_3)_3](aq)$ 占 U(VI) 存在形态的 60%[26-29]。

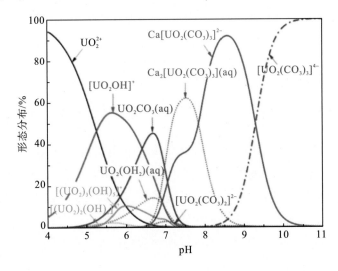

图 5-19　$Ca-UO_2-CO_3$ 配合物在水溶液中的形态分布曲线[26]

不含浓度低于 1%的 U(VI) 形态，[U(VI)]总浓度 =1×10^{-4} mol/L，[Ca^{2+}] = 5×10^{-3} mol/L，I = 0 mol/L，P_{CO2} = $10^{-3.5}$ atm①，从

OECD-NEA 热力学数据库中获得配合物的稳定常数

———————————

① 1atm=10^5Pa。

表 5-7　Ca(Ⅱ) 与 [UO₂(CO₃)₃]⁴⁻ 配位反应方程式和热力学参数[25]

反应方程式	浓度/(mol/L)	$\lg \beta \pm \sigma$	$\Delta G \pm \sigma$/(kJ/mol)	$\Delta H \pm \sigma$/[kJ/mol]	$T\Delta S \pm \sigma$/(kJ/mol)	参考文献
$UO_2^{2+} + CO_3^{2-} \rightleftharpoons UO_2CO_3aq$	0.1	9.08±0.03	−51.8±0.2	5±2	57±2	[27]
	0	9.94±0.03	−56.8±0.2	5±2	62±2	
$UO_2^{2+} + CO_3^{2-} \rightleftharpoons UO_2CO_3(aq)$	0.1	6.67±0.09	−38.1±0.5	14±4	52±5	
	0	6.67±0.09	−38.1±0.5	14±4	52±5	
$UO_2(CO_3)_2^{2-} + CO_3^{2-} \rightleftharpoons [UO_2(CO_3)_3]^{4-}$	0.1	6.09±0.10	−34.8±0.6	−58±6	−23±6	
	0	5.23±0.10	−29.9±0.6	−58±6	−28±6	
$Ca^{2+} + [UO_2(CO_3)_3]^{4-} \rightleftharpoons Ca[UO_2(CO_3)_3]^{2-}$	0.1	3.42±0.06	−19.5±0.3	−8±6	12±6	[25]
	0	5.16±0.06	−29.5±0.3	−8±6	22±6	
$Ca^{2+} + [UO_2^{2+} + 3CO_3]^{2-} \rightleftharpoons Ca[UO_2(CO_3)_3]^{2-}$	0.1	25.26±0.04	−144.1±0.2	−47±6	97±6	
	0	27.00±0.04	−154.1±0.2	−47±6	107±6	
$Ca^{2+} + Ca[UO_2(CO_3)_3]^{2-} \rightleftharpoons Ca_2[UO_2(CO_3)_3](aq)$	0.1	3.00±0.07	−17.1±0.4	0±7	17±7	
	0	3.84±0.07	−21.9±0.4	0±7	22±7	
$2Ca^{2+} + [UO_2^{2+} + 3CO_3]^{2-} \rightleftharpoons Ca_2[UO_2(CO_3)_3](aq)$	0.1	28.26±0.04	−161.2±0.2	−47±7	114±7	
	0	30.84±0.04	−176.0±0.2	−47±7	129±7	

根据偕胺肟化条件不同，可能形成戊二酰亚胺二肟(H_2A)、戊二肟(H_2B)和戊二醛肟(H_2C)三种配体[30]，结构如图 5-20 所示，三种配体与 U(Ⅵ) 的结合能力可能不同。采用电位滴定法测定 H_2A 配体的质子化常数及 H_2A 与铀酰离子的配位常数[31]。图 5-21(a) 是 H_2A 质子化的电位滴定曲线，H_2A 的质子化可能分为三步，即 $A^{2-} \longrightarrow HA^- \longrightarrow H_2A \longrightarrow H_3A^+$。质子化常数列于表 5-8 中，第一步质子化常数(12.06)对应肟基中的质子(—NOH)，第二步质子化常数较低(10.7)，表明 H_2A 中的两个肟基团不完全独立，并且一组的质子化降低了另一组的碱度，第三步质子化常数，更低为 2.1，表明 H_2A 中的酰亚胺基团为弱碱，只能在低 pH 下质子化[32]。图 5-21(b) 是 U(Ⅵ) 与 H_2A 配位的电位滴定图，最佳模型拟合数据表明可能形成 5 种 U(Ⅵ) 的配合物：$[UO_2HA]^+$、UO_2A、$UO_2(HA)_2$、$[UO_2(HA)A]^{2-}$ 和 $[UO_2A_2]^{2-}$，反应方程式如式(5-2)所示，其中，$m=0,1$ 或 2，$n=1$ 或 2，配位常数列于表 5-8。

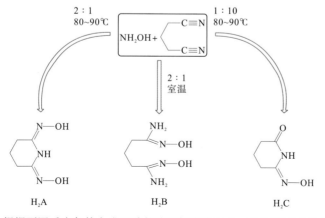

图 5-20　根据不同反应条件合成三种偕胺肟衍生物 H_2A、H_2B 和 H_2C 的结构式[30]

$$\mathrm{UO_2^{2+}} + m\mathrm{H^+} + n\mathrm{A^{2-}} = [\mathrm{UO_2H_mA_n}]^{(2n-m-2)-} \tag{5-2}$$

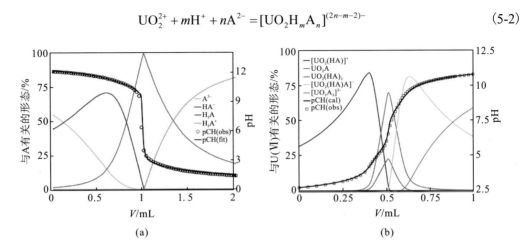

图 5-21　(a) 戊二酰亚胺二肟的质子化滴定曲线，初始条件：V=20 mL，C_A=0.016 mol/L，C_H =-0.018 mol/L，
滴定液：1 mol/L HCl；(b) $\mathrm{H_2A}$ 与 U(Ⅵ)配位的电位滴定曲线，初始条件：V=20 mL，C_U=0.5 mmol/L，
C_A=1.25 mmol/L，C_H=4.06 mmol/L，滴定液：0.1 mol/L NaOH[31]

pCH(obs)代表观察到的氢离子浓度负对数；pCH(fit)代表拟合得到的氢离子浓度负对数；pCH(cal)代表计算得到的氢离子浓度负对数

表 5-8　25℃和离子强度 0.5 mol/L（NaCl）下戊二酰亚胺二肟的质子化常数和配位热力学参数[31]

反应	lg β	ΔH/(kJ/mol)	ΔS/[J/(K·mol)]
$\mathrm{H^+ + A^{2-}} = \mathrm{HA^-}$	12.06±0.23	−36.1±0.5	110±2
$\mathrm{2H^+ + A^{2-}} = \mathrm{H_2A}$	22.76±0.31	−69.7±0.9	202±3
$\mathrm{3H^+ + A^{2-}} = \mathrm{H_3A^+}$	24.88±0.35	−77±6	218±14
$\mathrm{UO_2^{2+} + A^{2-}} = \mathrm{UO_2A}$	17.8±1.1	−59±8	142±19
$\mathrm{H^+ + UO_2^{2+} + A^{2-}} = [\mathrm{UO_2(HA)}]^+$	22.7±1.3	−71±6	197±14
$[\mathrm{UO_2}]^{2+} + \mathrm{2A^{2-}} = [\mathrm{UO_2A_2}]^{2-}$	27.5±2.3	−101±10	188±24
$\mathrm{H^+ + UO_2^{2+} + 2A^{2-}} = [\mathrm{UO_2(HA)A}]^-$	36.8±2.1	−118±6	309±14
$\mathrm{2H^+ + UO_2^{2+} + 2A^{2-}} = \mathrm{UO_2(HA)_2}$	43.0±1.1	−154±25	307±59

　　采用电位滴定法也可测定 $\mathrm{H_2B}$ 的质子化常数及 $\mathrm{H_2B}$ 与铀酰离子的配位常数等[33]。$\mathrm{H_2B}$ 的电位滴定曲线如图 5-22 所示，与 $\mathrm{H_2A}$ 的电位滴定曲线不同，$\mathrm{H_2B}$ 的电位滴定曲线分为 4 步，即 $\mathrm{B^{2-}} \rightarrow \mathrm{HB^-} \rightarrow \mathrm{H_2B} \rightarrow \mathrm{H_3B^+} \rightarrow \mathrm{H_4B^{2+}}$。质子化常数列于表 5-9。与 $\mathrm{H_2A}$ 的质子化常数相比，$\mathrm{H_2B}$ 第一个质子化常数（12.13）是肟基（—NOH）的典型值，第二个质子化常数（12.06）与第一个质子化常数基本相同，说明 $\mathrm{H_2B}$ 的两个偕胺肟基是相互独立的，质子化和去质子化与另外一个基团碱性无关。$\mathrm{H_2B}$ 的第三步和第四步质子化常数（5.8 和 4.8，酰胺氮）明显高于 $\mathrm{H_2A}$ 第三步的质子化常数（2.1，酰亚胺氮），说明 $\mathrm{H_2B}$ 中酰胺氮的碱度远远高于 $\mathrm{H_2A}$ 中酰亚胺氮的碱度。图 5-22(b) 是 U(Ⅵ)与 $\mathrm{H_2B}$ 配位的代表性电位滴定曲线。最佳模型拟合数据表明可能

形成五种 U(VI) 的配合物：$[UO_2B]$、$[UO_2H_2B]^{2+}$、$[UO_2B_2]^{2-}$、$[UO_2HB_2]^-$ 和 $[UO_2(H_2B_2)]^{2+}$，用式(5-3)表示反应方程式，其中 $(m, n)=(0, 1)$、$(2, 1)$、$(0, 2)$、$(1, 2)$ 和 $(4, 2)$。表 5-9 为五种配合物的配位稳定常数。

$$UO_2^{2+} + mH^+ + nB^{2-} \Longrightarrow [UO_2H_mB_n]^{(2n-m-2)-} \tag{5-3}$$

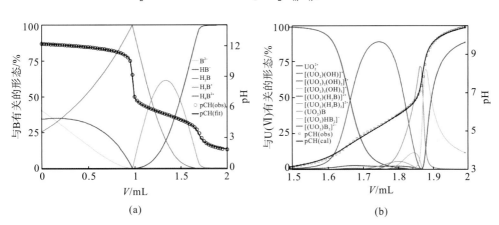

图 5-22　(a)戊二肟在 3% NaCl 中的质子化滴定曲线，初始条件：$V_0=20$ mL，$C_B^0=0.0181$ mol/L，$C_H^0=-0.0127$ mol/L，滴定液：1 mol/L HCl；(b)3% NaCl 中 H_2B 与 U(VI)配位的电位滴定曲线，初始条件：$V_0=20$ mL，$C_U^0=0.0553$ mmol/L，$C_B^0=0.535$ mmol/L，$C_H^0=0.011$ mmol/L，滴定剂：0.106 mol/L NaOH[33]

表 5-9　25℃和 0.5 mol/L 离子强度(NaCl)下戊二肟的质子化常数和配位热力学参数[33]

反应方程式	lg β	ΔH/(kJ/mol)	ΔS/[J/(K·mol)]
$H^+ + B^{2-} \Longrightarrow HB^-$	12.13±0.12	−52±2	58±7
$2H^+ + B^{2-} \Longrightarrow H_2B$	24.19±0.07	−103±3	117±10
$3H^+ + B^{2-} \Longrightarrow H_3B^+$	29.98±0.07	−124±6	158±20
$4H^+ + B^{2-} \Longrightarrow H_4B^{2+}$	34.77±0.07	−151±8	159±26
$UO_2^{2+} + B^{2-} \Longrightarrow UO_2B$	17.3±0.3	−49±6	167±19
$2H^+ + UO_2^{2+} + B^{2-} \Longrightarrow [UO_2(HB)]^{2+}$	29.2±0.3	−102±6	217±21
$UO_2^{2+} + 2B^{2-} \Longrightarrow [UO_2B_2]^{2-}$	26.1±0.3	−123±7	88±23
$H^+ + UO_2^{2+} + 2B^{2-} \Longrightarrow [UO_2(HB)B]^-$	36.4±0.3	−133±8	251±27
$4H^+ + UO_2^{2+} + 2B^{2-} \Longrightarrow [UO_2(H_2B)_2]^{2+}$	56.3±1.0	−207±16	384±51

　　H_2C 具有两个质子化位点(图 5-23)[34]，导致水溶液中有两个连续的质子化平衡[35]。H_2C 的质子化常数列于表 5-10。H_2C 与 U(VI)可能的结合方式如图 5-24 所示，而在实验中并没有获得相应的结构，从配位稳定常数可知，相比于 H_2A 和 H_2B 与 U(VI)结合能力，H_2C 与 U(VI)结合能力最差。

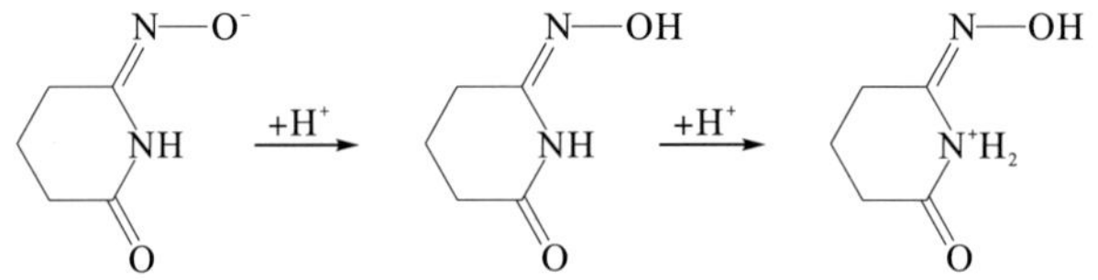

图 5-23　H_2C 的质子化过程示意图[34]

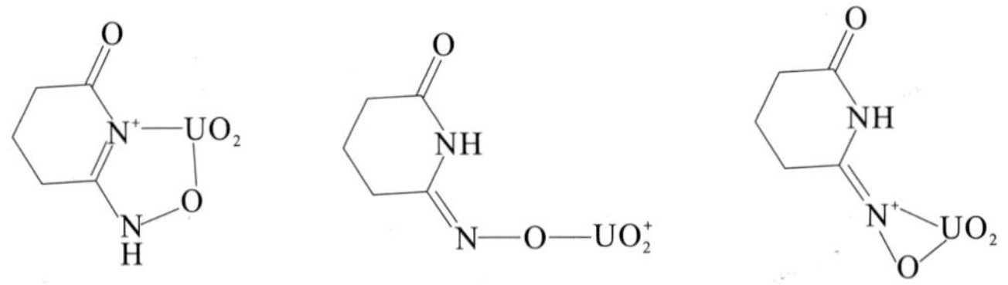

(a)二齿配体(bi-)　　　(b)单齿配体(mono-)　　　(c)η_2配位

图 5-24　H_2C 和 UO_2^{2+} 之间可能的配位模式[34]

表 5-10　H_2C 与 $U(VI)$ 在无限稀释$(\lg \beta^0)$和 $I = 0.5$ mol/L $(\lg \beta)$下的质子化常数和配位热力学数据$(T = 298.15$ K$)$ [34]

反应方程式	$\lg\beta\pm\sigma$(0.5 mol/L NaCl)	$\Delta G\pm\sigma$/(kJ/mol)	$\Delta H\pm\sigma$/(kJ/mol)	$T\Delta S\pm\sigma$/(kJ/mol)
$H^+ + C^- \rightleftharpoons HC$	10.82±0.03	−61.77±0.06	−35.91±0.02	25.86±0.06
$2H^+ + C^- \rightleftharpoons (H_2C)^+$	12.0±0.1	−68.5±0.6	−42.03±0.01	26.5±0.6
$H^+ + HC \rightleftharpoons (H_2C)^+$	1.2±0.1	−6.9±0.6	−6.12±0.02	0.8±0.6
$UO_2^{2+} + C^- \rightleftharpoons [(UO_2)C]^+$	9.4±0.6			

5.2.2　结晶法

结晶法是利用混合物中各成分在同一种溶剂中的溶解度不同或在冷热情况下溶解度显著差异，而采用结晶法加以分离的操作方法。溶质从溶液中析出的过程可分为晶核生成(成核)和晶粒生长两个阶段，两个阶段的推动力都是溶液的过饱和度。晶核的生成有三种形式，即初级均相成核、初级非均相成核及二次成核。在高度过饱和状态下，溶液自发地生成晶核的过程称为初级均相成核；溶液在外来物如大气中的粉尘的诱导下生成晶核的过程称为初级非均相成核；而在含有溶质晶体的溶液中的成核过程称为二次成核。二次成核也属于非均相成核过程，它是在晶体之间或晶体与其他固体(器壁、搅拌器等)碰撞时所产生的微小晶粒的诱导下发生的。

结晶法一般有两种：一种是蒸发溶剂法，它适用于温度对溶解度影响不大的物质；另一种是冷却热饱和溶液法，此法适用于随温度升高，溶解度也增加的物质。用冷水迅速冷却或剧烈搅拌溶液时，得到的晶体颗粒较小；为获得较大的完整晶体，常采用缓慢降低温度的方法，减慢结晶速率。如果溶液冷却后晶体仍不析出，可用玻璃棒摩擦液面下的容器壁，也可加入晶种，或进一步降低溶液温度。如果溶液冷却后不析出晶体而得到油状物，可重新加热，形成澄清的热溶液后，任其自行冷却，并不断用玻璃棒搅拌溶液，摩擦器壁或投入晶种，以加速晶体的析出。若仍有油状物开始析出，应立即剧烈搅拌，使油滴分散。结晶和重结晶的常用溶剂有极性溶剂或非极性溶剂，如水、甲醇、冰醋酸、乙醇、丙酮、异乙酸乙酯、氯仿、二氧六环、丙醇、四氯化碳、石油醚、甲苯、二甲基亚砜等。选择溶剂时一般采用"相似相溶"原理，极性物质易溶于极性溶剂，而难溶于非极性溶剂中；相反，非极性物质易溶于非极性溶剂，而难溶于极性溶剂中。

配合物晶体的制备及结构解析可以得到配合物的空间几何构型，这有助于了解配体与金属离子的配位机理。配合物晶体结构可用 XRD 测定。X 射线的波长和晶体内部原子面之间的间距相近，晶体可以作为 X 射线的空间衍射光栅，即一束 X 射线照射到配合物晶体上时，受到配合物晶体中原子的散射，每个原子都产生散射波，这些波互相干涉，结果就产生衍射。衍射波叠加的结果使射线的强度在某些方向上加强，在其他方向上减弱。分析衍射结果便可获得晶体结构信息，结合密度泛函理论模拟数据，获得配合物的结构信息。

结晶法在研究铀酰离子与配体形成配合物的结构中起到了重要的作用。可以通过设计配体结构，在一定条件下配体与铀酰离子发生配位得到晶体，通过分析晶体结构，从而得到配体与铀酰离子配位的空间几何结构。例如，将 $UO_2(NO_3)_2 \cdot 6H_2O$ 和乙酰胺肟溶解于 MeOH、CH_3NO_2 和 $ClCH_2CH_2Cl$ 混合溶液中，通过分子筛缓慢蒸发，生长出 $[UO_2(CH_3C(NH_2)NO)_2(MeOH)_2]$ 晶体；在三乙胺存在下，将 $UO_2(NO_3)_2 \cdot 6H_2O$ 和苯甲酰胺肟溶解于 MeOH 和 CH_3NO_2 混合溶液中，得到 $[UO_2(C_6H_5C(NH_2)NO)_2(MeOH)_2]$ 晶体[3]；并通过 XRD 分析晶体结构，结果表明，偕胺肟基配体以 η^2 的构型与 UO_2^{2+} 配位。表 5-11 列出了晶体结构的几何参数。图 5-25 是密度泛函理论模拟图，其中图 5-25(a) 是 $[UO_2(AO)_2(MeOH)_2]$ 和 $[UO_2(C_6H_5C(NH_2)NO)_2(MeOH)_2]$ 的晶体结构图；图 5-25(b) 是配合物 $[UO_2(AO)_2(OH_2)_2]$ 能量最低的构型，同样表明偕胺肟基配体以 η^2 的构型与 UO_2^{2+} 配位是能量最低构型。剑桥结构数据库 (Cambridge Structural Database，CSD) 的数据中有许多与偕胺肟结构类似的肟 (oximate) 配体和铀酰配合物的实例[35]，这些结构也都显示 η^2 结合构型。CSD 是基于 X 射线和中子衍射实验的唯一的小分子及金属有机分子晶体的结构数据库，收录了全世界范围内所有已被认可的有机及金属有机化合物的晶体结构，被全世界的科学家使用，并为化学家提供完整的晶体结构数据库，用于处理有机和金属有机化合物。

表 5-11 $[UO_2(C_6H_5C(NH_2)NO)_2(MeOH)_2]$ (A)，$[UO_2(AO)_2(MeOH)_2]$ (B)
晶体结构数据和理论模拟结构 10 的几何参数[3]

化学键	A	B	10	Δ^a
	键长/Å			
U=O	1.796	1.789	1.784	0.005
U—N	2.438	2.398	2.424	0.026
U—O	2.352	2.383	2.349	0.034
O—N	1.422	1.409	1.372	0.037

续表

化学键	A	B	10	Δ[a]
	键长/Å			
C=N	1.293	1.29	1.291	0.001
U—OH	2.304	2.458	2.624	0.116
	键角/(°)			
U—O—N	76.1	73.5	76.3	2.9
U—N—O	69.5	72.3	70.3	1.9
O=U—O	87.9	91.5	90.3	1.2
O=U—N	92.8	89.6	89.0	0.6
O—N=C	114.2	117.2	117.7	0.5
	二面角/(°)			
O=U—O—N	98.0	87.0	87.6	0.7
U—O—N=C	142.0	178.4	176.4	2.0
U—O—N—OH	12.2	4.9	5.8	0.9

a：X 射线结构 B 与计算结构 10 之间差异的绝对值。

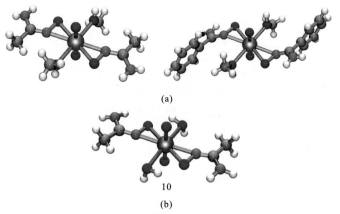

(a)

(b)

图 5-25　(a) [UO$_2$(AO)$_2$(MeOH)$_2$]和[UO$_2$(C$_6$H$_5$C(NH$_2$)NO)$_2$(MeOH)$_2$]
的 X 射线单晶衍射结构图；(b)结构 10 的理论模拟结构图[3]

　　不同配体与同种金属离子可能形成不同的晶体结构。同样，不同金属离子与同种配体也可能会形成不同的晶体结构。例如，4,5-二(酰胺肟基)咪唑配体[4,5-di(amidoximyl)imidazole，4,5-(DAO)Im]与 UO$_2^{2+}$ 和 VO$_2^+$ 的配位方式可能不同，通过结晶法得到配合物晶体，对晶体进行结构分析可知，形成了不同的晶体结构。如图 5-26 和图 5-27 所示[36]，4,5-二(酰胺肟基)咪唑配体中的肟基与 UO$_2^{2+}$ 以 η^2 模式进行配位；而 VO$_2^+$ 与 4,5-二(酰胺肟基)咪唑配体形成二聚体，N—O 中的 N 与 V 配位，而 N—O 中的 O 与另外一个 V 配位，同时咪唑氮也与 V 配位[37]。通过控制反应条件，戊二酰亚胺二肟基团可转化为 2,6-二亚胺哌啶-1-醇配体，该配体与 UO$_2^{2+}$、Cu(Ⅱ)和 Ni(Ⅱ)形成的晶体结构如图 5-28 所示，2,6-二亚胺哌啶-1-醇与 UO$_2^{2+}$ 形成两核配合物，而其与 Cu(Ⅱ) 和 Ni(Ⅱ) 形成三核配合物[32]。

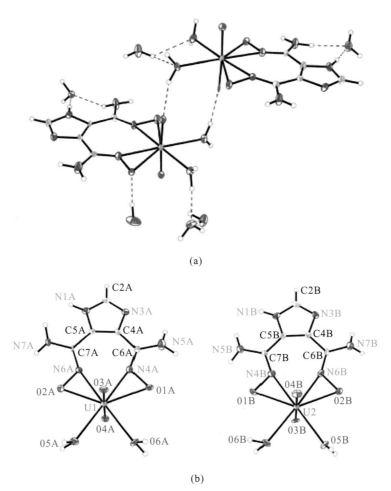

图 5-26 配合物 $UO_2[4,5\text{-}(DAO)Im](OH_2)_2 \cdot 3H_2O$ 的晶体结构[36]

(a)不对称结构单元； (b)配合物的详细构型

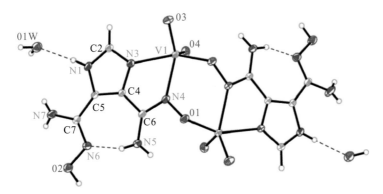

图 5-27 $\{VO_2[4,5\text{-}(DAO)Im]\}_2 \cdot 3H_2O$ 非对称晶体结构[36]

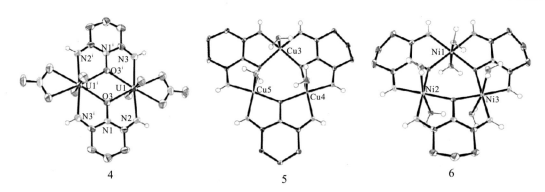

图 5-28　UO_2^{2+}、$Cu(II)$ 和 $Ni(II)$ 与 2,6-二亚胺哌啶-1-醇配体的晶体结构图[32]

为了清晰显示配合物的结构，溶剂分子、氢原子等未显示

在 pH 为 6～7 条件下，通过缓慢蒸发 1.0 mmol UO_2^{2+} 和 2.0 mmol H_2A 的 1 mL 混合溶液，可以得到淡褐色晶体 $UO_2(HA)_2 \cdot H_2O$，结构如图 5-29 所示，其中 H_2A 与 $U(VI)$ 是三齿配位，$O=U=O$ 键角为 180°，$U=O$ 键长为 1.7846 Å[31]。$Fe(III)$ 与 H_2A 形成配合物晶体结构如图 5-30 所示，分别是 $Fe(III)$ 与 H_2A 配比为 1∶1 形成配合物 $Fe(HA)Cl_2$ 和 1∶2 形成配合物 $FeHA_2 \cdot 8H_2O$ 的单晶结构。$FeHA_2 \cdot 8H_2O$ 的结晶配合物空间群为 $P2(1)/c$，将两种结构的主要键长和键角总结在表 5-12 中。与 $UO_2(HA)_2$ 的晶体结构(图 5-29)相比可知，在与 H_2A 形成的配合物中，$Fe-O$ 和 $Fe-N$ 键长在 2.00～2.06 Å 范围内(表 5-12)，而 $U-O$ 键和 $U-N$ 键的距离为 2.43～2.56 Å，这意味着 $Fe-O$ 键和 $Fe-N$ 键比 $U-O$ 键和 $U-N$ 键短 0.43～0.50 Å。低自旋配合物中 $Fe(III)$ 原子半径为 0.55 Å，比 $U(VI)$ 原子半径(0.73 Å) 小 0.18 Å；高自旋配合物中 $Fe(III)$ 原子半径为 0.645 Å，比 $U(VI)$ 原子半径(0.73 Å) 小 0.085 Å。晶体结构数据显示 H_2A 与 $Fe(III)$ 形成的配位键比 H_2A 与 $U(VI)$ 形成的配位键更强。同时，H_2A 均可与 $Fe(III)$、$Cu(II)$、$Pb(II)$ 和 $Ni(II)$ 金属离子配位，其选择性结合顺序可能为 $Fe(III) > U(VI) \approx Cu(II) > Pb(II) > Ni(II)$[20]。

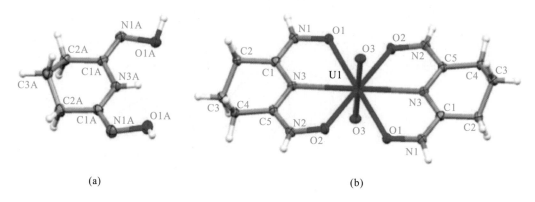

(a)   (b)

图 5-29　H_2A (a) 和 $UO_2(HA)_2 \cdot H_2O$ (b) 的晶体结构[31]

为了清晰显示配合物的结构，水分子没有显示

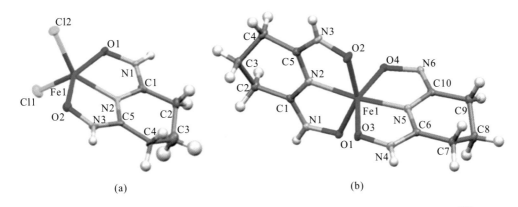

图 5-30　Fe(HA)Cl$_2$(a)(仅显示孪晶的一种组分)和 FeHA$_2\cdot$8H$_2$O(b)的晶体结构[20]

表 5-12　Fe(III)/戊二酰亚胺二肟配合物中的主要键长(Å)和键角 $\angle$(°)[20]

		Fe(HA)Cl$_2$	FeHA$_2\cdot$8H$_2$O
键长/Å	N(2)—Fe(1)	2.005(8)	2.0298(13)
	N(5)—Fe(1)		2.0035(13)
	O(1)—Fe(1)	2.017(7)	2.0465(11)
	O(2)—Fe(1)	2.021(6)	2.0569(12)
	O(3)—Fe(1)		2.0268(11)
	O(4)—Fe(1)		
	Cl(1)—Fe(1)	2.220(3)	
	Cl(2)—Fe(1)	2.227(3)	
键角/(°)	$\angle$N(2)—Fe(1)—O(1)	75.7(3)	74.79(5)
	$\angle$N(2)—Fe(1)—O(2)	75.3(3)	74.55(5)
	$\angle$N(5)—Fe(1)—O(4)		73.79(5)
	$\angle$N(5)—Fe(1)—O(3)		76.03(5)

注：括号中的数字代表最后一位的误差。

5.2.3　EXAFS 法

　　扩展 X 射线吸收精细结构(extended X-ray absorption fine structure, EXAFS)是 X 射线吸收限高能侧 30 eV 至约 1000 eV 内吸收系数随入射 X 光子能量的增加而起伏振荡的现象，近年来它被广泛应用于测定多原子气体和凝聚态物质吸收原子周围的局域结构，成为结构分析的一种新技术。一条吸收谱线通常被分为两部分：30 eV 以内的振荡称为 X 射线吸收近边结构(X-ray absorption near edge structure, XANES)，30～1000 eV 的振荡称为 EXAFS，二者都是吸收原子周围的邻原子对出射光电子散射引起的，但理论细节不完全相同。其中 XANES 能提供吸收原子的氧化态和配体的电负性等信息，EXAFS 谱线经过傅里叶变换(FT)等计算能得到吸收原子周围第一、第二甚至第三配位壳层内配位原子种类、原子间距、配位数及无序度因子等结构信息。EXAFS 出射光电子波受到周围近邻原子的背散射，背散射光电子波峰将与出射光电子发生干涉，相长干涉使吸收增加，相消干涉使吸收下降。这样就使吸收曲线出现振荡。当散射原子的种类、数量及其与吸收原子的距离不同时，EXAFS 细节也将出现差异，因此它包含着吸收原子周围近邻原子的短程结构信息。该法通过对 X 射线吸收曲线的分析，可求得键长、配位数等结构参数。目前，世界主要核能国家均在同步辐射装置上建设放射性样品专用 EXAFS 测试线站，而我国可在上海同步辐射装置、北京同步辐射装置和合肥同步辐射装置等大型装置上开展测试。

EXAFS 检测手段多用于研究溶液中偕胺肟基吸附剂与铀酰离子相互作用过程中周围环境的变化。为了得到在溶液中铀与偕胺肟基吸附剂的原位配位信息，在同步辐射装置 14 W1 处的光束线采用 Si(111) 双晶单色器，以铀 L_3 边缘光谱的透射模式收集 X 射线吸收光谱，采用德米特(Demeter)标准程序对铀 L_3 边缘 EXAFS 数据进行分析。使用 FEFF 软件计算理论 EXAFS 数据[4, 38]，FEFF 软件是一种自洽的多重散射从头计算 XAS 谱和电子结构的软件包。图 5-31(a)是碳酸铀酰存在形态随 pH 的变化曲线。图 5-31(b)是加入 AO 配体前后碳酸铀酰溶液的 EXAFS 曲线，为铀的 L_3 边缘的傅里叶变换及其在 R 空间中的相应拟合。从图中可以看出，O_{eq} 壳层的强度降低，这意味着更大的无序；O_{dist} 壳层强度降低，这与配位数减少有关。$[UO_2(CO_3)_3]^{4-}$ 与 AO 相互作用通过 EXAFS 拟合，结果列于表 5-13。所有这些结果都通过表 5-13 所示的定量拟合得到证实，从 EXAFS 数据分析可知，在碳酸铀酰体系中加入 AO 配体，CO_3^{2-} 配体很可能会被 AO 配体取代。

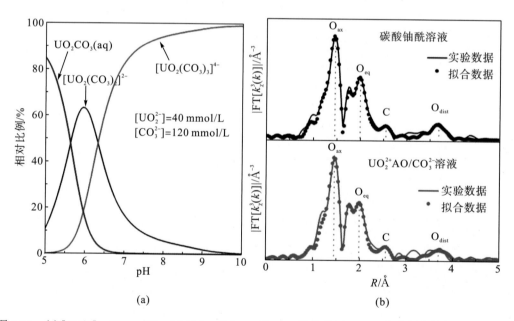

图 5-31　(a)$[UO_2^{2-}]$ = 40 mmol/L，$[CO_3^{2-}]$ = 120 mmol/L，25℃条件下，UO_2^{2-} 在水相中的存在形态随 pH 的变化；(b)铀 L_3 边缘的实验傅里叶变换，不存在和存在 AO 分子的情况下碳酸铀酰溶液的 EXAFS 数据及其在 R 空间中的相应拟合

表 5-13　存在和不存在 AO 分子下的碳酸铀酰溶液的 EXAFS 结构参数[4]

样品	键的类型 a	CNb	R^c/(Å)	σ^{2d}/Å²	R 因子
UO$_2^{2+}$ / CO$_3^{2-}$ 溶液	O$_{ax}$(SS)	2.0±0.3	1.8	0.0017	
	O$_{eq}$(SS)	6.0±0.4	2.45	0.0073	
	C(SS)	3.0±0.5	2.92	0.0046	0.01
	O$_{dist}$(MS)	3.0±0.5	4.18	0.0026	
UO$_2^{2+}$ AO/ CO$_3^{2-}$ 溶液	O$_{ax}$(SS)	2.0±0.2	1.80	0.0019	
	O$_{eq}$(SS)	6.0±0.5	2.43	0.0080	
	C(SS)	2.2±0.4	2.90	0.0031	0.01
	O$_{dist}$(MS)	2.2±0.4	4.17	0.0024	

a：O$_{ax}$、O$_{eq}$ 和 O$_{dist}$ 分别为轴向平面上的配位氧原子、等轴平面和来自碳酸根配体的氧原子，SS 为单散射路径，MS 对应于线形 U—C—O$_{dist}$ 排列的多个散射路径；b：CN 配合物；c：$R{\leqslant}\pm0.02$ Å；d：Debye-Waller 因素，误差：$\sigma^2{\leqslant}\pm0.0008$ Å²。

同样的现象在图 5-32 中也得到了体现。图 5-32 为向碳酸铀酰溶液中加入偕胺肟配体前后铀 L$_3$ 边缘的 EXAFS 振动光谱，k 值在 6～10 Å^{-1} 内有明显的变化。随着 AO 配体的加入，峰 A、B 之间的峰谷强度增强，峰 C 强度降低。EXAFS 振动是配体壳层原子单个散射路径的叠加，因此，EXAFS 曲线的变化直接反映了铀酰体系中的局部配位结构，峰 A、B 和 C 的明显变化说明可能形成了不同于碳酸铀酰配合物的新的配合物，同样说明偕胺肟配体可能取代了碳酸根离子。

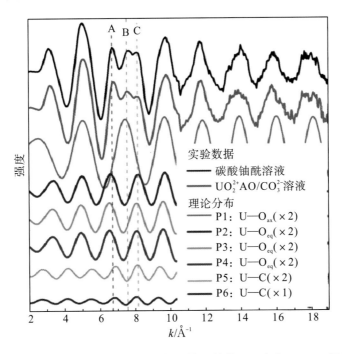

图 5-32　碳酸铀酰溶液中加入偕胺肟配体，铀 L$_3$ 边缘、K$_3$ 加权 EXAFS 振动光谱[4]

偕胺肟基高分子吸附剂吸附铀的过程与偕胺肟基小分子配体配位铀的过程不同，高分子链或许对功能基团有一定的影响。图 5-33 和图 5-34 是偕胺肟、戊二酰亚胺二肟和偕胺肟基-*co*-乙烯基膦酸AI-8 高分子吸附剂与铀酰离子结合的 EXAFS 光谱。EXAFS 光谱显示，AI-8 高分子吸附剂与铀酰离子的结合模式同小分子配体（偕胺肟、戊二酰亚胺二肟）与铀酰离子的结合模式存在差异[39]。如图 5-33 所示，戊二酰亚胺二肟与铀酰离子可能为三齿配位模式，约在 2 Å 处显示双峰特征，在 3Å 处显示宽峰；偕胺肟配体与铀酰离子为 η² 配位模式，在 2 Å 处显示单峰，在 R 空间没有明显特征；而 AI-8 吸附剂与铀酰离子表现为多种键合复合模式。如图 5-34（c）所示，在盐水中，AI-8 吸附剂吸附铀酰离子的 EXAFS 光谱显示与两种小分子配体相同的光谱特征，也显示出与戊二酰亚胺二肟相同的配位模式，存在环状成键模式。在 2 Å 峰处，铀酰离子与戊二酰亚胺二肟配体显示 1∶1 的比例，而铀酰离子与 AI-8 显示 2.3∶1 的比例，说明铀酰离子约 30% 的配位环境是环状键合模式。

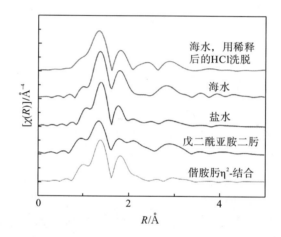

图 5-33　小分子配体与 AI-8 吸附剂同时放置于盐水或海水中铀的 L₃ 边缘 EXAFS 光谱[39]

区分环酰亚胺二肟特征光谱在 2 Å 处 1∶1 的双峰特征归因于酰亚胺氮，在 3 Å 处的宽峰特征是碳和氮，而 AI-8 光谱中没有双峰特征

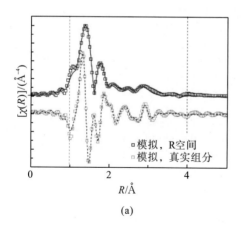

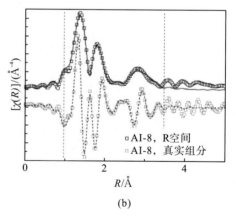

(a)　　　　　　　　　　　　　　　　　　　(b)

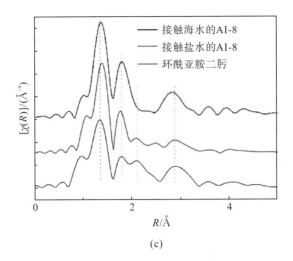

(c)

图 5-34　AI-8 吸附剂吸附铀的 EXAFS 光谱[39]

(a) 盐水中 AI-8 吸附剂吸附铀的 EXAFS 光谱拟合；(b) 海水中 AI-8 吸附剂吸附铀的 EXAFS

光谱拟合；(c) 盐水和海水中 AI-8 吸附剂与环酰亚胺二肟小分子吸附铀的 EXAFS 光谱比较

采用时间分辨激光诱导荧光和 EXAFS 测定海水中的铀 (U) 和镎 (Np) 的存在形态 (图 5-35)，结果表明，铀以中性碳酸钙配合物 $Ca_2[UO_2(CO_3)_3]$ 形式存在，与 5.2.1 节中描述的结果一致。而 Np 配合物可能主要以碳酸盐配合物存在，难以评估其准确的化学计量[38]。

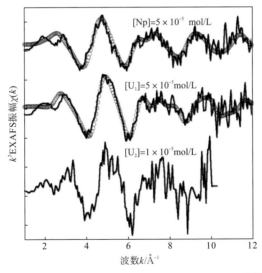

图 5-35　海水溶液中掺杂 U 和 Np 的 EXAFS 光谱[38]

5.2.4　微量热法

微量热法是一种研究反应过程中热力学与动力学的重要方法，可获得反应过程中的结合常数、摩尔结合焓、摩尔结合熵、摩尔等压热容和动力学参数等。其中,热导式量热计严格恒定测量容器之外的环境温度(现在温度控制精度≥0.0001℃),其是安装在反应池与参比池间的精密热电偶,可测定体系与参比池间的温差。反馈电路通过电加热消除这种温差,加热用电的能量就等于反应器中体系的热效应。体系因反应、配位、分子缔合或解离等过程的热效应而放出或吸收热量的大小表现为电功率对时间的积分,通常采用等温滴定量热法(isothermal titration calorimetry,ITC),其基本实验方法为:在量热容器中先加入一定量的被滴定剂溶液,然后在搅拌下分步注入滴定剂溶液,分别测出每步滴定的热量,获得物质相互作用的热力学数据,如结合常数(K_a)、结合位点数(n),结合焓(ΔH)、等压热容(ΔC_p)和动力学数据等。

　　测定海水中金属离子与配体之间的配位反应,用等温微量热计在25℃进行量热滴定,可确定体系的反应焓。体系含不同的金属离子(U^{6+}、V^{5+}、Fe^{3+}等)、配体(偕胺肟和偕胺肟衍生物等)和酸度,一般进行多次滴定以减少结果的误差[40]。微量热法通常结合电位滴定法测得U(Ⅵ)配合物的生成焓、稳定常数和配体质子化焓等[41]。在测定配位过程的热力学参数时,一般选用配体作为滴定剂,铀溶液作为被滴定剂。图5-36(a)是微量热体系的功率随滴定时间的变化曲线,图5-36(b)是随滴定剂体积的增加不同配合物热量的变化。配合物的组成根据U(Ⅵ)与H_2A比例不同而不同。根据反应热和U(Ⅵ)配合物的稳定常数,计算出配位焓和配位熵,见表5-9(5.2.1节)[34]。同样,U(Ⅵ)与H_2B配位过程热力学参数也可采用微量热法进行测定,根据反应热和U(Ⅵ)配合物的稳定常数,计算出配位焓和配位熵见表5-10(5.2.1节)。微量热法是测定热力学参数的有效的实验方法,采用微量热法还可研究H_2A与VO_2^+、Fe^{3+}和UO_2^{2+}配位过程的热力学参数[42]。通过热力学参数的测量和计算,可以得出H_2A配体对U(Ⅵ)及其他竞争离子的选择性配位的强弱。

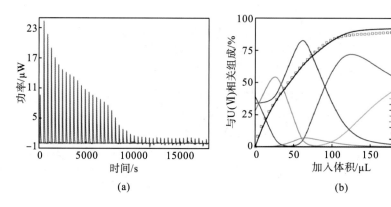

(a)　　　　　　　　　　　　　　　　　　　(b)

图5-36　U(Ⅵ)与H_2A的配位过程量热滴定曲线热谱图[31]

(a)热谱图;(b)总热量(右y轴)、U(Ⅵ)形态(左y轴)与滴定剂体积的关系图,初始条件:温度25℃,V=0.9 mL,C_U=0.6 mmol/L,C_A=1.0 mmol/L,C_H=0.11 mmol/L;滴定液:0.01 mol/L HCl,每次添加5.0 μL,Q(obs)代表实测热量,Q(cal)代表计算热量

同样，微量热法也可测量 Ca(Ⅱ)、Mg(Ⅱ)与[UO₂(CO₃)₃]⁴⁻反应过程中的热力学参数，图 5-37(a)是微量热体系的功率随滴定时间的变化曲线，图 5-37(b)是体系配位过程中的热量变化随滴定剂体积的变化曲线。如图所示，在含[UO₂(CO₃)₃]⁴⁻的溶液中加入 Ca(Ⅱ)，放出较少的热量，表明钙配合物的形成是轻微放热的。将反应热与 Ca[UO₂(CO₃)₃]²⁻和 Ca₂[UO₂(CO₃)₃](aq)通过电位滴定得到的稳定常数相结合，用最小化软件 HypDeltaH 拟合两个配合物的配位焓[24]，与滴定过程中产生的非常少量的反应热(每次加入 50~200mJ)相比，数据拟合较好。表 5-7 是在 0.1 mol/L NaCl 溶液中测定的 Ca(Ⅱ)与[UO₂(CO₃)₃]⁴⁻配位过程的吉布斯自由能、焓变和熵变(ΔG、ΔH 和 TΔS)。图 5-38 是 Ca(Ⅱ)/[UO₂(CO₃)₃]⁴⁻逐步配位的热力学参数和在离子强度 I=0 mol/L 时 UO₂²⁺/CO₃²⁻热力学参数。对于完全或部分电荷中和的配位反应(即配合物的绝对电荷为零或小于反应物的总绝对电荷)，熵通常是配位的驱动力[43]。如图 5-38 所示，Ca[UO₂(CO₃)₃]²⁻和 Ca₂[UO₂(CO₃)₃](aq)形成的自发性主要来自熵[对于方程(5-4)和方程(5-5)而言，$T\Delta S$=22 kJ/mol]，而焓变对配位没有显著贡献(ΔH=−8 kJ/mol 和 0 kJ/mol)[25]。

$$Ca^{2+} + [UO_2(CO_3)_3]^{4-} \rightleftharpoons Ca[UO_2(CO_3)_3]^{2-} \tag{5-4}$$

$$2Ca^{2+} + [UO_2(CO_3)_3]^{4-} \rightleftharpoons Ca_2[UO_2(CO_3)_3](aq) \tag{5-5}$$

1∶2 配合物的形成可以通过方程(5-6)描述。

$$Ca^{2+} + [CaUO_2(CO_3)_3]^{2-} \rightleftharpoons Ca_2[UO_2(CO_3)_3](aq) \tag{5-6}$$

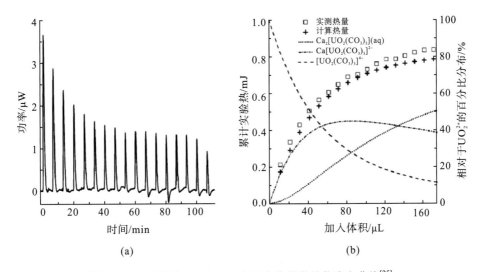

图 5-37　Ca(Ⅱ)与[UO₂(CO₃)₃]⁴⁻配合物的微量热滴定曲线[25]

(a)热谱图，每个峰对应一定量的滴定剂；(b)实验热量(左轴)和相对于 UO₂²⁺的百分比分布(右轴)，0.1 mol/L NaCl，25.00℃，[UO₂²⁺]初始= 0.20 mmol/L，[CO₃²⁻]初始= 0.80 mmol/L，[Ca²⁺]滴定剂= 10.05 mmol/L，pH 为 10.0~10.3

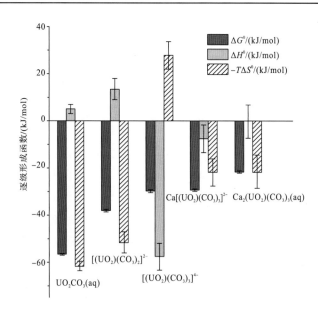

图 5-38　Ca(Ⅱ)与[(UO₂)(CO₃)$_x$](x=1～3)]配位的热力学参数的逐步形成函数(I= 0 mol/L)[25]

5.2.5 其他方法

1. 中子反射技术

中子反射(neutron reflection，NR)是十分重要的散射技术之一。中子作为表面和界面结构的探针，与传统的 X 射线探针相比，具有独特的优点。首先，中子由于没有电荷，因而具有很强的穿透能力，许多固体材料对中子是"透明"的，这使得利用中子反射技术研究材料深层界面结构成为可能并特别有效；其次，中子散射长度(或截面)不随原子序数单调变化，因此中子可以区别元素周期表邻近元素(如铁和锰就有很好的对比)和同位素(如氢原子和氘原子)散射，并对轻元素(如氢、碳、氮、氧等)灵敏(这对于有机材料的研究十分有利)；再次，中子具有磁矩，可以被具有磁矩的原子所散射，因而中子反射技术又适宜于研究磁性薄膜材料的表面与界面微观磁结构；最后，由于中子反射不依赖于界面处的周期有序结构，因此适合如聚合物材料等无序界面的微观结构研究。

中子反射实验是测量作为垂直于反射表面的散射矢量函数的反射率,确定垂直于材料表面的一维散射势(scattering potential, SP)，由此可获取中子散射长度密度(SLD)与深度的关系信息。当材料已分层且其化学组分已确定时，如 SP 信息与材料的化学成分剖面及结构，中子反射实验可以获取分层介质各层的厚度、密度和界面粗糙度等典型参数。中子反射实验对样品没有特别的限制，对几乎所有类型的样品都可以采用中子反射进行测量，包括固态的晶体与非晶体材料、液体、聚合物、软物质等。

在空气和溶液中测量偕胺肟基聚合物刷吸附铀前后的微观结构变化，NR 测量采用飞行时间反射计 Diting 进行校准。为了保证入射中子束的全反射，中子路径被配置为 SiO₂→样品→溶液。为了增加对比度，减少非相干散射，用氘水(D₂O)代替水作为溶剂，浸泡一定时间以达到饱和吸附和充分膨胀。使用 MOTOFIT 反射率分析软件包对 NR 数据进行拟合。采用典型的三盒模型拟合反射率曲线，每一条曲线由厚度、散射长度密度和高斯粗糙度描述。用两个薄片模拟聚合物/环境和聚合物/引发剂的界面。图 5-39 是中子反射及散射长度密度曲线。分别浸入 10 mmol/L 和 100 mmol/L 的 $UO_2(NO_3)_2$ 溶液后，由于散射长度密度明显增加，偕胺肟基聚合物刷的高度增加了 5 nm，如图 5-39(b) 所示，这可能是由于吸附的 UO_2^{2+} 改变了聚合物链之间的相互作用，铀的吸附容量增加。偕胺肟高分子刷吸附剂吸附 UO_2^{2+} 后，结构会收缩，但是吸附剂结构收缩或许不能完全阻碍铀的吸附[44]。

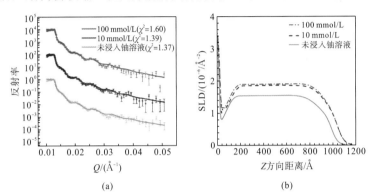

图 5-39　(a) 中子反射曲线，样品均在干燥状态下测量，样品预先在盐溶液和 10 mmol/L 及 100 mmol/L $UO_2(NO_3)_2$ 溶液中处理，图中实线是相应的拟合，Q 代表入射矢量和反射矢量的差值，χ^2 代表拟合因子；(b) 散射长度密度曲线，从 NR 数据 (a) 的最佳拟合中获得[44]

2. 停流光谱技术

停流法是在流动法的基础上发展起来的动力学研究方法之一，是一种研究快速反应动力学的实验技术。两种或两种以上的反应物同时以恒定的速率流入管中，在管中边流动边反应，反应时间的长短与混合物在管中流过的距离成比例。在不同距离处分析混合物的组成，即可测定在不同反应时间内反应物或生成物的浓度，这就是动力学研究中的流动注射法。此类仪器主要由液路和光路两个系统组成：前者可将反应物在数毫秒内混合，而后者的作用则是及时检测反应物的状态。检测器用来检测停留在管中特定位置的混合物的某一物理量随时间的变化值，从而测定在不同反应时间反应物或生成物的浓度。检测方法主要有紫外-可见吸收光谱法、散射光谱法、荧光光谱法、拉曼光谱法、红外光谱法、核磁共振法、量热法、极谱法、电导法、X 射线衍射法和双重电解法等。停流法在化学、生物化学和生物医学中有广泛的应用。

采用停流动力学和常规吸收光谱方法可研究戊二酰亚胺二肟与三种金属离子 V(V)、U(VI)、Fe(III) 的配位动力学[45]。图 5-40 是三种金属离子与戊二酰亚胺二肟的反应示意图，均形成三齿配位螯合构型。配体与金属离子物质的量之比为 1∶1 配位时，形成配体(1)、配体(3)、配体(5)；配体与金属离子物质的量之比为 2∶1 时，形成配体(2)、配体(4)、配体(6)。图 5-41 是戊二酰亚胺二肟与三种金属离子物质的量之比为 1∶

1 反应的进度随时间的变化曲线，反应条件为[L]=0.500 mmol/L，[M]= 0.200 mmol/L（L 为戊二酰亚胺二肟配体，M 为三种金属离子），V（V）和 U（VI）发生配位反应的 pH 为 8.0，Fe（III）发生配位反应的 pH 为 4.0。配合物生成一半时所用的时间称为"半生成期"（$t_{1/2}$），从图 5-41 中可以看出，形成 U（VI）的配合物（3）的速率最快（$t_{1/2} \approx 0.8$ s），生成 Fe（III）的配合物（5）的速率较慢[$k' = (1.3 \pm 0.2)$ mL/（mol·s）；$t_{1/2} \approx 1.7$ s]，V（V）形成配合物（1）的速率最慢[$k' = (0.27 \pm 0.02)$ mL/（mol·s）；$t_{1/2} \approx 8.7$ s]，该结果可以表示配位过程的快慢。

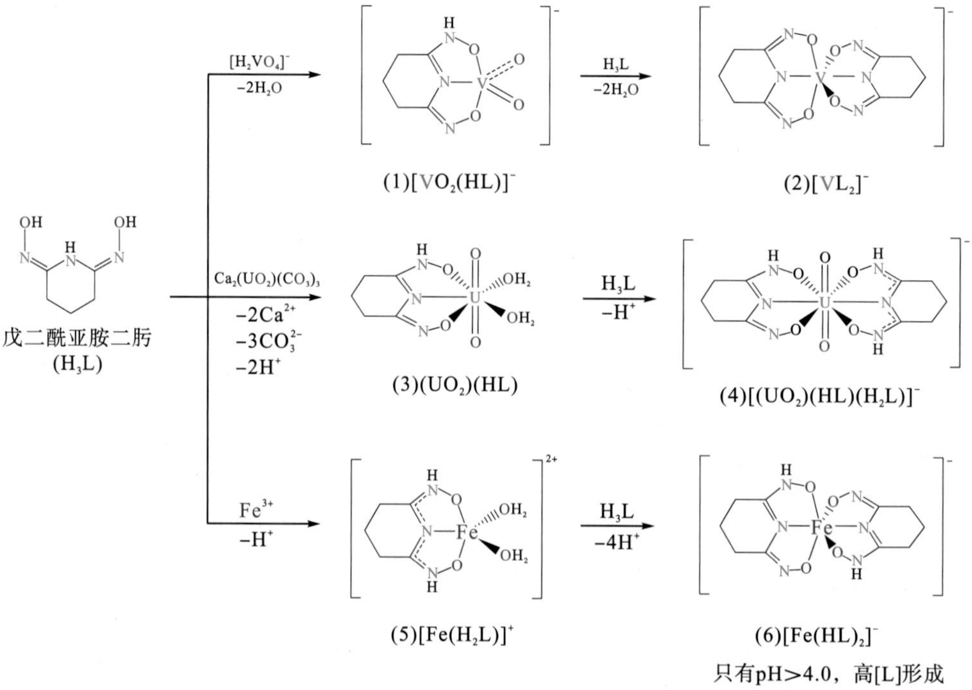

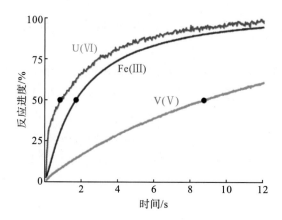

图 5-40 　戊二酰亚胺二肟与三种金属离子[V（V）、U（VI）、Fe（III）]的配位反应示意图[45]

图 5-41 　戊二酰亚胺二肟与三种金属离子[V（V）、U（VI）、Fe（III）]物质的量为 1：1 时反应的半生成期[45]

反应条件为[L] = 0.500 mmol/L，[M] = 0.200 mmol/L，M 代表 V（V）、

U（VI）和 Fe（III），V（V）和 U（VI）对应 pH=8.0，Fe（III）对应 pH=4.0

参 考 文 献

[1] Parker B F, Zhang Z, Rao L, et al. An overview and recent progress in the chemistry of uranium extraction from seawater. Dalton Transactions, 2017, 47(3): 639-644.

[2] Chi F T, Zhang S, Wen J, et al. Functional polymer brushes for highly efficient extraction of uranium from seawater. Journal of Materials Science, 2019, 54(4): 3572-3585.

[3] Sinisa V, Watson L A, Sung O K, et al. How amidoxime binds the uranyl cation. Inorganic Chemistry, 2012, 51(6): 3855-3859.

[4] Zhang L J, Su J, Yang S T, et al. Extended X-ray absorption fine structure and density functional theory studies on the complexation mechanism of amidoxime ligand to uranyl carbonate. Industrial & Engineering Chemistry Research, 2016, 55(15): 4224-4230.

[5] Wang C Z, Lan J H, Wu Q Y, et al. Theoretical insights on the interaction of uranium with amidoxime and carboxyl groups. Inorganic Chemistry, 2014, 53(18): 9466-9476.

[6] Abney C W, Liu S, Lin W. Tuning amidoximate to enhance uranyl binding: A density functional theory study. The Journal of Physical Chemistry A, 2013, 117(45): 11558-11565.

[7] Zhen Q, Ren Y M, Shi S W, et al. The enhanced uranyl-amidoxime binding by the electron-donating substituents. RSC Advances, 2017, 7(30): 18639-18642.

[8] Barber P S, Kelley S P, Rogers R D. Highly selective extraction of the uranyl ion with hydrophobic amidoxime-functionalized ionic liquids via η^2 coordination. RSC Advances, 2012, 2(22): 8526-8530.

[9] Xu C, Tian G X, Teat S J, et al. Complexation of U(Ⅵ) with dipicolinic acid: Thermodynamics and coordination modes. Inorganic Chemistry, 2013, 52(5): 2750-2756.

[10] Guo X J, Wang Y X, Li C, et al. Optimum complexation of uranyl with amidoxime in aqueous solution under different pH levels: Density functional theory calculations. Molecular Physics, 2015, 113(11): 1327-1336.

[11] Kawai T, Saito K, Sugita K, et al. Comparison of amidoxime adsorbents prepared by cografting methacrylic acid and 2-hydroxyethyl methacrylate with acrylonitrile onto polyethylene. Industrial & Engineering Chemistry Research, 2000, 39(8): 17-24.

[12] Kawai T, Saito K, Sugita K, et al. Preparation of hydrophilic amidoxime fibers by cografting acrylonitrile and methacrylic acid from an optimized monomer composition. Radiation Physics & Chemistry, 2000, 59(4): 405-411.

[13] Omichi H, Katakai A, Sugo T, et al. A new type of amidoxime-group-containing adsorbent for the recovery of uranium from seawater. Ⅲ. Recycle use of adsorbent. Separation Science, 1985, 21(6-7): 563-574.

[14] Choi S H, Choi M S, Park Y T, et al. Adsorption of uranium ions by resins with amidoxime and amidoxime/carboxyl group prepared by radiation-induced polymerization. Radiation Physics & Chemistry, 2003, 67(3): 387-390.

[15] Mehio N, Ivanov A S, Ladshaw A P, et al. Theoretical study of oxovanadium(Ⅳ) complexation with formamidoximate: Implications for the design of uranyl-selective adsorbents. Industrial & Engineering Chemistry Research, 2016, 55(15): 4231-4240.

[16] Mehio N, Johnson J C, Dai S, et al. Theoretical study of the coordination behavior of formate and formamidoximate with dioxovanadium(Ⅴ) cation: Implications for selectivity towards uranyl. Physical Chemistry Chemical Physics, 2015, 17(47): 31715-31726.

[17] Kelley S P, Barber P S, Mullins P H, et al. Structural clues to UO_2^{2+} / VO_2^+ competition in seawater extraction using amidoxime-based extractants. Chemical Communications, 2014, 50(83): 12504-12507.

[18] Ivanov A, Leggett C, Parker B F, et al. Origin of the unusually strong and selective binding of vanadium by polyamidoximes in seawater. Nature Communications, 2017, 8(1): 1560-1568.

[19] Ladshaw A P, Ivanov A S, Das S, et al. First-principles integrated adsorption modeling for selective capture of uranium from seawater by polyamidoxime sorbent materials. ACS Applied Materials & Interfaces, 2018, 10(15): 12580-12593.

[20] Sun X Q, Xu C, Tian G X, et al. Complexation of glutarimidedioxime with Fe(III), Cu(II), Pb(II), and Ni(II), the competing ions for the sequestration of U(VI) from seawater. Dalton Transactions, 2013, 42(40): 14621-14627.

[21] Li B, Zhou J W, Priest C, et al. Effect of salt on the uranyl binding with carbonate and calcium ions in aqueous solutions. The Journal of Physical Chemistry B, 2017, 121(34): 8171-8178.

[22] Li B, Priest C, Jiang D E. Displacement of carbonates in $Ca_2UO_2(CO_3)_3$ by amidoxime-based ligands from free-energy simulations. Dalton Transactions, 2018, 47(5): 1604-1613.

[23] Doudou S, Arumugam K, Vaughan D J, et al. Investigation of ligand exchange reactions in aqueous uranyl carbonate complexes using computational approaches. Physical Chemistry Chemical Physics, 2011, 13(23): 11402-11411.

[24] Gans P, Sabatini A, Vacca A. Investigation of equilibria in solution. Determination of equilibrium constants with the HYPERQUAD suite of programs. Talanta, 1996, 43(10): 1739-1753.

[25] Endrizzi F, Rao L. Chemical speciation of uranium(VI) in marine environments: Complexation of calcium and magnesium ions with $[(UO_2)(CO_3)_3]^{4-}$ and the effect on the extraction of uranium from seawater. Chemistry-a European Journal, 2014, 20(44): 14499-14506.

[26] Lee J Y, Yun J I. Formation of ternary $CaUO_2(CO_3)_3^{2-}$ and $Ca_2UO_2(CO_3)_3$ (aq) complexes under neutral to weakly alkaline conditions. Dalton Transactions, 2013, 42(27): 9862-9869.

[27] Palmer D A, Guillaumont R, Fanghaenel T, et al. Update on the Chemical Thermodynamics of Uranium, Neptunium, Plutonium, Americium and Technetium. Amsterdam: Elsevier, 2003.

[28] Dong W M, Brooks S C. Determination of the formation constants of ternary complexes of uranyl and carbonate with alkaline earth metals (Mg^{2+}, Ca^{2+}, Sr^{2+}, and Ba^{2+}) using anion exchange method. Environmental Science and Technology, 2006, 40(15): 4689-4695.

[29] Curtis G P, Kohler M, Davis J A. Comparing approaches for simulating the reactive transport of U(VI) in ground water. Mine Water & the Environment, 2009, 28(2): 84-93.

[30] Eloy F, Lenaers R. The chemistry of amidoximes and related compounds. Chemical Reviews, 1962, 62(2): 155-183.

[31] Tian G, Teat S J, Zhang Z, et al. Sequestering uranium from seawater: Binding strength and modes of uranyl complexes with glutarimidedioxime. Dalton Transactions, 2012, 41(38): 11579-11586.

[32] Kennedy Z C, Cardenas A J, Corbey J F, et al. 2,6-diiminopiperidin-1-ol: An overlooked motif relevant to uranyl and transition metal binding on poly(amidoxime) adsorbents. Chemical Communications, 2016, 52(57): 8802-8805.

[33] Tian G X, Teat S J, Rao L F. Thermodynamic studies of U(VI) complexation with glutardiamidoxime for sequestration of uranium from seawater. Dalton Transactions, 2013, 42(16): 5690-5696.

[34] Endrizzi F, Melchior A, Tolazzi M, et al. Complexation of uranium(VI) with glutarimidoxioxime: Thermodynamic and computational studies. Dalton Transactions, 2015, 44(31): 13835-13844.

[35] Graziani R, Casellato U, Vigato P A, et al. Preparation and crystal structure of diaquabis (1,2-naphthoquinone-2-oximato-ON)

dioxouranium(VI)-trichloromethane (1/2) and aquabis(1,2-naphthoquinone-1-oximato-ON)(triphenylphosphine oxide) dioxouranium(VI). Journal of the Chemical Society, 1983, 14(29): 697-701.

[36] Kelley S P, Barber P S, Mullins P H K, et al. Structural clues to UO_2^{2+} / VO^{2+} competition in seawater extraction using amidoxime-based extractants. Chemical Communications, 2014, 50(83): 12504-12507.

[37] Tsantis S T, Zagoraiou E, Savvidou A, et al. Binding of oxime group to uranyl ion. Dalton Transactions, 2016, 45(22): 9307-9319.

[38] Maloubier M, Solari P L, Moisy P, et al. XAS and TRLIF spectroscopy of uranium and neptunium in seawater. Dalton Transactions, 2015, 44(12): 5417-5427.

[39] Abney C W, Das S, Mayes R T, et al. A report on emergent uranyl binding phenomena by an amidoxime phosphonic acid co-polymer. Physical Chemistry Chemical Physics, 2016, 18(34): 23462-23468.

[40] Rao L F, Srinivasan T G, Garnov A Y, et al. Hydrolysis of neptunium(V) at variable temperatures (10~85℃). Geochimica Et Cosmochimica Acta, 2004, 68(23): 4821-4830.

[41] Gans P, Sabatini A, Vacca A. Simultaneous calculation of equilibrium constants and standard formation enthalpies from calorimetric data for systems with multiple equilibria in solution. Journal of Solution Chemistry, 2008, 37(4): 467-476.

[42] Leggett C J, Rao L. Complexation of calcium and magnesium with glutarimidedioxime: Implications for the extraction of uranium from seawater. Polyhedron, 2015, 95: 54-59.

[43] Zanonato P, Bernardo P D, Bismondo A, et al. Hydrolysis of uranium(VI) at variable temperatures (10~85℃). Journal of the American Chemical Society, 2004, 126(17): 5515.

[44] Lei X, Wang Y L, Yan W, et al. Study of poly(acrylamidoxime) brushes conformation with uranium adsorption by neutron reflectivity. Materials Letters, 2018, 220: 47-49.

[45] Parker B F, Zhang Z, Leggett C J, et al. Kinetics of complexation of V(V), U(VI), and Fe(III) with glutaroimide-dioxime: Studies by stopped-flow and conventional absorption spectroscopy. Dalton Transactions, 2017, 46(33): 11084-11096.

第6章 海水提铀的海试试验

海洋，气象万千，变化莫测，因此实验室常规测试获取的提铀材料的饱和吸附容量、吸附选择性等数据，与真实海水提铀过程获取的数据经常差之甚远。评价提铀材料的实际应用价值，需要在真实海水中进行；获取海水提铀的经济性评价数据，也需要在真实的海洋环境中对海水提铀过程进行演示运行。总之，海试试验是海水提铀工作的重要环节，只有通过海试试验才能真正确定各种方案和方法的可行性、可靠性及经济性。

海试试验包含海试提铀和海试后处理两部分，其中，海试提铀是指提铀材料在海洋环境中对铀进行吸附富集的过程；海试后处理是指对提铀材料吸附的铀进一步分离、纯化并制备成为铀产品的过程。

6.1 海试试验的模式简介

在对提铀材料进行初步筛选时，一般前期会在实验室中开展小规模、简单化的实验室模拟海水提铀研究。随后会采用真实海水对提铀材料的性能进行测试，但是由于提铀材料在真实海水中的吸附周期较长，而且海水环境复杂，为了规避泥沙、微生物、浮游生物等对提铀效果有负面影响的外部因素，通常采用过滤后的海水进行吸附测试。通过了模拟海水和过滤后真实海水提铀试验测试的提铀材料，经放大制备后，就可以按照相应的投放方式投放到选定海域进行海试试验。研究人员再结合前期提铀试验的结果，对获得的真实提铀数据进行分析，并对试验方案进行再优化。

海试试验属于海水提铀产业化的前期工程研究，是一项系统性很强的工作，不但需要反复优化与材料基础属性密切相关的提铀材料结构设计、制备和功能恢复等应用基础研究工作，还需要不断完善与提铀工程能力配套的提铀装置、材料填充方案、动力供给系统、配套场地及辅助设施设备的工程设计工作。在这些工作的基础上，通过海试试验系统全面地对海水提铀成本进行估算，有针对性地找出关键环节涉及的技术难题，切实解决目前真实海洋环境下海水提铀效率低、成本高昂的问题，为尽快将海水提铀推向实际应用，服务国家需求铺平道路。

6.1.1 实验室平台提铀试验

20 世纪 80 年代，美国提出了实验室提铀装置概念设计(表 6-1)，并进行了泵送式吸附海水提铀试验，获取了相应材料的提铀性能数据[1]。20 世纪 90 年代，日本对泵送式装置结构进行了优化并放大，增加了泥沙澄清池、流速控制系统和取样池[2]。21 世纪初，美国[3]、中国先后根据各自海域特点设计了自动化的实验室提铀装置，在原有基础上增设了微生物过滤柱、温度控制系统。

表 6-1　泵送式海水提铀发展历程表

年代	国家	装置特征	功能部件
20 世纪 80 年代	美国[1]	实验室提铀装置概念设计	基本部件：连通管道与阀门、近海海水、海水输送泵、海水过滤柱、提铀材料填充柱
20 世纪 90 年代	日本[2]	实验室提铀装置结构优化	主要部件：基本部件、泥沙澄清池、流速控制系统、取样池
21 世纪初	中国、美国[3]	实验室提铀装置自动化	实验室提铀平台：主要部件、微生物过滤柱、温度控制系统

泵送式吸附可以分为以下四个阶段(四步)。

(1)海水的过滤。将近海海水通过海水输送泵注入泥沙澄清池，再通过几级微生物过滤柱，将污损管道或材料的物质去除。

(2)铀的富集。对经过滤处理的海水进行核素种类与含量检测，并在设定温度和流速下使其通过提铀材料填充柱，使铀实现有选择性的富集，海水中其他金属离子也将与铀共吸附，各核素的吸附容量可通过吸附前后的海水中元素含量变化计算获得。

(3)铀的洗脱。利用洗脱剂对吸附后的提铀材料进行洗脱，并浓缩洗脱液获得较小体积的铀溶液。

(4)提铀材料的循环应用。利用碱处理或者再次官能化等方式对洗脱后的提铀材料进行处理，恢复提铀材料的吸附功能。

部件中，泵送式吸附用提铀材料填充柱或填充模块选用的基础单元材质均为非金属材质，如性能优良的特氟龙、聚氯乙烯、聚乙烯等，防止由于海水的腐蚀而引入其他金属杂质。为了降低海水在传输过程中的阻力，20 世纪 90 年代，日本提出使用中空纤维形式的提铀材料[2]。21 世纪初，经过大量的试验检验，最终确定在提铀材料中放置玻璃毛或玻璃珠的方式，减少材料堆积造成的阻力增大问题[3,4]。泵送式吸附可以通过自动控制系统，对压强、温度、流速及海水泵入量等试验条件在一定范围内进行控制，实现在条件可控的情况下对提铀材料的提铀性能研究。

6.1.2　海域海水提铀试验

海洋面积辽阔，不同海域差距巨大。根据海水流速、海水温度、泥沙含量、生物种群等的不同，可将海域海水提铀试验区分为：近海浅海、远海浅海、远海深海。近海浅海泥沙含量高，潮汐冲击给材料带来较大磨损；远海浅海风浪较大，洋流速率快，可能会在试验过程中造成材料流失；远海深海试验区的各种海洋特征更适宜进行海水提铀工作，但深海提铀的辅助技术在目前仍属于国际难题。迄今，所有的海试试验均在浅海层进行，提铀材料通过各种固定装置被投放在选定海域进行投放式吸附。

在目前的技术前提下，可选用的投放方式有码头固定法、船只拖曳法、浮球固定法三种。

(1) 码头固定法。即在具有试验条件的码头岸边，设置投放点，开展海水提铀，需要强度好的绳索及配重物保证材料与海水的充分接触。

(2) 船只拖曳法。将吸附材料、绳索及配重物牢牢固定在船只上，在船只航行的同时完成海水提铀工作。

(3) 浮球固定法。在海底设置重锚，多个浮球通过绳索与重锚相连，而后将装有吸附材料的提铀装置固定在绳索上，提铀装置中有配重物，使吸附材料固定于浮球下方，完全浸没在海水中，浸没深度可调节。20 世纪 90 年代初日本使用了这种方式进行海水提铀海试试验[5]。装置投放在海深约 50 m 的海域，海面 10 m 以下开始，每隔 10 m 依次安放一个直径为 30 cm、高度为 10 cm 的吸附铀单元(图 6-1)。

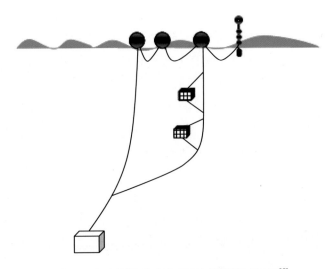

图 6-1　海水提铀试验浮球固定法装置示意图[5]

码头固定法和船只拖曳法都只适用于小规模的海试试验，要进行大规模海试试验目前最有效的方法是浮球固定法，在指定海域搭建浮球固定装置，定期对提铀材料进行投放、回收与维护。

6.1.3　海水提铀与海水淡化技术联用

海水淡化技术是一种成熟的海水处理技术，利用海水淡化技术可以将含盐量为 35000 mg/L 的海水淡化至 500 mg/L 以下的饮用水，是人类获得淡水的一个重要手段，原理如图 6-2 所示[6]，从图中可以看到淡水的产生路线(绿线)和浓盐水的产生路线(红线)。

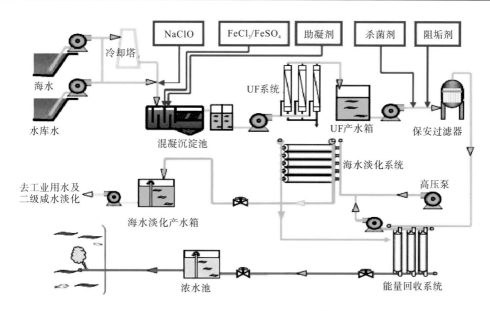

图 6-2　海水淡化技术路线图[6]

目前浓盐水大部分都通过物理手段以对环境产生危害最小的方案重新排回大海。而浓盐水的排放对于海洋环境有极大影响，其中包括温度升高、盐度升高、化学品残留及形成的水流对泥沙交换的影响等。海水提铀与海水淡化技术联用的交接点就在浓盐水的处理上。浓盐水中所有的金属离子均获得了极大程度的浓缩，其中也包括铀酰离子。尽管海水的高盐度会影响材料的提铀效率，但在经海水淡化的灭菌、沉降、过滤等前端工作后，也降低了其他因素对提铀的副作用。因此，两项技术的联用很有可能在一定程度上节约成本，提升装置的综合性利用效益。

6.2　海水提铀与海洋环境的关系

在海水提铀与复杂的海洋环境关系上，主要关注的问题有两个：海洋环境对提铀材料与效果的影响；提铀材料对海洋环境的影响。目前大部分的研究主要集中在海洋环境对提铀材料与效果的影响上。

温度和盐度是海洋水的两个基本特性。在实验室的研究中，通常采用 pH 为 8 左右的加盐铀溶液作为模拟海水对提铀材料进行研究和筛选。但是，海洋环境复杂，海水提铀海试试验除了需要考虑海水温度、盐度外，还必须解决海洋气候及海洋生物、微生物等带来的挑战。

6.2.1　复杂的海洋环境

1. 海水中的铀及其竞争离子

水环境中铀以 $M_n[UO_2(CO_3)_3]^{2(2-n)-}$ 形式存在[7]，海水中超过 90% 的铀以 $Ca_2[UO_2(CO_3)_3]$

和 Mg[UO$_2$(CO$_3$)$_3$]$^{2-}$ 的形式存在(图 6-3)$^{[8]}$。铀在海水中分布随区域变化稍有差异,但相对均匀,平均浓度低,约为 3.3 μg/L$^{[9]}$。影响材料提铀性能的一个重要因素是海水中存在的大量竞争离子$^{[10,11]}$,如用于海水提铀的偕胺肟基吸附材料会同时吸附大量钒、铁、铜、碱金属及碱土金属等$^{[12]}$,其中海水中的钒是最主要的竞争离子$^{[13]}$。

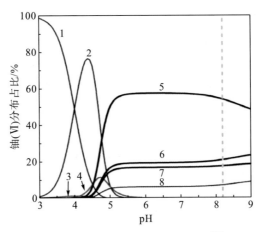

图 6-3　海水中铀(VI)的组成形式$^{[10]}$

1. UO$_2^{2+}$;2.UO$_2$CO$_3$(aq);3.UO$_2$OH$^+$;4.[UO$_2$(CO$_3$)$_2$]$^{2-}$;5.Ca$_2$[(UO$_2$)(CO$_3$)$_3$](aq);6.Mg[UO$_2$(CO$_3$)$_3$]$^{2-}$;7.Ca[UO$_2$(CO$_3$)$_3$]$^{2-}$;8.[UO$_2$(CO$_3$)$_3$]$^{4-}$;灰色线表示海水 pH=8.2

2. 海洋温度的分布与变化

海洋温度不仅与区域有关,也与深度有关。一般情况下,海水温度随着深度的增加呈不均匀递减。低纬海域的暖水只限于近表层之内,其下是温度铅直梯度较大的水层,在不太厚的深度内(大洋主温跃层)水温迅速递减,主温跃层以下,水温随深度的增加逐渐降低,但梯度很小。

以主温跃层为界,其上是水温较高的暖水区,其下是水温梯度很小的冷水区。暖水区的表面,受动力(风、浪、流等)及热力(如蒸发、降温、增密等)因素作用,引起强烈湍流混合,从而在其上部形成一个温度铅直梯度很小,几近均匀的水层,常称其为上均匀层或上混合层。上混合层的厚度在不同海域、不同季节是有差别的。在低纬海区一般不超过100 m,赤道附近只有 50~70 m,赤道东部更浅些。冬季混合层加深,低纬海区可达 150~200 m,中纬地区甚至可伸展至大洋主温跃层。大洋表层以下,太阳辐射的直接影响迅速减弱,环流情况也与表层不同,因此水温的分布与表层差异很大。水深 500 m 时,水温的经线方向梯度明显减小,在大洋西边界流相应海域,出现明显的高温中心。大西洋和太平洋的南部高温区高于 10℃,太平洋北部高于 13℃,北大西洋最高达 17℃以上。

以目前的海水提铀试验区来看,均属于浅海提铀,温度为海水表面温度(SST)。海水表上层与海表面以下海水有温差,特别当太阳热辐射强烈且风速较小时,温差可达 4℃以上$^{[14-16]}$。在开展海水提铀海试试验时,为了正确评价材料性能,应当在基础深度海水温度下(图 6-4)进行，即基本不受太阳辐射和温排水影响的水深深度(表 6-2)[17-19]，以保证提铀材料海试试验状态的稳定性。值得注意的是，通过理论研究发现，偕胺肟基与铀酰离子的配位作用是吸热过程，因此通常条件下提高温度有利于偕胺肟型提铀材料的吸附[20]。

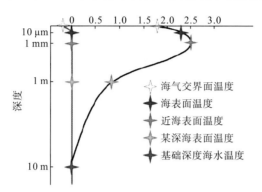

图 6-4　海表以下属海洋表层温度范畴的各温度层示意图[17, 18]

红线为夜晚或强风情况；黑线为日间或弱风情况

表 6-2　近岸海域垂直剖面水温分层情况[19]

分层名称	水深范围	目的
表上层	0~1 mm	海表面温度，受海气热量交换和降水、蒸发作用影响
表下层	1 mm~1 m	海水表面代表温度，常用于指示海洋养殖水温控制条件
中上层	1~5 m	用于分析温排水随水深增加的温度变化，追踪水团运动
中下层	5~10 m	太阳热辐射作用最大影响深度的海水温度
底上层	10 m~距海底 1 m	基本不受太阳辐射和温排水影响的水深深度，此层可视水深情况取舍
底下层	距海底 1 m 内	底栖生物生存环境温度

3. 海洋盐度的分布与变化

针对海水高盐度的组成特征，已经开展的海水盐度与材料提铀性能的关系研究表明，高盐度的氯化钠、钙离子、镁离子和碳酸氢根严重降低吸附剂的提铀速率(图 6-5)[21]。

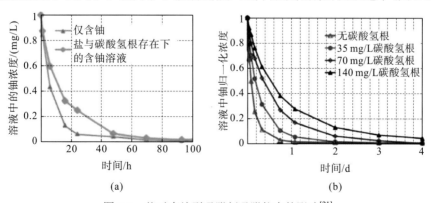

图 6-5　盐对束编型吸附剂吸附能力的影响[21]

(a) NaCl；(b) NaHCO_3

一般来说，大洋水中盐度的变化很小，但近海水域的盐度变化较大。世界各大洋表层的海水，受蒸发、降水、结冰、融冰和陆地径流的影响，盐度分布不均，从整个世界大洋看，海水的盐度呈"M"状变化。世界表层海水盐度的水平分布规律：从南北半球的副热带海区（南北回归线附近）分别向南北两侧的低纬度和高纬度递减。受洋流影响，同一纬线上暖流经过的海区盐度偏高，寒流经过的海区盐度偏低。

世界的个别海域盐度差别很大。海水的平均盐度约达 35‰，即每千克大洋水中的含盐量为35g。其中，世界大洋盐度平均值以大西洋最高，为 34.90‰；印度洋次之，为 34.76‰，太平洋最低，为 34.62‰。近岸海水的盐度主要受陆地淡水输入（入海径流）影响，所以盐度的变化范围较大，如我国长江口海域，在冬季的枯水期可以测到海水的盐度为 12‰，但在夏季洪水季节，同一地点测得的盐度仅有 2.5‰。海洋深层海水受环流和湍流混合等物理过程控制，盐度变化较小。从盐度分布来讲，深海提铀受外界环境变化影响较小。

4. 海洋生物环境

海洋细菌是海洋生态系统中的重要环节。海洋细菌分布广、数量多。海洋中细菌数量分布的规律是：近海区的细菌密度较大洋大，表层水和水底泥界面处细菌密度较深层水大，一般底泥中较海水中大，不同类型的底质间细菌密度差异悬殊，一般泥土中高于沙土。大洋海水中细菌密度一般为每 40 mL 几个至几十个。

大洋海水中酵母菌密度为每升 5～10 个。近岸海水中可达每升几百至几千个。海洋酵母菌主要分布于新鲜或腐烂的海洋动植物体上，海洋中的酵母菌多数来源于陆地，只有少数种被认为是海洋种。海洋中酵母菌的数量分布仅次于海洋细菌。海水中的细菌以革兰氏阴性菌占优势，常见的有假单胞菌属等十余个属。相反，海底沉积土中则以革兰氏阳性菌偏多。芽孢杆菌属是大陆架沉积土中最常见的属。海洋真菌多集中分布于近岸海域的各种基底上，按其栖息对象可分为寄生于动植物、附着生长于藻类和栖息于木质或其他海洋基底上等类群。某些真菌是热带红树林上的特殊菌群。某些藻类与菌类之间存在着密切的营养供需关系。海洋细菌可以在提铀材料表面附着，从而对材料表面造成生物淤积和生物污损。

生物淤积的过程包括有机物的原始积累、细菌的沉降和生长，形成生物膜基质，以及随后的微生物和大型微生物的继承[22]。四个阶段（图 6-6）依次是：第一阶段，短时间内的物化交换；第二阶段，生物膜的覆盖；第三阶段，细菌和硅藻的堆积；第四阶段，更大的有机物（如藤壶和贝壳等）在材料表面的生长。

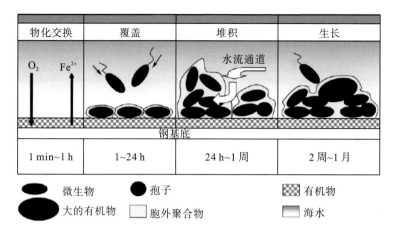

图 6-6　海水中生物淤积过程示意图[22]

通过研究生物淤积对偕胺肟型提铀材料的性能影响发现，生物量的积累干扰铀在纤维上的吸附。随着纤维上生物淤积量的增加，纤维对铀的吸附能力相应降低。即使在低细胞密度的过滤海水中，吸附材料对细胞接触也有很强的敏感性，吸附性能受到生物淤积的影响。另外，光的存在对生物淤积会有较大的影响。通过调整材料在海水中的深度，使材料在有光和无光的条件下进行吸附(图 6-7 和图 6-8)，经过 42 d 的试验，有光条件下的材料吸附能力下降 30%，生物淤积降低了铀的吸附速率和总吸附能力，而在没有光照的情况下，材料的吸附能力几乎没有受到影响[13, 23]。在海水提铀海试试验的过程中可以采取紫外光、化学灭菌或者在提铀装置表面涂上防垢涂料等杀菌方式降低生物淤积，也可以在提铀装置采取一些阻碍光线吸收的措施，降低生物淤积[24]。

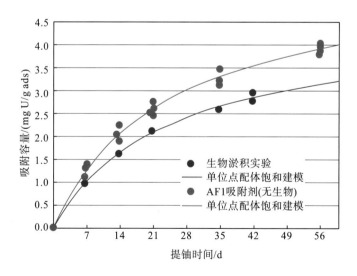

图 6-7　不同部署时间生物淤积对偕胺肟基功能化聚合物吸附剂的影响[23]

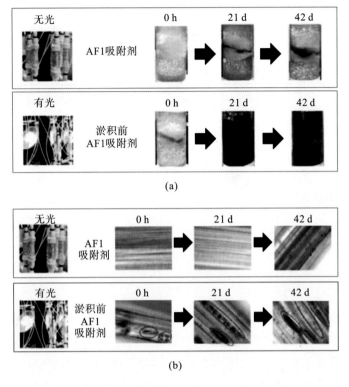

图 6-8 偕胺肟基功能化聚合物吸附剂生物淤积的宏观现象(a)和微观现象(b)[23]

海水提铀工程化技术需要综合考虑实施难度与成本等问题。目前在实验室广泛使用的对海水进行超滤处理去除大量微生物，会导致提铀成本大幅提高，不适合海水提铀工程化发展。深海提铀(海水有光区以下)可以大幅度减少生物淤积，但深海作业难度大、成本高、温度低(也不利于吸附)。因此开发具有防污或自清洁性能的新型吸附材料可能会更好地推进海水提铀技术的发展。

5. 洋流流速

海洋中不同位置和深度的洋流流速各不相同，探索洋流流速对材料吸附性能的影响，可以确定材料在真实海域试验中的投放位置和深度。研究结果如图 6-9 所示，随着流速的提高，材料的吸附性能也提高[4, 25]；但流速提高会导致材料发生更多流失。因此在投放时，需兼顾材料的吸附性能和流失程度，以寻求最佳的投放位置和深度。此外，海洋洋流由风力驱动，洋流流速约为风速的 2%，在广阔海域中洋流流速更快。

试验中水流在材料中的平均流速低于理想流速，水流流速过低会导致铀的传质速度降低，材料内部无法完成吸附，因而低流速下材料对铀的吸附容量更小，低流速下吸附后的材料相比高流速下吸附后的材料表现为内部颜色较浅，如图 6-10 所示。因此，应尽量降低材料的编织密度，以降低传质阻力，有利于提高材料的吸附性能。

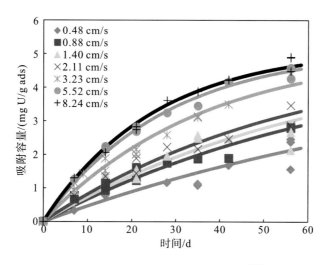

图 6-9　不同流速下材料的吸附性能[25]

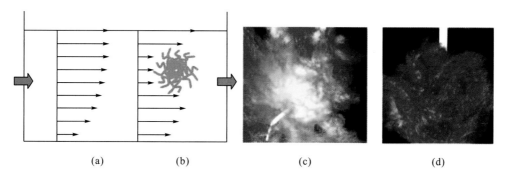

(a)　　　　　　　　(b)　　　　　　　　(c)　　　　　　　　(d)

图 6-10　(a)流动槽中理想流速；(b)投放材料后流动槽中实际流速；(c)0.48 cm/s 流速下吸附后材料外
观；(d)5.52 cm/s 流速下吸附后材料外观[25]

颜色越深则铀吸附容量越高

6.2.2　提铀材料对海洋环境的影响

大规模的海洋资源开采有可能对环境产生一定影响[26]。研究人员普遍认为存在两
类毒性：①生物在吸附剂表面的接触毒性；②渗滤液和吸附物上高浓度的金属积累毒性。
在毫克每升浓度的水平下，所有的化合物都没有毒性，只有在极高浓度时才会表现出毒
性。海水基体很大，在实际海洋环境中达到这个浓度的可能性极低。通过对样品进行生
物降解结果分析，也证明常用的海水提铀吸附剂并没有明显的毒性。不过也有一些质疑
[27]，例如，认为海洋已经在很大程度上被塑料垃圾污染，吸附剂以高分子的形式进入
海洋环境，可能导致污染情况恶化。但与遗弃的塑料垃圾不同，提铀材料是要回收、带
走的，不会永久留在海洋中。

6.3　主要研究国家真实海水海试试验发展状况

6.3.1　美国

早在 1982 年，美国就撰写了详细的海水提铀研究报告[1]，但 20 世纪 80 年代～21 世纪初，相关研究工作一度被搁置，直到 2011 年海水提铀工作又再度兴起[27]，美国能源部核能办公室建立多学科、多机构的联合组织对海水提铀进行研究。

美国并没有公开报道进行海域海试试验的相关工作。他们只报道了在过滤后的真实海水中对提铀材料的吸附性能进行了一系列研究工作。

2015 年进行的试验所用的提铀材料(AF1)主要是基于辐照法制备的纤维材料，如表 6-3 所示。吸附材料所用基体为纱罗织物。通过熔融纺丝获取了高比表面积的聚乙烯与聚乳酸的混纺材料，之后以聚乙烯纤维(Aspun 6835 线型低密度聚乙烯纤维)为"脊柱"编织，在中间的"脊柱"部分包含四根单向三轴纤维，纤维束密度为每英寸①5 根或 25 根，宽 8～11 in(图 6-11)。采用预辐照方法，将丙烯腈和 ITA(衣康酸)接枝到基体上，之后通过胺肟化反应获取功能材料，材料饱和吸附铀容量为 168～193 mg U/g ads。该材料在过滤后的真实海水中浸泡 56 d 后，平均提铀量达(4.04±0.18) mg U/g ads，预估真实海水平均平衡提铀量为(6.29±0.19) mg U/g ads，半饱和吸附时间为(31.2±1.9) d。同时通过对海水提铀量与提铀时间关系的研究，认为铀的吸附满足单点配位吸附行为(图 6-12)。

表 6-3　美国 2015 年 AF1 系列材料海水提铀性能检测[28]

ORNL AF1 (经 2.5% KOH、80℃下处理 1 h)	56 d 提铀量/(mg U/g ads)	饱和提铀量估计值/(mg U/g ads)	半饱和时间/d
AF1L2R1	4.11±0.15	6.25±0.15	29.2±1.4
AF1B17-25 PPI	3.72±0.28	5.50±0.30	26.8±3.0
AF1L2R2	4.11±0.18	6.20±0.19	29.5±1.9
AF1B17-5 PPI	4.22±0.47	7.21±0.51	39.7±5.1
平均值	4.04±0.18	6.29±0.19	31.2±1.9

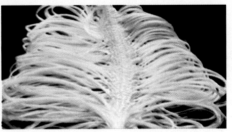

图 6-11　美国实验室海水提铀用辐照前基体编织与表观形貌[28]

---

① 1in＝2.54 cm。

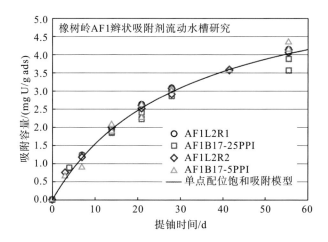

图 6-12　美国 2015 年 AF1 系列材料海水提铀量与提铀时间的关系[28]

2016 年，美国对两种偕胺肟基功能材料又进行了过滤后真实海水的吸附性能测试[13]。分别取 10 g 样品在不同的时间点及两种不同的吸附方式(海水通流柱和循环海水水槽)进行，吸附时间通常是 42～56 d。其中代号为 ORNL 38H (丙烯腈+甲基丙烯酸)的材料 56 d 吸附容量为 (3.30±0.68) mg U/g ads，饱和吸附容量为 (4.89±0.83) mg U/g ads，半饱和吸附时间为 (28±10) d。代号为 AF1 (丙烯腈+衣康酸)吸附剂材料 56 d 吸附容量为 (3.9±0.2) mg U/g ads，饱和吸附容量为 (5.4±0.2) mg U/g ads，半饱和吸附时间为 (23±2) d。详见图 6-13。

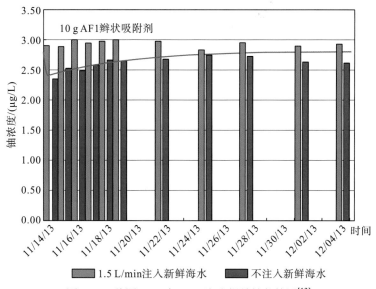

图 6-13　美国 2016 年 AF1 海水提铀性能检测[13]

美国也对偕胺肟基吸附材料(AF1)在真实海水中铀的选择提取能力进行了研究。从表 6-4 中可以看出，在各种竞争离子中，材料所吸附的阳离子大多数是 Ca^{2+} 和 Mg^{2+}，两者加和的质量分数约占 61%，加和的摩尔吸附容量约占 74%，而 U 的质量分数排在第 4

位，摩尔吸附容量仅排第 7。采用地球化学模拟程序 PHREEQC 进行吸附热力学模拟[13]：通过对不同浓度的偕胺肟基与海水的间歇相互作用中 Ca、Mg、Fe、Ni、Cu、U 和 V 的结合建模，发现当结合位点有限（$1×10^{-8}$ 结合位点/kg 海水）时，V 在偕胺肟基上位点的竞争中远远超过其他离子；当结合位点丰富时，海水中含量较高的 Mg 和 Ca 在吸附剂上的比例占主导地位，因而对于偕胺肟基吸附材料在海水提铀的过程中最主要的竞争元素是 V、Ca 和 Mg。

表 6-4　美国 2016 年 AF1 海水提铀选择性能检测[13]

元素	吸附容量/(μg/g ads)	质量分数/%	吸附容量/(μmol U/g ads)
Mg	16500±890	32.0±1.7	678±24
Ca	15100±920	29.3±1.8	378±14
V	10700±320	21.0±3.0	210±36
U	3420±370	6.7±0.7	14.4±1.9
Na	2090±700	4.0±1.4	90.7±28.5
Fe	1280±360	2.5±0.7	23.0±7.0
Zn	1070±170	2.1±0.3	16.4±2.7
Cu	646±74	1.3±0.1	10.2±1.1
Ni	381±8.7	0.74±0.02	6.50±0.21
Sr	132±8.2	0.26±0.02	1.50±0.09
Ti	72±12	0.14±0.02	1.50±0.30
Co	24±4.1	0.047±0.008	0.41±0.08
Cr	18±2.4	0.035±0.005	0.35±0.05
Mn	17±2.1	0.033±0.004	0.30±0.04
总量	51400	100	1430

注：由于四舍五入，造成总量数据有一定的误差。

此外，不同海水中竞争离子的不同导致材料提铀能力的不同[13]。AF1 在伍兹霍尔海洋研究所进行的海洋测试中，其海水通流柱和循环海水水槽的吸附能力分别比 PNNL（西北太平洋国家实验室）的试验结果高 15% 和 55%。经分析认为竞争离子的差异是导致提铀能力区域差异的原因。研究预测，当吸附材料的布局密度小于 1800 束/km² 时，吸附材料群对洋流和从海水中去除铀和其他元素的影响很小。针对柱吸附后的流出物专门进行了毒性测试，结果未观察到毒性。

6.3.2　日本

日本在海水提铀海试试验方面进行了大量系统的研究。日本从 20 世纪 60 年代开始研究从海水中提取铀，1974 年成立了海水稀有资源研究委员会，专门从事相关工作[29, 30]。1981～1988 年，日本以水合二氧化钛作吸附剂进行海试提铀，其吸铀能力为 0.1 mg U/g ads。后来发现该吸附剂机械强度不够，不能承受在流动床中的磨损，在使用过程中损失严重，且必须使用泵送式吸附提取，还要消耗电能来抽取海水，增加了提取铀的成本。水合二氧化钛类吸附剂，乃至于无机类提铀材料都因存在相似的问题被放弃。

20 世纪 90 年代以后，日本以偕胺肟基功能材料为提铀吸附剂展开了大量海水提铀海试试验的工作。1990 年，日本研究人员[4]采用化学法将丙烯腈与二甲基丙烯酸三乙二醇酯 (Tr)，或与二甲基丙烯酸四乙二醇酯(Te)共聚，并掺杂一定量的二氧化硅修饰到高分子基体上(实验参数见表 6-5)。吸附剂在基体聚合物中的物理掺入足够强，可以承受 1.5 海里[①]的快速海流，试验中未发现明显损失。

表 6-5　日本用复合材料的配方[4]

序号	TEGMA 类别	AN：TEGMA：DVB	聚合方法	功能吸附剂：PE：SiO₂：表面活性剂	主体结构
1	Te	1：0.4	悬浮聚合	1：1：1：0.05	聚乙烯
3	Te	1：0.15	悬浮聚合	1：1：1：0.1	聚乙烯
4	Te	1：0.15	悬浮聚合	1：1：1：0.15	聚乙烯
5	Te	1：0.1	乳液聚合	1：1：1：0.1	聚乙烯
6	Te	1：0.1：0.003	悬浮聚合	2：1：1：0.15	聚乙烯
7	Tr	1：0.1：0.003	悬浮聚合	1：1：0.5：0.05	高分子量聚乙烯
13	Te	1：0.1：0.02	乳液聚合	1：1：1：0.05	高分子量聚乙烯
14	Te	1：0.1：0.02	乳液聚合	1：1：1：0.1	高分子量聚乙烯/聚乙烯与乙酸乙烯酯混纺
15	Te	1：0.1：0.02	乳液聚合	1：1：1：0.05	高分子量聚乙烯/聚乙烯与乙酸乙烯酯混纺
16	Tr	1：0.1：0.003	悬浮聚合	1：1：0.5：0.05	聚乙烯/聚乙烯与乙酸乙烯酯混纺

这种偕胺肟基复合纤维吸附剂提铀性能与流量呈正相关性，见图 6-14。在饱和流速为 0.5 m/s(该流速与黑潮流速接近)[4]的条件下，吸铀性能最佳的 3 号材料 1 d 吸铀量约 0.11 mg U/g ads。复合纤维吸附的铀可用 0.01 mol/L HCl 或 1 mol/L NaHCO₃ 洗脱。在吸附和 1 mol/L NaHCO₃ 解吸处理条件下，复合纤维的化学和物理性质稳定，50 个循环之内可保持吸铀能力。采用动态吸附柱或海水直接接触的方法，复合纤维 3 周吸铀量可达 1.56 mg U/g ads[4]。

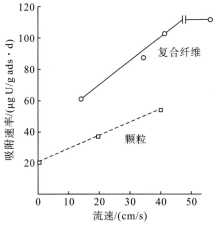

图 6-14　流速与铀吸附效率的关系(日本 1990 年)[4]

① 1 海里＝1852 m。

日本大规模提铀海试试验用的偕胺肟基高分子纤维材料是通过辐射接枝方法[31]获得的，它的基材为聚乙烯无纺布，这种材料具有较高的机械强度。辐射接枝制备偕胺肟基纤维吸附剂的过程如图 6-15 所示。

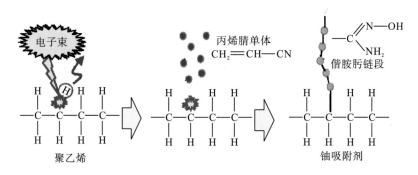

图 6-15　辐射接枝聚合制备偕胺肟基纤维吸附剂的示意图[32]

除了提铀材料外，日本还对海水提铀工作的设备和系统进行了研究，先后选用了两种提铀系统(图 6-16)[32]。

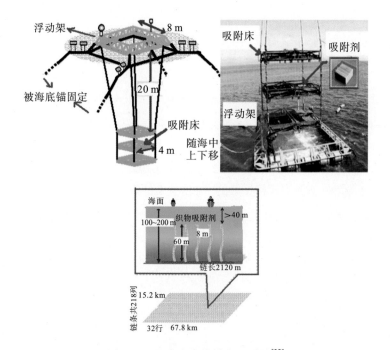

图 6-16　日本海水提铀海试系统[32]

1. 堆积系统

由浮动架和吸附床组成，每个吸附床的截面积和高度分别为 16 m² 和 30 cm。其中，每个吸附剂堆由 120 张吸附剂纤维布组装而成，每张纤维布的规格为 29 cm× 16 cm×0.2 cm。将 144 个吸附组堆部署在 16 m² 的吸附床上，而后将 3 个吸附床悬挂在 8 m×8 m 的浮动架上,浮动架被 4 个 40 t 固定在海底的锚固定。每层间用垫片螺母隔开。吸附塔距离海岸 7 km,海水深度约 40 m。经过特殊设计的浮动架能承受以下的海洋气象条件：风速 30 m/s、潮流 1.0 m/s、海浪高度 10 m。

1999～2001 年,日本使用堆积型吸附剂进行了海水提铀试验[32]。将吸附剂置于海水中 20～40 d 后,将其取出并用 0.5 mol/L 盐酸溶液洗脱。铀的平均提取量为 0.5 mg U/g ads。通过 240 d 的海水提铀试验,获取了约 1 kg 黄饼,详细数据列于表 6-6。其中,表观吸附速率随时间有明显变化。分析认为,吸附容量和吸附速率的不同主要是受到了海水温度、潮汐运动、吸附剂洗脱效率等因素的影响[33]。

表 6-6　使用堆积型吸附剂系统的海洋试验中的铀吸收[32]

试验日期	试验时间/d	吸附堆数目	海水温度/℃	铀吸附容量/g（以黄饼形式计）	表观吸附速率/[g/(d·堆)]
1999.9.29～10.20	20	144	19～21	66	0.023
2000.6.8～6.28	20	144	12～13	47	0.016
2000.6.28～8.8	40	144	13～22	66	0.011
2000.8.8～9.7	30	144	22～24	101	0.023
2000.9.7～9.28	20	144	22～24	76	0.026
2000.9.28～10.19	20	144	18～22	77	0.027
2001.6.15～7.17	30	216	13～18	95	0.015
2001.6.15～8.20	60	72	13～20	48	0.011
2001.6.15～9.21	90	72	13～19	120	0.019
2001.7.18～8.20	30	216	18～19	119	0.018
2001.7.18～9.21	60	144	18～19	150	0.017
2001.8.20～9.21	30	216	19～20	118	0.018

海试之后,日本总结出了海水提铀所面临的一些具体困难和应对措施,其中最主要的问题有两个,均与提铀现场作业相关。一是吸附剂表面容易产生生物污垢,海试过程中生物淤积污染问题严重,包括海洋微生物和藻类的黏附及生长。在海水中使用一段时间后,日本将吸附剂从吸附框架中取出,再浸泡在淡水中,利用离子强度的急剧下降,使得大部分海洋微生物从吸附剂表面脱离;二是耗费成本高,海试使用的浮动架和吸附床成本较高,分析认为对提铀装置材料及结构进行优化,可能使总成本降低 40%[32]。

2. 束编收集

为了避免浮体包装的生物附着效应,同时降低运行成本,日本在冲绳群岛进行了束编辫状偕胺肟类功能材料的海水提铀试验,采用仿生学原理将吸附剂以海带的形式固定在海洋中。将加工好的束编型吸附剂放入大海,其底部固定在置于海底的可由无线电波控制的锚上,整个束编将迅速沉入海底,自动漂浮于海水中。束编的顶端距海平面至少 40 m,

以便于船只通行。吸附铀以后,使用无线操作使吸附剂束编与锚分离,浮到海面上的束编由渔船回收。在小船上用绞车把吸附剂吊到一艘进行洗脱的大船上,对铀进行洗脱,吸附剂功能恢复后,再重新投入海水中。

1999~2001 年的研究发现,束编体系在冲绳群岛海域 30℃水温(比 Mutsu 海域高10℃)下吸附 30 d 后的吸附容量为 1.5 mg U/g ads(图 6-17)。即使考虑温度对吸附容量的影响,束编体系吸附容量也是堆积体系吸附容量的两倍,研究表明海水与束编吸附剂接触性更好。需要说明的是,美国使用的材料与日本使用的材料区别仅为聚乙烯基材为高比表面积材料,但美国的提铀能力约为日本的 3 倍[12],说明基体形态对提铀效果的影响不可忽略。这个观点早在 1991 年日本也有提出,在海水提铀试验中装有偕胺肟基中空纤维的固定床比装有球形吸附剂的固定床具有更低的压降。而且与纤维吸附剂相比,中空纤维更易于处理,并且在海水通过期间不会被压实[2]。

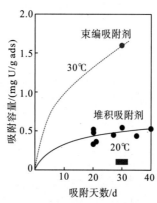

图 6-17   日本 20 世纪末至 21 世纪初提铀能力分析[32]

红色:束编吸附剂;蓝色:堆积吸附剂;紫色:水合 TiO₂

日本对偕胺肟基功能材料对铀的选择吸附能力进行了研究(表 6-7),结果表明,该材料对铀的选择性吸附优势不明显,而且研究结果没有 Mg、Ca、V 的数据。

表 6-7   偕胺肟型吸附材料的选择吸附性[32]

元素	海水中浓度/(μg/L)	吸附材料富集量/(μg/g ads)	分配系数
Na	1.08×10^7	618.5	0.057
K	3.80×10^5	45.9	0.12
Al	2	86.94	4.35×10^3
Pb	0.03	108.82	3.62×10^6
Ti	1	1.49	1.49×10^3
Fe	2	414.44	2.07×10^5
Co	0.05	23.57	4.71×10^5
Ni	1.7	78.17	4.60×10^4
U	3.2	63.72	1.99×10^4

注:试验条件为 7 d,0.2 g 吸附材料,25℃,3 L/min 流动海水。

6.3.3　中国

近十年来，中国各研究团队也开始了海水提铀海试工作，其中中国工程物理研究院的研究较为系统和深入，分别在 2011 年、2013 年和 2019 年进行了三次海水提铀海试试验[34,35]。

2011 年，为了验证海水提铀的可行性，中国工程物理研究院研究团队开展了偕胺肟类材料的预辐照法放大制备，获得了 10 kg 的无纺布类功能材料，如图 6-18 所示（功能化率约 70%）。采用码头固定法和浮球固定法进行了提铀试验，提铀结果见表 6-8。码头固定法提铀效率明显低于浮球固定法，采用浮球固定法，材料吸附铀能力 20 d 可达 0.1 mg U/g ads 左右。经分析认为，该次选址为近海区，海水深度约为 20 m，仅是日本选取的深度的一半，近海海域海水泥沙含量高、海水流速偏低、微生物含量也很高，微生物淤积效应明显，在很大程度上降低了海水通量，这也是海试试验结果不够理想的原因。

吸附材料　　　　　　　从海水中回收　　　　　　洗涤后的吸附
　　　　　　　　　　　的吸附材料　　　　　　　　铀材料

图 6-18　偕胺肟基无纺布提铀材料提铀前后实物图

表 6-8　偕胺肟型吸附材料的提铀能力

样品类型	时间/d	吸附容量/(μg U/g ads)	
		码头固定法	浮球固定法
羧基偕胺肟基无纺布吸附材料	10	62	72
	20	66	93
	30	77	—

针对第一次海试试验中存在的材料力学性能差、接枝率低、吸附容量小、制备过程废液产生量大等问题，中国工程物理研究院研究团队对材料从基材选型、制备工艺、材料构型及提铀装置设计方面进行了优化调整，以纤维类材料进行了辐射乳液接枝聚合，放大制备了接枝率达 300%左右的羧基偕胺肟基纤维功能材料（图 6-19）。第二次海水提铀试验在 2013 年进行，在同样的海域采用新的纤维材料进行了浮球固定法提铀试验，提铀能力达到了 0.3 mg U/g ads。

图 6-19　2013 年偕胺肟基纤维功能提铀材料实物图

在这次海试试验中,较系统地对材料的选型、制备工艺、提铀能力检验、循环使用及其在场外海域海水中的提铀试验、铀的分离富集等关键问题进行了研究。通过对各个环节的深入剖析,发现海水提铀工程化的关键问题不仅有提铀材料本身的性能,还与外界环境有着密不可分的关系。而且这个外界环境不仅包含了复杂的海水环境(尤其是水质、流速、温度与微生物)对材料性能的影响,还包含了提铀材料的各级处理过程中受到各类化学试剂的作用的影响。因此,海水提铀工程化必须处理好材料性能与外界环境的关系,这样才能够使海水提铀工程化向着积极的方向发展。

2019 年中国工程物理研究院和海南大学合作,在中国海南万宁某海域进行了第三次海试试验。所选用的提铀材料主要是聚胍基纤维,采用浮球固定法进行投放。在海上用浮桶搭建了 100 m^2 的海上平台(图 6-20),将提铀材料固定于尼龙网兜中,加配重将材料投放到约 10 m 深的海水中,提铀材料投放规模为数十千克。此次海试在 2019 年共进行了两期,通过性能测试,聚胍基纤维材料 35 d 在真实海洋条件下对铀的吸附容量可以达到 3.63 mg U/g ads,同时由于聚胍基团对于微生物具有广泛抗菌性能,可以明显减少海洋生物污损对提铀材料的影响(图 6-21)[36],材料在海试试验中机械性能保持良好,完成海试试验后材料无明显污损情况发生。

图 6-20　海上提铀平台

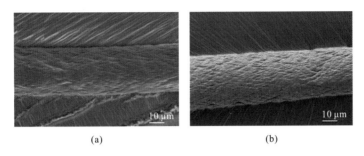

图 6-21　提铀材料 SEM 照片[36]

(a)吸附前；(b)吸附 40 d 后

　　此外，中国科学院上海应用物理研究所在 2015 年选择在上海、舟山、厦门、潮州四地海岸边进行小试样级的海试提铀试验。研究发现，改变提铀材料的功能化方式可以调节其对海洋中金属离子的吸附选择性，对主要离子钒和铁等进行有效抑制。海试结果表明，最佳提铀能力为 1.1 mg U/g ads。

　　除了高分子吸附材料外，哈尔滨工程大学采用分级结构的 MgO-CaO 复合材料在南海、东海和渤海进行试验，发现在渤海的提铀效果最好。

6.4　海水提铀经济性分析

6.4.1　海水提铀成本组成

　　半个多世纪以来，海水提铀的成本核算一直都没有全面完成。目前，通过经济建模工作组开发的账户代码，采用生命周期折现现金流方法进行估计，海水提铀成本为陆地开采铀价格的 2～6 倍[26]，但其中包含较多估计值。

　　从目前积累的经验出发，总结以偕胺肟基吸附剂为基础的海水提铀经济性评价方法，涉及提铀材料的合成、提铀材料的海试应用、铀的富集与纯化、吸附材料的循环应用四个主要部分(图 6-22)。

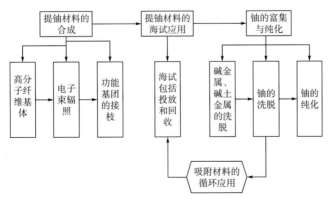

图 6-22　海水提铀的主要过程[3]

1. 提铀材料的合成成本

提铀材料的合成成本包括高分子基体供应成本、电子束辐照成本及功能基团的接枝成本。

高分子纤维基体供应成本预算包含两个部分：一是原料供应成本，二是后期结构设计与加工成本。前期研究表明，同等质量下，纤维材料的吸附容量高于需包装应用的颗粒状或沉积物状吸附剂，而且纤维的半径越小，吸附容量越大[36]。因此，用于海水提铀的基体材料一般均会选择高分子纤维，高分子纤维基体供应价格往往与试验规模相关，规模越大，高分子纤维基体供应成本越低。目前聚乙烯(组成部分)是应用最广的[37]。有数据显示，2014～2016 年我国通用高分子聚乙烯[38]与聚丙烯[39]生产成本接近，原料的供应成本约 1 万元/t。如果提铀材料对高分子纤维基体的组成或结构有一定要求，如皮芯复合纤维材料、辅助功能掺杂材料、多孔材料、中空纤维材料等，那么还会产生后期结构设计与加工成本，这种特殊加工费用一般以合同计，未见有详细说明。

电子束辐照成本主要包含辐照装置设计及加工费、辐照运行费等。常用的辐射源有两类，一类是钴源，另一类是电子束。在海水提铀产业化进程中，具备大规模辐照条件的是中、高能电子加速器(5～10 MeV)，此部分成本受市场控制。

功能基团的接枝成本包含大型反应装置购置费、功能试剂费、反应溶剂费、清洗费、成型加工费、包装费、废液处理费及技术更新费。其中，大型反应装置属于可重复使用的资产，而其他费用则为消耗性费用。技术更新费属于不确定的成本费用，主要因制备工艺或功能基团类型变化而做出更改。

影响海水提铀成本最大的因素是吸附容量[37]，因此当一种新的配体或者基体拥有更大的吸附容量时，之前的吸附剂将被停止使用。但高的吸附容量不代表提铀成本一定会降低。因为如果配体或基体的生产价格过于昂贵，或者配体在生产和/或由特殊化学品制成时非常复杂，整体的花费可能会超过低吸附容量的低成本材料。接枝单体如果没有得到最佳使用，经济上也会受到影响：单体接枝率太低，材料吸附能力会很差；但接枝率如果过高，结合位点则可能被其他配体掩盖，接枝能力会因此停止增加。

2. 海水提铀的实施成本

海水提铀的实施成本包括海场租赁、船只租赁、海上投放器材设备的设计安装、投放与收集设备、后处理(主要针对海水提铀材料的清洗)产生的费用，以及日常定期监管、投放、收集产生的零星费用等。

海水提铀的实施采用直接投放的方式，这种方案比泵送海水更加经济[37]。受铀的吸附动力学限制，较长的吸附时间可以增加铀的吸附容量，因此采用这种方法需要将提铀材料长时间浸泡在海水中，但吸附效率会随着吸附过程的进行而逐渐降低。此外，材料本身受海水冲刷会有一定的磨损，随着浸泡时间的延长，生物污染也会逐渐严重，材料后处理成本增高。因此提铀期间，对材料和设备定期维护是必要的。增加单位提铀时间内的日常监管、投放、收集频次，会增加过程中的零星费用，减少单位提铀时间内的日常监管、投放、收集频次，会提高单次样品的后处理成本。合理分配提铀时间内的各项工作可以有效控制提铀材料的应用成本。

另外，吸附动力学受水温的影响，温度越高，吸附速率越快。但是有关温度效应对吸附时间部署的影响，之前的研究工作尚不能提供更多有益的数据。

3. 铀产品的制备成本

铀产品的制备成本包括铀的富集与纯化成套装置的设计、制造和维护成本及其运行产生的费用。

铀的富集与纯化装置主要包括：①铀的洗脱与功能恢复的装置；②碱金属、碱土金属洗脱液收集装置；③铀洗脱剂收集装置；④碱金属、碱土金属溶液浓缩装置；⑤铀溶液浓缩装置；⑥铀的纯化装置。铀的洗脱与功能恢复装置是对经过海水提铀试验的材料进行铀和金属杂离子洗脱。由于洗脱液具有一定的腐蚀性，因此要使用相应的耐腐蚀收集装置，并在一定时间内在相应的浓缩装置上进行维护处理。含大量铀的溶液被浓缩后，存在多种杂离子与其共存，因此需在铀的纯化装置上对其进行再分离，分离完成后进行最终产品黄饼的制作。铀的富集与纯化装置具有可重复使用的能力，在对海水提铀成本进行计算时，使用次数越多，成本越低，因此，此部分成本主要为设备设计加工费、运行、维护、清洗费。铀与杂金属的洗脱成本主要包括洗脱工艺、去离子水及不同类型的洗脱剂产生的费用。对同类功能基团的提铀材料来讲，洗脱工艺基本相同；不同功能基团的提铀材料的洗脱方法不同，需要设计不同的洗脱方案。铀的纯化可借助成熟的铀冶炼方法，也可以设计新的纯化工艺，这取决于洗脱后铀的主要存在形式。铀的纯化成本主要为纯化工艺的设计与优化及黄饼制作过程中所需化学试剂产生的费用。

4. 吸附材料的循环成本

吸附材料的循环成本主要包括功能再生工艺的设计与优化、功能化再生试剂所产生的费用。铀被洗脱后，提铀材料可以用化学法实现功能恢复，再次投放使用。提铀材料的循环利用可以大大降低铀的生产成本，但每一次的重复使用，提铀材料的吸附能力都会损失，此外提铀材料本身的耐用性也是非常重要的成本核算指标[37]。因此对吸附材料的循环应用进行成本分析时，需考虑材料的使用次数和每次使用后材料老化程度的关系。材料的可循环应用能力越强，海水提铀成本会越低。

5. 海水提铀的附加经济价值

附加经济价值是营利性价值，主要指贵重金属带来的经济效益。在对铀进行富集时，有多种共吸附金属同时被富集，如偕胺肟基吸附剂可同时吸附钒、铅、铁、锰及贵重金属钼、金、银、铂、钯等，如果能同时对这些贵重金属进行有效的富集和分离，可大幅提升海水提铀活动的综合经济效益，同时也相对降低了海水提铀的成本[37]。

6.4.2 海水提铀经济性测算

海水提铀的成本评价长期受到广泛关注，降低海水提铀成本，最终使其与陆矿提铀成本持平甚至更低，一直是海水提铀拟达到的最终目标[40, 41]。对近几十年相关工作的总结分析发现，成本主要与提铀材料性能和配套场地设施相关，提铀材料的合成及海上应用成本占总90%左右，包含了设施设备、材料、人力等各项支出(图6-23)。

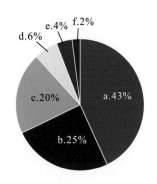

图 6-23   海水提铀成本占比参考数据[40]

a. 材料生产成本；b. 海场租赁；c. 海上试验；d. 洗脱纯化；e. 材料研发；f. 材料处理

海水提铀的第一个成本估算数据于20世纪60年代获得。1964年，英国[42] 提出将海水提铀示范场建在地势较低的下泻湖附近，吸附材料(无机材料水合二氧化钛)置于下泄湖中。利用潮汐作用提供新鲜的海水，并通过控制一系列闸门和水坝，使海水以可控的方式流入上泻湖，然后流入下泻湖。据估计年产量为1000 t铀的工厂，成本为204~408美元/kg U [26]。但是这个成本估算忽略了很多重要的因素，数据没有太多参考价值。

20世纪80年代，日本[43]采用泵送式海水提铀，铀年目标产量为990 t，假定吸附材料(无机材料水合二氧化钛)放置于海边固定设施的吸附床中，设施与海岸线平行，长达5.5英里①。在467台泵的工作条件下使海水以80 m³/s的速率通过5.19×10⁴ t吸附剂，进行成本核算为3300美元/kg U。为了降低成本，又采用高容量500 m³/s的大型泵，将泵的数量减少至60台，并对固定设施结构进行了重新设计，使其以防浪堤的形式在岸边延伸。随着泵送能力的增加，设施(包括再生设施)被缩短至4.3 km，在这样的生产条件下，铀的生产成本估计为2200美元/kg U。若能优化吸附材料，使其吸附效率从60%提高到80%，洗脱液中铀浓度从10 mg/L提高到20 mg/L，设施尺寸减小1 km，再将泵的台数减少20台，获得的最低成本价格为1600美元/kg U。

为了实现自然动力下的铀富集，日本[43]也提出在平坦、浅水的海床上放置30个吸附剂"单元"(目标：每年吸附1000 t铀)，每个单元包含5 m×5 m×5 m的吸附剂立方体，海水直接穿过松散的吸附剂层，整个设施宽17.3 m，高45 m，长1.7 km。经估算，成本

---

① 1 英里≈1.609 km。

为 2500 美元/kg U。为了降低成本，将每个单元重新配置成两个多孔支撑板之间的吸附剂薄层，成本可降至 1750 美元/kg U。

美国结合自身与日本(提铀场地约 670 km²)相关工作和预期设定了海水提铀产业化规模部分目标或最优参数，如表 6-9 所示。在这些参数支持下，日本提出提铀成本约为 760 美元/kg U[3]。美国还提出一些降低成本的方法，如在海场直接完成铀的洗脱与纯化步骤、用高分子纤维绳代替钢锚链固定吸附材料，这两种方法若均被采用，提铀成本可降至约 610 美元/kg U[3, 12]。不过该数据与国际铀价 100~335 美元/kg U 差距仍比较大[3]，在 2016 年，美国再次结合他们在海水提铀研究上取得的进展进行了海水提铀技术成本的新一轮分析，并给出了海水提铀材料吸附能力的发展目标与可达到的成本前景，见表 6-10。

表 6-9　海水提铀试验过程最优参数[3]

序号	要素	值	单位
1	铀年产量	1200	t/a
2	海水温度	20~25	℃
3	吸附材料海水中提铀能力	3.09±0.31	kg U/t ads
4	海水提铀试验时长	60	d
5	吸附材料使用次数	6	次
6	材料降解率	0~10(平均 5,每次使用)	%

表 6-10　海水提铀成本变化及发展目标[3]

	材料吸附铀能力说明	使用次数	单次材料性能下降率/%	预计成本/美元/kg U
现有材料可能达到水平评估	日本 JAEA 材料：2 mg U/g ads	6	5	1000~1230
	美国提铀材料：4.5~5.5 mg U/g ads，(20 ℃吸附)	6	5~25	410~880
	美国提铀材料：6.5~8.0 mg U/g ads，(30 ℃吸附)	6	5~25	300~630
未来发展目标	9.0~11 mg U/g ads	6	0~5	160~320
	25~40 mg U/g ads	1	—	240~340

截至 2019 年，还没有任何一个国家实现海水提铀产业化，因此所有关于海水提铀经济化数据均来源于假设和分析。海水提铀是一个系统工程，涉及的每一个环节都对海水提铀的成本有着重要的影响[26]。

参 考 文 献

[1] Borzekowski J, Driscoll M J, Best F R. Uranium from seawater research final progress report. Energy Laboratory Report No. MIT-EL-82-037; Nuclear Engineering Department Report No. MITNE-254; Sub-Contract No. 80-499E, 1982.

[2] Takeda T, Saito K, Uezu K, et al. Adsorption and elution in hollow-fiber-packed bed for recovery of uranium from seawater. Industrial & Engineering Chemistry Research, 1991, 30: 185-190.

[3] Laboratory ORN. Fuel resources uranium from seawater program. DOE Office of Nuclear Energy, 2013, Program Review Document.

[4] Kobuke Y, Aoki T, Tanaka H, et al. Recovery of uranium from seawater by Composite fiber adsorbent. Industrial & Engineering Chemistry Research, 1990, 29: 1662-1668.

[5] Kawai T, Saito K, Sugita K, et al. Comparison of amidoxime adsorbents prepared by cografting methacrylic acid and 2-hydroxyethyl methacrylate with acrylonitrile onto polyethylene. Industrial & Engineering Chemistry Research, 2000, 39(8): 2910-2915.

[6] 杜鹏，李琳，王金成. 海水淡化处理技术的方法及成本分析. 工程造价管理, 2018(2): 69.

[7] Doudou S, Arumugam K, Vaughan D J, et al. Investigation of ligand exchange reactions in aqueous uranyl carbonate complexes using computational approaches. Physical Chemistry Chemical Physics, 2011, 13: 11402–11411.

[8] Endrizzi F, Rao L. Chemical speciation of uranium(VI) in marine environments: Complexation of calcium and magnesium ions with $[(UO_2)(CO_3)_3]^{4-}$ and the effect on the extraction of uranium from seawater. Chemistry-A European Journal, 2014, 20: 14499 -14506.

[9] Bruland K W, Lohan M C. In Treatise on Geochemistry. Amsterdam: Elsevier Science, 2003.

[10] Endrizzi F, Leggett C J, Rao L. Scientific basis for efficient extraction of uranium from seawater. I: Understanding the chemical speciation of uranium under seawater conditions. Industrial & Engineering Chemistry Research, 2016, 55: 4249-4256.

[11] Campbell M H, Frame J M, Dudey N D, et al. Extraction of uranium from seawater: Chemical process and plant design feasibility study. GJBX-36(79). 1979: 169.

[12] Kim J, Tsouris C, Oyola Y, et al. Uptake of uranium from seawater by amidoxime-based polymeri adsorbent field experiments, modeling, and updated economic assessment. Industrial & Engineering Chemistry Research, 2014, 53: 6076-6083.

[13] Gill G A, Kuo L J, Janke C J, et al. Testing, adsorbent characterization, adsorbent durability, adsorbent toxicity, and deployment studies the uranium from seawater program at the Pacific northwest national laboratory: Overview of marine. Industrial & Engineering Chemistry Research, 2016, 55: 4264-4277.

[14] Kawamura H, Kawai Y. Characteristics of the Avhrr-Derived Sea surface temperature in the oceans around Japan: Geoscience and remote sensing. Santa Barbara, CA: International Geoscience and Remote Sensing Symposium (IGARSS), 1997: 3-8.

[15] Yokoyama R, Tanba S, Souma T. Sea-surface effects on the sea-surface temperature estimation by remote sensing. International Journal of Remote Sensing, 1995, 16: 227-238.

[16] Schluessel P, Emergy W J, Grassl H, et al. On the bulk-skin temperature difference and its impact on satellite remote-sensing of sea-surface temperature. Journal of Geophysical Research: oceans, 1990, 95: 13341-13356.

[17] Donlon C, Robinson I, Casey K S, et al. The global ocean data assimilation experiment high-resolution sea surface temperature pilot project. Bulletin of the American Meteorological Society, 2007, 88: 1197-1213.

[18] 张扬，孙志林，张欣. 海洋表层温度剖面数值模拟. 热带海洋学报, 2014, 33: 31-40.

[19] 汤德福，吴群河，刘广立，等. 近岸海域水温垂向分层及同步监测浮标研究. 环境科学与技术, 2017, 40: 238-242.

[20] Tian G, Teat S J, Zhang Z, et al. Sequestering uranium from seawater: Binding strength and modes of uranyl complexes with glutarimidedioxime. Dalton Transactions, 2012, 41: 11579-11586.

[21] Ladshaw A P, Das S, Liao W P, et al. Experiments and modeling of uranium uptake by amidoxime-based adsorbent in the presence of other ions in simulated seawater. Industrial & Engineering Chemistry Research, 2016, 55: 4241-4248.

[22] Chambers L D, Stokes K R, Walsh F C, et al. Modern approaches to marine antifouling. Surface & Coatings Technology, 2006, 201: 3642-3652.

[23] Park J, Gill G A, Strivens J E, et al. Effect of biofouling on the performance of amidoxime-based polymeric uranium adsorbents. Industrial & Engineering Chemistry Research, 2016, 55: 4328-4338.

[24] Hamlet A. Uranium Extraction From Seawater Investigating Hydrodynamic Behavior and Performance of Porous Shells. Boston：Massachusetts Institute of Technology, 2017.

[25] Ladshaw A, Kuo L J, Strivens J, et al. Influence of current velocity on uranium adsorption from seawater using an amidoxime-based polymer fiber adsorbent. Industrial & Engineering Chemistry Research, 2017, 56: 2205-2211.

[26] Park J, Jeters R T, Kuo L J, et al. Potential impact of seawater uranium extraction on marine life. Industrial & Engineering Chemistry Research, 2016, 55: 4278-4284.

[27] Lindner H D. A cost estimate for uranium recovery from seawater using a chitin nanomat adsorbent. Austin：The University of Texas at Austin, 2014.

[28] Janke C, Das S, Oyola Y, et al. Milestone report demonstrate braided material with 3.5 g U/kg sorption capacity under seawater. U.S. Department of Energy Fuel Cycle Research & Development, 2015.

[29] Saito K. Japanese research plant for uranium from sea-water. Nuclear Engineering International, 1980, 25: 32-33.

[30] 饶林峰. 辐射接枝技术的应用——日本海水提铀研究的进展及现状. 同位素, 2012, 25: 129-139.

[31] Tamada M. Current Status of Technology for Collection of Uranium From Seawater. Singapore: World Scientific Publishing Co. Pte. Ltd., 2010.

[32] Rao L. Recent international R&D activities in the extraction of uranium from seawater. Berkeley: Lawrence Berkeley National Laboratory, LBNL-4034E, 2011.

[33] Abney C W, Mayes R T, Saito T, et al. Materials for the recovery of uranium from seawater. Chemical Reviews, 2017, 117: 13935-14013.

[34] 熊洁，文君，胡胜，等. 中国海水提铀研究进展. 核化学与放射化学, 2015, 37: 257-265.

[35] 李昊，文君，汪小琳. 中国海水提铀研究进展. 科学通报, 2018, 63（5-6）：481-494.

[36] Li H, He N, Cheng C, et al. Antimicrobial polymer contained adsorbent: A promising candidate with remarkable anti-biofouling ability and durability for enhanced uranium extraction from seawater. Chemical Engineering Journal, 2020, 388: 124273

[37] Lindner H, Schneider E. Review of cost estimates for uranium recovery from seawater. Energy Economics, 2015, 49: 9-22.

[38] 孙仁金，吴金，董康银，等. 聚乙烯生产生命周期成本评价. 石油学报, 2016, 32: 401-406.

[39] 葛骞，左琳，石媛媛，等. 2014 年我国聚丙烯生产现状与 2015 年展望. 当代化工, 2015, 44: 1029-1031.

[40] Schneider E, Sachde D. The cost of recovering uranium from seawater by a braided polymer adsorbent system. Science & Global Security, 2013, 21: 134-163.

[41] Byers M F, Schneider E. Optimization of the passive recovery of uranium from seawater. Industrial & Engineering Chemistry Research, 2016, 55: 4351-4361.

[42] Davies R V, Kennedy J, Mcilroy R W, et al. Extraction of uranium from sea water. Nature, 1964, 203: 1110-1115.

[43] Kanno M. Present status of study on extraction of uranium from sea water. Journal of Nuclear Science and Technology, 1984, 21: 1-9.

第 603 次香山科学会议：中国海水提铀未来发展

2017 年 9 月 7～8 日，以"中国海水提铀未来发展"为主题的第 603 次香山科学会议学术讨论会在北京成功召开。这是目前唯——次以海水提铀为专题的香山会议。会议聘请了中国工程物理研究院汪小琳研究员、中国科学院高能物理研究所柴之芳院士、清华大学南策文院士和中国科学院上海应用物理研究所吴国忠研究员担任本次会议的执行主席。来自国内 20 余家单位的 35 名专家学者应邀出席了会议，并特别邀请了美国海水提铀研究团队：橡树岭国家实验室戴胜教授、劳伦斯伯克利国家实验室饶林峰教授、加州大学河滨分校江德恩研究员、南佛罗里达大学马胜前教授。会议围绕①海水提铀机理与新方法研究；②提铀材料的制备与性能研究；③海域海试提铀的进展与思考等中心议题进行深入讨论。

图为执行主席：汪小琳研究员、柴之芳院士、南策文院士、吴国忠研究员(从左到右)
(照片由香山会议办公室提供)

汪小琳研究员和美国橡树岭国家实验室的戴胜教授分别做了题为"创新驱动推动中国海水提铀研究"和"Development of polymeric adsorbents for recovery of uranium from seawater"的主题评述报告。

图为汪小琳研究员在做报告（左）；戴胜教授在做报告（右）

（照片由香山会议办公室提供）

经过多学科和多领域专家的广泛交流与深入研讨，他们对海水提铀极其重大的科研和实用价值高度认同，同时也呼吁国家和社会高度重视该项技术的发展，并达成以下共识。

（1）在国家层面尽快制定中国海水提铀的总体规划与发展路线图，以短期具体任务与长期明确目标相结合指导推进海水提铀的研究进展。

（2）海水提铀的研究要重视实际应用，尽快实现海水提铀的工程化和市场化。

（3）现阶段要加强海水提铀吸附剂、载体、吸附过程及机理等原创性研究。

（4）海水提铀技术需要实现对海洋中多种有价值的金属资源提取，重视与成熟工业的结合，实现海洋资源的综合利用。

（5）希望沿海地方重视海水提铀项目，并在实验海域与政策经费上给予支持；相关企业能够积极参与并投入到海水提铀项目的研发。

（6）海水提铀的研究必须建立国家测试标准和实验平台，全国开放，加强合作，共同推动中国海水提铀的基础研究与工程化进程。

第603次香山科学会议参会人员合影

（照片由香山会议办公室提供）